Netty实战

Netty IN ACTION

〔美〕 Norman Maurer
Marvin Allen Wolfthal 著
何品 译

人民邮电出版社
北京

图书在版编目（CIP）数据

Netty实战 / (美) 诺曼·毛瑞尔, (美) 马文·艾伦·沃尔夫泰尔著 ; 何品译. -- 北京 : 人民邮电出版社, 2017.6 (2018.4重印)
书名原文: Netty in Action
ISBN 978-7-115-45368-6

Ⅰ. ①N… Ⅱ. ①诺… ②马… ③何… Ⅲ. ①JAVA语言—程序设计 Ⅳ. ①TP312.8

中国版本图书馆CIP数据核字(2017)第075894号

版权声明

◆ 著　　[美] Norman Maurer　Marvin Allen Wolfthal
译　　何　品
责任编辑　杨海玲
责任印制　焦志炜

◆ 人民邮电出版社出版发行　北京市丰台区成寿寺路 11 号
邮编　100164　电子邮件　315@ptpress.com.cn
网址　http://www.ptpress.com.cn
三河市祥达印刷包装有限公司印刷

◆ 开本：800×1000　1/16
印张：17.25
字数：362 千字　　2017 年 6 月第 1 版
印数：12 001 – 15 000 册　　2018 年 4 月河北第 9 次印刷

著作权合同登记号　图字：01-2015-8782 号

定价：69.00 元

读者服务热线：(010) 81055410　印装质量热线：(010) 81055316
反盗版热线：(010) 81055315
广告经营许可证：京东工商广登字 20170147 号

内容提要

本书是为想要或者正在使用 Java 从事高性能网络编程的人而写的，循序渐进地介绍了 Netty 各个方面的内容。

本书共分为 4 个部分：第一部分详细地介绍 Netty 的相关概念以及核心组件，第二部分介绍自定义协议经常用到的编解码器，第三部分介绍 Netty 对于应用层高级协议的支持，会覆盖常见的协议及其在实践中的应用，第四部分是几个案例研究。此外，附录部分还会简单地介绍 Maven，以及如何通过使用 Maven 编译和运行本书中的示例。

阅读本书不需要读者精通 Java 网络和并发编程。如果想要更加深入地理解本书背后的理念以及 Netty 源码本身，可以系统地学习一下 Java 网络编程、NIO、并发和异步编程以及相关的设计模式。

Letter for Chinese *Netty in Action*

It's hard to imagine *Netty in Action* were published 1.5 years ago, it still feels like it was only yesterday. While it was a lot of work, it was a very rewarding experience and helped Netty and it's Open Source Community to even grow more. When I started to work on Netty, which is over 7 years ago, I would never imagine that it would be so successful.

Since the book was released, Netty became even more popular and these days is used by companies as Alibaba, Apple, Google, Facebook, Square, Twitter and many more. Such a wide adoption would never be possible without the Community as a whole, which not only provided patches and submitted bug-reports but also helped review code and helped us to understand better what use-cases needs to be handled. If you are not part of the Community yet, I hope to welcome you as part of it soon.

When 何品 contacted me and asked about the permission to translate the book to Chinese, I was caught by surprise. I never expected there would be enough interest in Netty ,that not only there would be a book in english but also that people are waiting for it to be available in other languages. To make a long story short, of course I accepted :)

And this is now what you hold in your hands, which would not be possible without 何品.

Enjoy...

Norman Maurer

Lead author of the *Netty in Action*

致中文版读者

很难想象《Netty in Action》已经出版一年半了，仿佛一切就在昨日。虽然工作量不小，但是（编写本书）仍然是一种非常有回报的经历，同时也帮助 Netty 项目及其开源社区日益壮大。7 年前，当我开始从事 Netty 方面的工作时，我根本没有想到它会如此成功。

自本书出版以来，Netty 变得愈来愈流行，如今，许多公司（如阿里巴巴、苹果、谷歌、Facebook、Square、Twitter 等）都相继使用 Netty。如此广泛的采用自然也离不开整个 Netty 社区，社区不仅提供补丁、提交 bug 报告，而且还帮助评审代码，并帮助我们理解还需要更好地支持哪些（生产上的）用例。如果你还不是 Netty 社区的一部分，我非常期待和欢迎你加入。

当何品联系我，问我是否可以将这本书翻译为中文版的时候，我大吃一惊。我从来没有想过 Netty 会如此受关注，以至于它不止会有英文版，而且还有很多人在期待可以有其他语言的版本。长话短说，我欣然接受了:)

所以，也就有了现在你手里的这本书，没有何品也就不可能有这部中文版。

阅读愉快……

Norman Maurer

《Netty in Action》作者之一

中文版序

现代互联网架构，分布式系统是一个绕不开的话题。一款优秀的网络通信框架将在分布式系统的构建中起到举足轻重的作用。其中，特别出名的有 SUN 公司的 Grizzly 框架、JBoss 的 XIO、Apache 的 MINA 以及赫赫有名也是使用最广泛的 Netty 框架。

需要指出的是，网络通信框架的优秀不仅仅体现在性能和效率上，更重要的体现是，是否能够屏蔽底层复杂度，编程模型是否简单易懂，是否适用更多的应用场景，以及开发社区是否活跃。Netty 的成功正是很好地满足了上述的这几点。作为互联网从业人员，熟悉基于 Netty 网络编程乃至深入理解 Netty 的设计和实现，对于无论是自研系统，还是学习开源产品，都有很大的帮助。

网络上介绍、分析 Netty 的中文文章不少，其中能够做到成体系介绍，深入浅出，原理应用并重的寥寥。Manning 出版社的《Netty in Action》是一本出色的 Netty 教程。通过对这本书的学习，读者可以快速掌握基于 Netty 的编程，以及框架背后的设计哲学。可惜一直没有国内出版社引进出版中文版，像我这样的英文苦手，只能硬着头皮去啃英文版本，不仅学得慢，有些章节还不能很好地领会作者的意图。

很高兴地得知这本经典著作要在国内出版中文版，并且是由对 Netty 研究很深的工程师——何品——翻译的。我和何品打过几次交道，深入探讨过分布式架构以及网络通信框架方面的话题，受益良多。同时，也很惊讶于何品对技术的痴迷，以及他的技术深度和广度。诚挚地邀请他加入我们团队未果，甚为遗憾。十分期待这本书能很快出版发行，相信本书中文版的出版对投身互联网系统开发的工程师快速掌握 Netty 会有很大的帮助。

罗毅

阿里巴巴中间件技术部高级技术专家

译者序

我对于 Netty 的接触始于 2012 年的工作，那时需要处理一些自定义协议相关的内容，对于技术的热情激发了我对于 Netty 源代码的学习，并促使我后续更加系统地学习了很多相关的知识。但是苦于缺乏相关中文资料以及系统性的指导，使得我在最终能够看懂 Netty 源代码并且为 Netty 项目做出贡献之前，花费了大量的时间，走了很多的弯路，这样的弯路自然也是充满苦楚和寂落的。

在后来又接触到了 Play 和 Akka，并且在得知了这些高性能网络编程和并发框架的底层正是基于 Netty 的时候，更是让我肯定了自己过去的投入，Netty FTW！那时，正值 Netty 4 重写，从源头改善了很多问题，提供了更好的并发模型，进一步降低了 GC 消耗。在跟进 Netty 4 的开发过程的同时，我也不断地丰富自己的知识和经验，并开启了我后续职业生涯的大门。再后来，当我得知 Norman 正在编写一本关于 Netty 的书的时候，非常激动，最终得以读到本书的 MEAP 版本，并能够有幸参与这本书的翻译工作。

这本书循序渐进、系统性地讲解了 Netty 的各个组件，以及其背后的设计哲学，并且对于想要深入理解 Netty 源代码的读者给出了相应的指导。难能可贵的是，这本书还附带了 5 个由行业一线公司撰写的 Netty 在实践中的案例研究，并贴心地准备了一个 Maven 相关的介绍。

本书的翻译经历了两个夏天和两个冬天（MEAP 版开始同步翻译）。为了能给大家呈现一个尽可能完善的中文版译本，我尽可能地使用了最新的原版书稿，并就书中的内容和原作者进行了积极的沟通。但是碍于个人水平有限，一些纰漏还请大家通过 https://github.com/ReactivePlatform/netty-in-action-cn 和我取得联系，也欢迎大家与我讨论书中代码清单相关的问题。

最后，我要感谢本书的编辑的耐心和悉心指导，感谢帮我牵线的 InfoQ 的臧秀涛，以及帮我审读了这本书的朋友们。当然，还要感谢我的家人，在他们的支持和理解下，这本书才得以完成，并呈现在大家的面前。

译者简介

何品 目前是淘宝的一名资深软件工程师，热爱网络、并发、异步相关的主题以及函数式编程，同时也是 Netty、Akka 等项目的贡献者，活跃于 Scala 社区，目前也在从事 GraphQL 相关的开发工作。

序

曾经人们认为 Web 应用服务器将会让我们忘记如何编写 HTTP 或者 RPC 服务器。不幸的是，这个白日梦并没有持续多久。我们正在处理的负载量以及功能变化的速度一直在不断地增加，超出了传统的三层体系结构的承受能力，我们正被迫将应用程序切分成很多块，并分发到更大的机器集群中。

运行一个如此庞大的分布式系统引发了两个有趣的问题：运行成本和延迟。如果我们将单个节点的性能提高 30%，或者甚至超过 100%，那么我们可以节省多少台机器呢？当一个来自 Web 浏览器的查询触发了几十个跨越了很多不同机器的内部远程过程调用时，我们如何能达到最低的延迟呢？

在本书（第一本关于 Netty 项目的书）中，Norman Maurer（Netty 的核心贡献者之一）通过展示如何使用 Netty 构建高性能、低延迟的网络应用程序，给出了这些问题的最终答案。读完这本书，你就能够构建所有可能的网络应用程序了，从轻量级的 HTTP 服务器到高度定制化的 RPC 服务器。

本书之所以能令人印象深刻，一方面是因为它是由知晓 Netty 每个细节的核心贡献者编写的，另一方面是因为它包含了几家在其生产系统中使用了 Netty 的公司（Twitter、Facebook 和 Firebase 等）的案例研究。我相信，通过展示这些使用它们的公司是如何能够释放他们基于 Netty 的应用程序的能力的，这些案例研究将会启迪你。

你可能会惊奇地发现，早在 2001 年，Netty 只是我的个人项目，当时我是一名本科生（http://t.motd.kr/ko/archives/1930），而今天这个项目仍然还在并且还充满了活力，感谢像 Norman 这样的热心的贡献者们，他们花了许多个不眠之夜来致力于该项目（http://netty.io/community.html）。我希望通过鼓励本书的读者来贡献项目，开启该项目的另一个篇章，继续“开启网络编程的未来”。

Trustin Lee

Netty 项目创始人

前言

回首过去，我仍然不敢相信我做到了。

当我从 2011 年年末开始为 Netty 做贡献时，我怎么也想不到我会写一本关于 Netty 的书，并且成为该框架本身的核心开发者之一。

这一切都始于我在 2009 年参与的 Apache James 项目，一个在 Apache 软件基金会下开发的基于 Java 的邮件服务器。

像许多应用程序一样，Apache James 需要构建在一个坚实的网络抽象之上。在考察提供网络抽象的项目领域时，我偶然地发现了 Netty，并且立即就爱上了它。在我从用户的角度更加地熟悉了 Netty 之后，我便开始转向改进它和回馈社区。

尽管我第一次贡献的范围有限，但是很快变得明显的是，进行贡献以及和社区进行相关问题的讨论，尤其是和项目的创始人 Trustin Lee，对于我的个人成长非常有益。这样的经验牢牢地吸引了我，我喜欢将我的空闲时间更多地投入到社区中。我在邮件列表上提供帮助，并且加入了 IRC 频道的讨论。致力于 Netty 开始是一种爱好，但很快就演变成了一种激情。

我对 Netty 的激情最终导致我在 Red Hat 就业。这简直是美梦成真，因为 Red Hat 雇佣我来致力于我所热爱的项目。我最终知道了 Claus Ibsen 在那时正（现在仍然）致力于 Apache Camel。Claus 和我认识到，虽然 Netty 拥有坚实的用户基础以及良好的 JavaDoc，但是它缺乏一个更加高级别的文档。Claus 是《Camel in Action》（Manning，2010）的作者，他给了我为 Netty 写一本类似的书的想法。关于这个想法，我考虑了几个星期，最终接受了。这也就有了本书。

在编写本书的过程中，我也越来越多地参与到了社区中。伴随着超过 1000 次的提交[①]，我最终成为了仅次于 Trustin Lee 的最活跃的贡献者。我经常在世界各地的各种会议以及技术聚会上演讲 Netty。最终 Netty 开启了另一个在苹果公司的就业机会，我目前在云基础设施工程团队

① 截至中文版出版前，已经超过 2000 次提交了。——译者注

（Cloud Infrastructure Engineering Team）担任资深软件工程师。我继续致力于 Netty，并且经常贡献回馈社区，同时也帮助推动该项目。

Norman Maurer
苹果公司，云基础设施工程

我在马萨诸塞州韦斯顿的 Harvard Pilgrim Health Care 担任 Dell Services 的顾问时，就主要侧重于构建可复用的基础设施组件。我们的目标是找到这样一种扩展通用代码库的方式：它不仅对通常的软件过程有利，而且还能将应用程序开发者从编写既麻烦又平凡的管道代码（plumbing code）的责任中解脱出来。

我一度发现，有两个相关的项目都在使用一个第三方的理赔处理系统，该系统只支持直接的 TCP/IP 通信。其中一个项目需要使用 Java 重新实现一个文档不太详细的构建在供应商的专有的基于分隔的格式上的遗留 COBOL 模块。这个模块最终被另一个项目取代了，那个项目将使用较新的基于 XML 的接口来连接到该相同理赔系统上。（但是使用的仍然是裸套接字，而不是 SOAP！）

在我看来，这是一个理想的开发一个通用 API 的机会，而且也充满了乐趣。我知道将会有严格的吞吐量和可靠性要求，并且设计也仍然在不断地演进。显然，为了支持快速的迭代周期，底层的网络代码必须完全和业务逻辑解耦。

我对于 Java 的高性能网络编程框架的调研把我直接带到了 Netty 面前。（在第 1 章开头读者会读到一个假设的项目，它其实基本上取材自现实生活。）我很快就确信了 Netty 的方式，使用可动态配置的编码器和解码器，能够完美地满足我们的需求：两个项目将可以使用相同的 API，并部署所使用的特定数据格式所需的处理器。在我发现该供应商的产品也是基于 Netty 的之后，我变得更加坚信了！

就在那时，我得知有一本我一直都在期待的叫《Netty 实战》的书正在编写中。我读了早期的书稿，并带着一些问题和建议很快和 Norman 取得了联系。在我们多次的交流过程中，我们常常会谈到要记住最终用户的视角，而且因为我当时正在参与一个实实在在的 Netty 项目，所以我很高兴地担当了这个（合著者/最终用户）角色。

我希望，通过这种方式，我们能够成功地满足开发者们的需求。如果您有任何关于我们如何能够使得本书变得更加有用的建议，请在 https://forums.manning.com/forums/netty-in-action 联系我们。

Marvin Allen Wolfthal
Dell Services

致谢

Manning 团队使得编写本书的过程很快乐，而且他们从未曾在这份快乐比所预期的要长一些时有过任何抱怨。从 Mike Stephens（他使得这一切成为了可能）和 Jeff Bleiel（从他那里我们学到了一些关于协作的新知识）到 Jennifer Stout、Andy Carroll 和 Elizabeth Martin（她展示出的冷静和耐心令我们望尘莫及），他们所有人都具备非常的专业水平和素质，激励着作者们也尽善尽美。

感谢那些帮助校审本书的人们，不管是通过阅读那些早期版本的章节并在 Author Online 论坛张贴勘误的，还是通过在本书编写的各个阶段校审书稿的。你们是本书的一部分，应该感到自豪。没有你们，这本书将不可能会像现在这样。特别地感谢下面的这些审阅者们：Achim Friedland、Arash Bizhan Zadeh、Bruno Georges、Christian Bach、Daniel Beck、Declan Cox、Edward Ribeiro、Erik Onnen、Francis Marchi、Gregor Zurowski、Jian Jin、Jürgen Hoffmann、Maksym Prokhorenko、Nicola Grigoletti、Renato Felix 和 Yestin Johnson。同样也感谢我们优秀的技术校对：David Dossot 和 Neil Rutherford。

我们非常感激并且由衷地感谢 Bruno de Carvalho、Sara Robinson、Greg Soltis、Erik Onnen、Andrew Cox 以及 Jeff Smick，他们贡献了第 14 章和第 15 章的案例研究。

最后但并非最不重要，感谢所有支持 Netty 以及开源项目的人们，没有你们和社区，就不可能有这个项目。通过社区，我们得以结识新朋友、在世界各地的会议上讨论，并且同时获得了专业和个人方面的成长。

Norman Maurer

我想要感谢我的前同事也是朋友 Jürgen Hoffmann（也叫 Buddy）。Jürgen 帮助我找到了我进入开源世界的道路，并且向我展示了当你拥有足够的勇气参与时，你将能构建出多么酷的东西。如果没有他，我可能永远也不会接触到编程，也因此不会发现我真正的专业激情所在。

另外，要非常地感谢我的朋友 Trustin Lee——Netty 的创始人，最初是他帮助并且鼓励了我为 Netty 项目做贡献，还为我们的书作序。我很荣幸能够认识你并能够和你成为朋友！我相信通过继续一起工作，Netty 将继续令人惊叹并长久存在！

我还想感谢我的合著者 Marvin Wolfthal。尽管 Marvin 在该项目的后期才加入，但他帮助我极大地提高了整体的结构和内容。没有他，这本书不可能有现在的样子。这让我想到了 Manning 团队本身，他们总是能够给予帮助和正确的指引，使得编写一本书的想法成为现实。

感谢我的父母 Peter 和 Christa 一直以来支持我以及我的想法。

最要感谢的是我的妻子 Jasmina 以及我的孩子们 Mia Soleil 和 Ben，感谢他们在我编写这本书的过程中所给予的支持。没有你们就不可能有这本书。

Marvin Wolfthal

首先，我要感谢我的合著者 Norman Maurer，感谢他出色的工作以及他的友善。虽然我加入该项目的时间比较晚，但他依然让我感觉好像是从第一天开始就成为了它的一部分似的。

对于我过去和现在在 Dell Services 以及 Harvard Pilgrim Health Care 的同事们，我衷心地感谢他们的帮助及鼓励。他们创造了不可多得的环境，在那里，不仅可以表达新的想法，而且还能将其筑成现实。致 Deborah Norton、Larry Rapisarda、Dave Querusio、Vijay Bhatt、Craig Bogovich 以及 Sharath Krishna，特别要感谢的是他们的支持，以及更难得的是他们的信任——我相信没有多少软件开发者能够被给予我在过去 4 年里所享受到的创造性的机会，包括将 Netty 引入到我们的工具集中。

但最重要的是，感谢我心爱的妻子 Katherine，她让我永远不会忘记那些真正重要的东西。

关于本书

Netty 是一款用于快速开发高性能的网络应用程序的 Java 框架。它封装了网络编程的复杂性，使网络编程和 Web 技术的最新进展能够被比以往更广泛的开发人员接触到。

Netty 不只是一个接口和类的集合；它还定义了一种架构模型以及一套丰富的设计模式。但是直到现在，依然缺乏一个全面的、系统性的用户指南，已经成为入门 Netty 的一个障碍，这种情况也是本书旨在改变的。除了解释该框架的组件以及 API 的详细信息之外，本书还会展示 Netty 如何能够帮助开发人员编写更高效的、可复用的、可维护的代码。

谁应该阅读本书

本书假定读者熟悉中等级别的 Java 主题，如泛型和多线程处理。不要求有高级网络编程的经验，但是熟悉基本的 Java 网络编程 API 将大有裨益。

Netty 使用 Apache Maven 作为它的构建管理工具。如果读者还未使用过 Maven，那么附录将会为读者提供运行本书示例代码所需要的信息。读者也可以复用这些示例的 Maven 配置，作为自己的基于 Netty 的项目的起点。

导读

本书共分 4 个部分，且有一个附录。

第一部分：Netty 的概念及体系结构

第一部分是对框架的详细介绍，涵盖了它的设计、组件以及编程接口。

第 1 章首先简要概述了阻塞和非阻塞的网络 API，以及它们对应的 JDK 接口。我们引入 Netty 作为构建高度可伸缩的、异步的、事件驱动的网络编程应用的工具包。我们将首先看一下该框架的基础构件块：`Channel`、回调、`Future`、事件及 `ChannelHandler`。

第 2 章解释了如何配置读者的系统以构建并运行本书中的示例代码。我们将用一个简单的应用程序来测试它，这是一个回送从连接的客户端接收到的消息的服务器应用程序。我们还介绍了引导（Bootstrap）——在运行时组装和配置一个应用程序的所有组件的过程。

第 3 章首先讨论了 Netty 的技术以及体系结构方面的内容。介绍了该框架的核心组件：Channel、EventLoop、ChannelHandler 以及 ChannelPipeline。这一章的最后解释了引导服务器和客户端之间的差异。

第 4 章讨论了网络传输，并且对比了通过 JDK API 和 Netty 使用阻塞和非阻塞传输的用法。我们研究了 Netty 的传输 API 的底层接口的层级关系以及它们所支持的传输类型。

第 5 章专门介绍了该框架的数据处理 API——ByteBuf，Netty 的字节容器。我们描述了它相对于 JDK 的 ByteBuffer 的优势，以及如何分配和访问由 ByteBuf 所使用的内存。我们展示了如何通过引用计数来管理内存资源。

第 6 章重点介绍了核心组件 ChannelHandler 和 ChannelPipeline，它们负责调度应用程序的处理逻辑，并驱动数据和事件经过网络层。其他的主题包括在实现高级用例时 ChannelHandlerContext 的角色，以及在多个 ChannelPipeline 之间共享 ChannelHandler 的缘由。这一章的最后说明了如何处理由入站事件和出站事件所触发的异常。

第 7 章提供了关于线程模型的一般概述，并详细地介绍了 Netty 的线程模型。我们研究了 interface EventLoop，它是 Netty 的并发 API 的主要部分，并解释了它和线程以及 Channel 的关系。这个信息对于理解 Netty 是如何实现异步的、事件驱动的网络编程模型来说至关重要。我们展示了如何通过 EventLoop 进行任务调度。

第 8 章以介绍 Bootstrap 类的层级结构作为引子，深入地讲解了引导。我们重新审视了一些基本用例以及一些特殊用例，例如，在一个服务器应用程序中引导一个客户端连接、引导数据报 Channel，以及在引导的过程中添加多个 ChannelHandler。这一章最后讨论了如何优雅地关闭应用程序并有序地释放所有的资源。

第 9 章是关于对 ChannelHandler 进行单元测试的讨论，对此 Netty 提供了一个特殊的 Channel 实现——EmbeddedChannel。本章的示例展示了如何使用这个类和 JUnit 一起来测试入站和出站 ChannelHandler 实现。

第二部分：编解码器

数据转换是网络编程中最常见的操作之一。第二部分介绍了 Netty 提供的用于简化这一任务的丰富的工具集。

第 10 章首先解释了解码器和编码器，它们将字节序列从一种格式转换为另外一种格式。一个无处不在的例子便是将一个非结构化的字节流转换为一个特定于协议的布局结构，或者相反的。编解码器则是一个结合了编码器以及解码器以处理双向转换的组件。我们提供了几个例子，展示了通过 Netty 的编解码器框架类创建自定义的解码器以及编码器是多么地容易。

第 11 章研究了 Netty 提供的用于各种用例的编解码器以及 ChannelHandler。这些类包括用于协议的（如 SSL/TLS、HTTP/HTTPS、WebSocket 以及 SPDY）即用型的编解码器，以及能够通过扩展来处理几乎任意的基于分隔符的协议、变长协议或者定长协议的解码器。这一章的最后介绍了用于写入大型数据的和用于序列化的框架组件。

第三部分：网络协议

第三部分详细阐述了几种本书前面简要介绍过的网络协议。我们将会再次看到 Netty 是如何使你能在自己的应用程序中轻松采用复杂的 API，而又不必关心其内部复杂性的。

第 12 章展示了如何使用 WebSocket 协议来实现 Web 服务器和客户端之间的双向通信。示例程序是一个聊天室服务器，其允许所有已连接的用户与其他已连接的用户进行实时通信。

第 13 章通过利用了用户数据报协议（UDP）的广播能力的服务器和客户端应用程序，说明了 Netty 对于无连接协议的支持。如同前面的那些示例一样，我们使用了一组特定于协议的支持类：`DatagramPacket` 和 `NioDatagramChannel`。

第四部分：案例研究

第四部分介绍了由使用 Netty 实现了任务关键型系统的知名公司提交的 5 份案例研究。这些案例不仅说明了我们在整本书中所讨论过的框架各个组件在现实世界中的应用，而且还演示了 Netty 的设计以及架构原则，在构建高度可伸缩和可扩展的应用程序方面的应用。

第 14 章有 Droplr、Firebase 以及 Urban Airship 提交的案例研究。

第 15 章有 Facebook 和 Twitter 提交的案例研究。

附录：Maven 介绍

该附录的主要目的是提供一个对于 Apache Maven 的基本介绍，以便读者可以编译和运行本书的示例代码清单，并在开始使用 Netty 时扩展它们来创建自己的项目。

介绍了以下主题：

- Maven 的主要目标和用途；
- 安装以及配置 Maven；
- Maven 的基本概念——POM 文件、构件、坐标、依赖、插件及存储库；
- Maven 配置的示例，POM 的继承以及聚合；
- Maven 的命令行语法。

代码约定和下载

这本书提供了丰富的示例，说明了如何利用每个涵盖的主题。为了将代码和普通文本区分开，代码清单或者正文中的代码都是以等宽字体（如 `fixed-width font like this`）显示的。此外，正文中的类和方法名、对象属性以及其他代码相关的术语和内容也都以等宽字体呈现。

偶尔，代码是斜体的，如 *`reference`*`.dump()`。在这种情况下，不要逐字输入 *`reference`*，要把它替换为所需的内容。

本书的源代码可以从出版商的网站 www.manning.com/books/netty-in-action 以及 GitHub 的项目地址 https://github.com/normanmaurer/netty-in-action 获取[①]。我们将源代码构造成了一个多模块的 Maven 项目，其中包含一个顶级 POM 和多个对应于本书各章的模块。

关于作者

Norman Maurer[②]是 Netty 的核心开发人员之一，Apache 软件基金会的一员。在过去的几年，他还是很多开源项目的贡献者。他是 Apple 公司的一名资深软件工程师，Netty 和其他网络相关的项目是他在 iCloud 团队的工作内容。

Marvin Wolfthal[③]作为开发者、架构师、讲师和作者一直活跃在多个软件开发领域。他很早就开始使用 Java，并且协助 Sun 开发了它第一批致力于促进分布式对象技术的程序。作为这些努力的一部分，他使用 C++、Java 和 CORBA 为 Sun Education 编写了第一套跨语言的编程课程。从那时起，他的主要关注点就一直是中间件的设计和开发，主要针对金融行业。他目前是 Dell Services 的一名顾问，致力于将 Java 世界中产生的方法论拓展到其他的企业计算领域中，例如，将持续集成的实践应用到数据库的开发中。Marvin 还是钢琴家和作曲家，他的作品已由维也纳的 Universal Edition 公司发行[④]。他和他的妻子凯瑟琳以及他们的 3 只猫伙伴 Fritz、Willy 和 Robbie 住在马萨诸塞州的韦斯顿。

作者在线

购买本书的读者可以免费访问 Manning 出版社运营的一个私有 Web 论坛[⑤]，在那里，可以评论本书、提技术问题，还可以获得作者和其他用户的帮助。如果要访问或者订阅该论坛，可以用 Web 浏览器访问 www.manning.com/books/netty-in-action。这个页面提供了以下信息：注册之后如何访问论坛；可以获得什么样的帮助；该论坛的一些行为准则；本书示例的源代码的链接、勘误表以及其他的下载资源。

Manning 承诺为我们的读者提供一个交流场所，在那里读者之间以及读者和作者之间可以进行有意义的对话。但是对于作者方面的参与并没有做任何数量上的承诺，作者对于作者在线（AO）的贡献仍然是自愿的（和无偿的）。我们建议你向作者提一些富有挑战性的问题，以免他们没兴趣回答！

只要这本书尚未绝版，就可以从出版社的网站上访问到作者在线论坛以及之前讨论的存档。

---

① 本书中文版的源代码可以从 GitHub 的项目地址 https://github.com/ReactivePlatform/netty-in-action-cn 获取，也可以在异步社区（www.epubit.com.cn）本书页面下载。——译者注

② Norman Maurer 的个人网站是 http://normanmaurer.me/，在这里可以找到更多关于 Netty 的讨论。——译者注

③ Marvin Wolfthal 的个人网站是 http://www.weichi.com/maw/。——译者注

④ 唱片的在线试听地址是 http://www.universaledition.com/composers-and-works/Marvin-Wolfthal/composer/4038。——译者注

⑤ 本书中文版的读者也可以访问本书在异步社区的相应页面。——译者注

关于封面插图

本书封面上的插画名为“卢森堡地区的居民”（A Resident of the Luxembourg Quarter）。该插画选自多位艺术家的 19 世纪作品集，由 Louis Curmer 编辑，并于 1841 年在巴黎出版。该作品集的标题是《Les Français peints par eux-mêmes》，翻译过来是“法国人民的自画像”。每幅插画都是手工精细绘制和着色的，作品集中丰富多样的作品向我们生动地展现了 200 年前世界上各个区域、城镇、村庄以及居民区的文化是多么迥异。人们彼此分开，讲不同的方言和语言。仅仅通过他们的服饰就能够很容易地辨别出他们在哪儿生活，住在城镇里还是住在乡下、干什么工作或者有什么样的生活地位。

自那以后，服饰的风格已然发生了变化，当时各地如此丰富多样的风格已经逐渐消失。现在已经很难分辨不同大洲的居民，更别说区分不同城镇或者地区的居民了。也许我们使用文化的多样性换取了更加多样化的个人生活——当然也是更加多样化和快节奏的科技生活。

在很难将一本计算机图书与另一本区分开的时代，Manning 通过使用基于两个世纪以前的多样化的区域生活的图书封面，让作品集中的插画重现于世，比如这一幅，借以来赞美计算机行业的创造力和进取精神。

目录

第二部分 编解码器

第三部分 网络协议

第四部分 案例研究

第一部分

Netty 的概念及体系结构

Netty 是一款用于创建高性能网络应用程序的高级框架。在第一部分，我们将深入地探究它的能力，并且在 3 个主要的方面进行示例：

- 使用 Netty 构建应用程序，你不必是一名网络编程专家；
- 使用 Netty 比直接使用底层的 Java API 容易得多；
- Netty 推崇良好的设计实践，例如，将你的应用程序逻辑和网络层解耦。

在第 1 章中，我们将首先小结 Java 网络编程的演化过程。在我们回顾了异步通信和事件驱动的处理的基本概念之后，我们将首先看一看 Netty 的核心组件。在第 2 章中，你将能够构建自己的第一款基于 Netty 的应用程序！在第 3 章中，你将开启对于 Netty 的细致探究之旅，从它的核心网络协议（第 4 章）以及数据处理层（第 5 章和第 6 章）到它的并发模型（第 7 章）。

我们将把所有的这些细节组合在一起，对第一部分进行总结。你将看到：如何在运行时配置基于 Netty 的应用程序的各个组件，以使它们协同工作（第 8 章），Netty 是如何帮助你测试你的应用程序的（第 9 章）。

第1章　Netty——异步和事件驱动

本章主要内容

- Java 网络编程
- Netty 简介
- Netty 的核心组件

假设你正在为一个重要的大型公司开发一款全新的任务关键型的应用程序。在第一次会议上，你得知该系统必须要能够扩展到支撑 150 000 名并发用户，并且不能有任何的性能损失，这时所有的目光都投向了你。你会怎么说呢？

如果你可以自信地说："当然，没问题。"那么大家都会向你脱帽致敬。但是，我们大多数人可能会采取一个更加谨慎的立场，例如："听上去是可行的。"然后，一回到计算机旁，我们便开始搜索"high performance Java networking"（高性能 Java 网络编程）。

如果你现在搜索它，在第一页结果中，你将会看到下面的内容：

> Netty: Home
> netty.io/
> Netty 是一款异步的事件驱动的**网络**应用程序框架，支持快速地开发可维护的**高性能**的面向协议的服务器和客户端。

如果你和大多数人一样，通过这样的方式发现了 Netty，那么你的下一步多半是：浏览该网站，下载源代码，仔细阅读 Javadoc 和一些相关的博客，然后写点儿代码试试。如果你已经有了扎实的网络编程经验，那么可能进展还不错，不然则可能是一头雾水。

这是为什么呢？因为像我们例子中那样的高性能系统不仅要求超一流的编程技巧，还需要几个复杂领域（网络编程、多线程处理和并发）的专业知识。Netty 优雅地处理了这些领域的知识，使得即使是网络编程新手也能使用。但到目前为止，由于还缺乏一本全面的指南，使得对它的学习过程比实际需要的艰涩得多——因此便有了这本书。

我们编写这本书的主要目的是：使得 Netty 能够尽可能多地被更加广泛的开发者采用。这也包括那些拥有创新的内容或者服务，却没有时间或者兴趣成为网络编程专家的人。如果这适用于你，我们相信你将会非常惊讶自己这么快便可以开始创建你的第一款基于 Netty 的应用程序了。当然在另一个层面上讲，我们也需要支持那些正在寻找工具来创建他们自己的网络协议的高级从业人员。

Netty 确实提供了极为丰富的网络编程工具集，我们将花大部分的时间来探究它的能力。但是，Netty 终究是一个框架，它的架构方法和设计原则是：每个小点都和它的技术性内容一样重要，穷其精妙。因此，我们也将探讨很多其他方面的内容，例如：

- 关注点分离——业务和网络逻辑解耦；
- 模块化和可复用性；
- 可测试性作为首要的要求。

在这第 1 章中，我们将从一些与高性能网络编程相关的背景知识开始铺陈，特别是它在 Java 开发工具包（JDK）中的实现。有了这些背景知识后，我们将介绍 Netty，它的核心概念以及构建块。在本章结束之后，你就能够编写你的第一款基于 Netty 的客户端和服务器应用程序了。

1.1 Java 网络编程

早期的网络编程开发人员，需要花费大量的时间去学习复杂的 C 语言套接字库，去处理它们在不同的操作系统上出现的古怪问题。虽然最早的 Java（1995—2002）引入了足够多的面向对象 façade（门面）来隐藏一些棘手的细节问题，但是创建一个复杂的客户端/服务器协议仍然需要大量的样板代码（以及相当多的底层研究才能使它整个流畅地运行起来）。

那些最早期的 Java API（`java.net`）只支持由本地系统套接字库提供的所谓的阻塞函数。代码清单 1-1 展示了一个使用了这些函数调用的服务器代码的普通示例。

代码清单 1-1 阻塞 I/O 示例

```
ServerSocket serverSocket = new ServerSocket(portNumber);
Socket clientSocket = serverSocket.accept();
BufferedReader in = new BufferedReader(
    new InputStreamReader(clientSocket.getInputStream()));
PrintWriter out =
    new PrintWriter(clientSocket.getOutputStream(), true);
String request, response;
while ((request = in.readLine()) != null) {
    if ("Done".equals(request)) {
        break;
    }
    response = processRequest(request);
    out.println(response);
}
```

代码清单 1-1 实现了 Socket API 的基本模式之一。以下是最重要的几点。

- ServerSocket 上的 accept() 方法将会一直阻塞到一个连接建立❶，随后返回一个新的 Socket 用于客户端和服务器之间的通信。该 ServerSocket 将继续监听传入的连接。
- BufferedReader 和 PrintWriter 都衍生自 Socket 的输入输出流❷。前者从一个字符输入流中读取文本，后者打印对象的格式化的表示到文本输出流。
- readLine() 方法将会阻塞，直到在❸处一个由换行符或者回车符结尾的字符串被读取。
- 客户端的请求已经被处理❹。

这段代码片段将只能同时处理一个连接，要管理多个并发客户端，需要为每个新的客户端 Socket 创建一个新的 Thread，如图 1-1 所示。

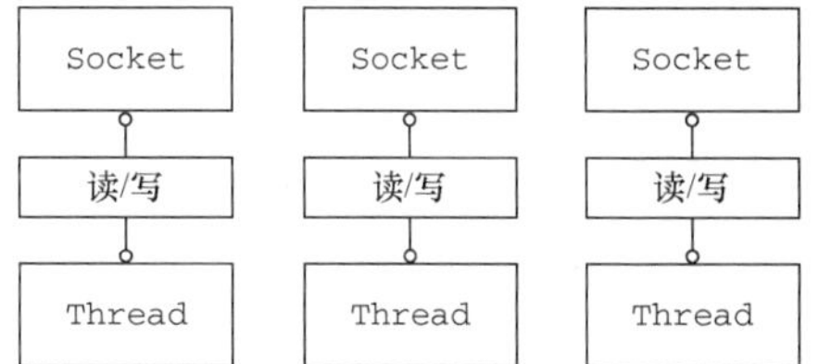

图 1-1 使用阻塞 I/O 处理多个连接

让我们考虑一下这种方案的影响。第一，在任何时候都可能有大量的线程处于休眠状态，只是等待输入或者输出数据就绪，这可能算是一种资源浪费。第二，需要为每个线程的调用栈都分配内存，其默认值大小区间为 64 KB 到 1 MB，具体取决于操作系统。第三，即使 Java 虚拟机（JVM）在物理上可以支持非常大数量的线程，但是远在到达该极限之前，上下文切换所带来的开销就会带来麻烦，例如，在达到 10 000 个连接的时候。

虽然这种并发方案对于支撑中小数量的客户端来说还算可以接受，但是为了支撑 100 000 或者更多的并发连接所需要的资源使得它很不理想。幸运的是，还有一种方案。

1.1.1 Java NIO

除了代码清单 1-1 中代码底层的阻塞系统调用之外，本地套接字库很早就提供了非阻塞调用，其为网络资源的利用率提供了相当多的控制：

- 可以使用 setsockopt() 方法配置套接字，以便读/写调用在没有数据的时候立即返回，也就是说，如果是一个阻塞调用应该已经被阻塞了①；
- 可以使用操作系统的事件通知 API②注册一组非阻塞套接字，以确定它们中是否有任何的套接字已经有数据可供读写。

Java 对于非阻塞 I/O 的支持是在 2002 年引入的，位于 JDK 1.4 的 java.nio 包中。

---

① W. Richard Stevens 的 *Advanced Programming in the UNIX Environment* (Addison-Wesley, 1992)第 364 页 “4.3BSD returned EWOULDBLOCK if an operation on a non-blocking descriptor could not complete without blocking”。

② 也称为 I/O 多路复用，该接口从最初的 select() 和 poll() 调用到更加高性能的实现，已经演变了很多年。参见 Sangjin Han 的文章《Scalable Event Multiplexing: epoll vs. kqueue》（www.eecs.berkeley.edu/~sangjin/2012/12/21/epoll-vs-kqueue.html）。

新的还是非阻塞的

NIO 最开始是新的输入/输出（New Input/Oulput）的英文缩写，但是，该 Java API 已经出现足够长的时间了，不再是“新的”了，因此，如今大多数的用户认为 NIO 代表非阻塞 I/O（Non-blocking I/O），而阻塞 I/O（blocking I/O）是旧的输入/输出（old input/output，OIO）。你也可能遇到它被称为普通 I/O（plain I/O）的时候。

1.1.2 选择器

图 1-2 展示了一个非阻塞设计，其实际上消除了上一节中所描述的那些弊端。

`class java.nio.channels.Selector` 是 Java 的非阻塞 I/O 实现的关键。它使用了事件通知 API 以确定在一组非阻塞套接字中有哪些已经就绪能够进行 I/O 相关的操作。因为可以在任何的时间检查任意的读操作或者写操作的完成状态，所以如图 1-2 所示，一个单一的线程便可以处理多个并发的连接。

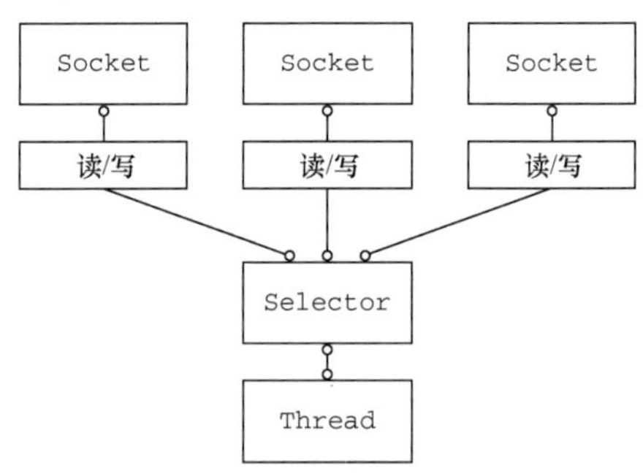

图 1-2 使用 `Selector` 的非阻塞 I/O

总体来看，与阻塞 I/O 模型相比，这种模型提供了更好的资源管理：

- 使用较少的线程便可以处理许多连接，因此也减少了内存管理和上下文切换所带来开销；
- 当没有 I/O 操作需要处理的时候，线程也可以被用于其他任务。

尽管已经有许多直接使用 Java NIO API 的应用程序被构建了，但是要做到如此正确和安全并不容易。特别是，在高负载下可靠和高效地处理和调度 I/O 操作是一项繁琐而且容易出错的任务，最好留给高性能的网络编程专家——Netty。

1.2 Netty 简介

不久以前，我们在本章一开始所呈现的场景——支持成千上万的并发客户端——还被认定为是不可能的。然而今天，作为系统用户，我们将这种能力视为理所当然；同时作为开发人员，我们期望将水平线提得更高[①]。因为我们知道，总会有更高的吞吐量和可扩展性的要求——在更低的成本的基础上进行交付。

不要低估了这最后一点的重要性。我们已经从漫长的痛苦经历中学到：直接使用底层的 API 暴露了复杂性，并且引入了对往往供不应求的技能的关键性依赖[②]。这也就是，面向对象的基本概念：用较简单的抽象隐藏底层实现的复杂性。

这一原则也催生了大量框架的开发，它们为常见的编程任务封装了解决方案，其中的许多都

① 这里指支撑更多的并发的客户端。——译者注

② 这里指熟悉这些底层的 API 的人员少。——译者注

和分布式系统的开发密切相关。我们可以确定地说：所有专业的 Java 开发人员都至少对它们熟知一二。[①]对于我们许多人来说，它们已经变得不可或缺，因为它们既能满足我们的技术需求，又能满足我们的时间表。

在网络编程领域，Netty 是 Java 的卓越框架。[②]它驾驭了 Java 高级 API 的能力，并将其隐藏在一个易于使用的 API 之后。Netty 使你可以专注于自己真正感兴趣的——你的应用程序的独一无二的价值。

在我们开始首次深入地了解 Netty 之前，请仔细审视表 1-1 中所总结的关键特性。有些是技术性的，而其他的更多的则是关于架构或设计哲学的。在本书的学习过程中，我们将不止一次地重新审视它们。

表 1-1 Netty 的特性总结

分　类	Netty 的特性
设计	统一的 API，支持多种传输类型，阻塞的和非阻塞的 简单而强大的线程模型 真正的无连接数据报套接字支持 链接逻辑组件以支持复用
易于使用	详实的 Javadoc 和大量的示例集 不需要超过 JDK 1.6+[③]的依赖。（一些可选的特性可能需要 Java 1.7+和/或额外的依赖）
性能	拥有比 Java 的核心 API 更高的吞吐量以及更低的延迟 得益于池化和复用，拥有更低的资源消耗 最少的内存复制
健壮性	不会因为慢速、快速或者超载的连接而导致 `OutOfMemoryError` 消除在高速网络中 NIO 应用程序常见的不公平读/写比率
安全性	完整的 SSL/TLS 以及 StartTLS 支持 可用于受限环境下，如 Applet 和 OSGI
社区驱动	发布快速而且频繁

1.2.1 谁在使用 Netty

Netty 拥有一个充满活力并且不断壮大的用户社区，其中不乏大型公司，如 Apple、Twitter、Facebook、Google、Square 和 Instagram，还有流行的开源项目，如 Infinispan、HornetQ、Vert.x、Apache Cassandra 和 Elasticsearch[④]，它们所有的核心代码都利用了 Netty 强大的网络抽象[⑤]。在初

① Spring 框架大概是最出名的，并且实际上是一个完整的应用程序框架的生态系统，处理了对象的创建、批量处理、数据库编程等。

② Netty 在 2011 年荣获了 Duke's Choice Award 的殊荣，参见 www.java.net/dukeschoice/2011。

③ 最新的版本编译需要 JDK 1.8+，参见 https://github.com/netty/netty/pull/6392。——译者注

④ 还包括炙手可热的大数据处理引擎 Spark。——译者注

⑤ 完整的已知采用者列表参见 http://netty.io/wiki/adopters.html。

创企业中，Firebase 和 Urban Airship 也在使用 Netty，前者用来做 HTTP 长连接，而后者用来支持各种各样的推送通知。

每当你使用 Twitter，你便是在使用 Finagle[①]，它们基于 Netty 的系统间通信框架。Facebook 在 Nifty 中使用了 Netty，它们的 Apache Thrift 服务。可伸缩性和性能对这两家公司来说至关重要，他们也经常为 Netty 贡献代码[②]。

反过来，Netty 也已从这些项目中受益，通过实现 FTP、SMTP、HTTP 和 WebSocket 以及其他的基于二进制和基于文本的协议，Netty 扩展了它的应用范围及灵活性。

1.2.2 异步和事件驱动

因为我们要大量地使用“异步”这个词，所以现在是一个澄清上下文的好时机。异步（也就是非同步）事件肯定大家都熟悉。考虑一下电子邮件：你可能会也可能不会收到你已经发出去的电子邮件对应的回复，或者你也可能会在正在发送一封电子邮件的时候收到一个意外的消息。异步事件也可以具有某种有序的关系。通常，你只有在已经问了一个问题之后才会得到一个和它对应的答案，而在你等待它的同时你也可以做点别的事情。

在日常的生活中，异步自然而然地就发生了，所以你可能没有对它考虑过多少。但是让一个计算机程序以相同的方式工作就会产生一些非常特殊的问题。本质上，一个既是异步的又是事件驱动的系统会表现出一种特殊的、对我们来说极具价值的行为：它可以以任意的顺序响应在任意的时间点产生的事件。

这种能力对于实现最高级别的可伸缩性至关重要，定义为：“一种系统、网络或者进程在需要处理的工作不断增长时，可以通过某种可行的方式或者扩大它的处理能力来适应这种增长的能力。”[③]

异步和可伸缩性之间的联系又是什么呢？

- 非阻塞网络调用使得我们可以不必等待一个操作的完成。完全异步的 I/O 正是基于这个特性构建的，并且更进一步：异步方法会立即返回，并且在它完成时，会直接或者在稍后的某个时间点通知用户。
- 选择器使得我们能够通过较少的线程便可监视许多连接上的事件。

将这些元素结合在一起，与使用阻塞 I/O 来处理大量事件相比，使用非阻塞 I/O 来处理更快速、更经济。从网络编程的角度来看，这是构建我们理想系统的关键，而且你会看到，这也是 Netty 的设计底蕴的关键。

---

① 关于 Finagle 的更多信息参见 https://twitter.github.io/finagle/。

② 第 15 章和第 16 章的案例研究描述了这里提到的公司中的一些是如何使用 Netty 来解决现实世界的问题的。

③ André B. Bondi 的 *Proceedings of the second international workshop on Software and performance— WOSP' 00* (2000)第 195 页，“Characteristics of scalability and their impact on performance”。

在 1.3 节中，我们将首先看一看 Netty 的核心组件。现在，只需要将它们看作是域对象，而不是具体的 Java 类。随着时间的推移，我们将看到它们是如何协作，来为在网络上发生的事件提供通知，并使得它们可以被处理的。

1.3 Netty 的核心组件

在本节中我将要讨论 Netty 的主要构件块：

- Channel；
- 回调；
- Future；
- 事件和 ChannelHandler。

这些构建块代表了不同类型的构造：资源、逻辑以及通知。你的应用程序将使用它们来访问网络以及流经网络的数据。

对于每个组件来说，我们都将提供一个基本的定义，并且在适当的情况下，还会提供一个简单的示例代码来说明它的用法。

1.3.1 Channel

Channel 是 Java NIO 的一个基本构造。

> 它代表一个到实体（如一个硬件设备、一个文件、一个网络套接字或者一个能够执行一个或者多个不同的 I/O 操作的程序组件）的开放连接，如读操作和写操作[①]。

目前，可以把 Channel 看作是传入（入站）或者传出（出站）数据的载体。因此，它可以被打开或者被关闭，连接或者断开连接。

1.3.2 回调

一个回调其实就是一个方法，一个指向已经被提供给另外一个方法的方法的引用。这使得后者[②]可以在适当的时候调用前者。回调在广泛的编程场景中都有应用，而且也是在操作完成后通知相关方最常见的方式之一。

Netty 在内部使用了回调来处理事件；当一个回调被触发时，相关的事件可以被一个 interface-ChannelHandler 的实现处理。代码清单 1-2 展示了一个例子：当一个新的连接已经被建立时，ChannelHandler 的 channelActive() 回调方法将会被调用，并将打印出一条信息。

---

① Java 平台，标准版第 8 版 API 规范，java.nio.channels，Channel：http://docs.oracle.com/javase/8/docs/api/java/nio/channels/package-summary.html。

② 指接受回调的方法。——译者注

代码清单 1-2　被回调触发的 ChannelHandler

```
public class ConnectHandler extends ChannelInboundHandlerAdapter {
    @Override
    public void channelActive(ChannelHandlerContext ctx)
        throws Exception {
        System.out.println(
            "Client " + ctx.channel().remoteAddress() + " connected");
    }
}
```

当一个新的连接已经被建立时，channelActive(ChannelHandlerContext)将会被调用

1.3.3　Future

Future 提供了另一种在操作完成时通知应用程序的方式。这个对象可以看作是一个异步操作的结果的占位符；它将在未来的某个时刻完成，并提供对其结果的访问。

JDK 预置了 interface java.util.concurrent.Future，但是其所提供的实现，只允许手动检查对应的操作是否已经完成，或者一直阻塞直到它完成。这是非常繁琐的，所以 Netty 提供了它自己的实现——ChannelFuture，用于在执行异步操作的时候使用。

ChannelFuture 提供了几种额外的方法，这些方法使得我们能够注册一个或者多个 ChannelFutureListener 实例。监听器的回调方法 operationComplete()，将会在对应的操作完成时被调用[①]。然后监听器可以判断该操作是成功地完成了还是出错了。如果是后者，我们可以检索产生的 Throwable。简而言之，由 ChannelFutureListener 提供的通知机制消除了手动检查对应的操作是否完成的必要。

每个 Netty 的出站 I/O 操作都将返回一个 ChannelFuture；也就是说，它们都不会阻塞。正如我们前面所提到过的一样，Netty 完全是异步和事件驱动的。

代码清单 1-3 展示了一个 ChannelFuture 作为一个 I/O 操作的一部分返回的例子。这里，connect()方法将会直接返回，而不会阻塞，该调用将会在后台完成。这究竟什么时候会发生则取决于若干的因素，但这个关注点已经从代码中抽象出来了。因为线程不用阻塞以等待对应的操作完成，所以它可以同时做其他的工作，从而更加有效地利用资源。

代码清单 1-3　异步地建立连接

```
Channel channel = ...;
// Does not block
ChannelFuture future = channel.connect(
    new InetSocketAddress("192.168.0.1", 25));
```

异步地连接到远程节点

① 如果在 ChannelFutureListener 添加到 ChannelFuture 的时候，ChannelFuture 已经完成，那么该 ChannelFutureListener 将会被直接地通知。——译者注

代码清单 1-4 显示了如何利用 ChannelFutureListener。首先，要连接到远程节点上。然后，要注册一个新的 ChannelFutureListener 到对 connect()方法的调用所返回的 ChannelFuture 上。当该监听器被通知连接已经建立的时候，要检查对应的状态❶。如果该操作是成功的，那么将数据写到该 Channel。否则，要从 ChannelFuture 中检索对应的 Throwable。

代码清单 1-4 回调实战

```
Channel channel = ...;
// Does not block
ChannelFuture future = channel.connect(                      ◁— 异步地连接到远程节点
    new InetSocketAddress("192.168.0.1", 25));
future.addListener(new ChannelFutureListener() {             ◁— 注册一个 ChannelFutureListener，以便在操作完成时获得通知
    @Override
    public void operationComplete(ChannelFuture future) {
        if (future.isSuccess()){                             ❶ 检查操作的状态
            ByteBuf buffer = Unpooled.copiedBuffer(          ◁— 如果操作是成功的，则创建一个 ByteBuf 以持有数据
                "Hello",Charset.defaultCharset());
            ChannelFuture wf = future.channel()
                .writeAndFlush(buffer);                      ◁— 将数据异步地发送到远程节点。返回一个 ChannelFuture
            ....
        } else {
            Throwable cause = future.cause();                ◁— 如果发生错误，则访问描述原因的 Throwable
            cause.printStackTrace();
        }
    }
});
```

需要注意的是，对错误的处理完全取决于你、目标，当然也包括目前任何对于特定类型的错误加以的限制。例如，如果连接失败，你可以尝试重新连接或者建立一个到另一个远程节点的连接。

如果你把 ChannelFutureListener 看作是回调的一个更加精细的版本，那么你是对的。事实上，回调和 Future 是相互补充的机制；它们相互结合，构成了 Netty 本身的关键构件块之一。

1.3.4 事件和 ChannelHandler

Netty 使用不同的事件来通知我们状态的改变或者是操作的状态。这使得我们能够基于已经发生的事件来触发适当的动作。这些动作可能是：

- 记录日志；
- 数据转换；
- 流控制；
- 应用程序逻辑。

Netty 是一个网络编程框架，所以事件是按照它们与入站或出站数据流的相关性进行分类的。可能由入站数据或者相关的状态更改而触发的事件包括：

- 连接已被激活或者连接失活；

- 数据读取；
- 用户事件；
- 错误事件。

出站事件是未来将会触发的某个动作的操作结果，这些动作包括：

- 打开或者关闭到远程节点的连接；
- 将数据写到或者冲刷到套接字。

每个事件都可以被分发给 ChannelHandler 类中的某个用户实现的方法。这是一个很好的将事件驱动范式直接转换为应用程序构件块的例子。图 1-3 展示了一个事件是如何被一个这样的 ChannelHandler 链处理的。

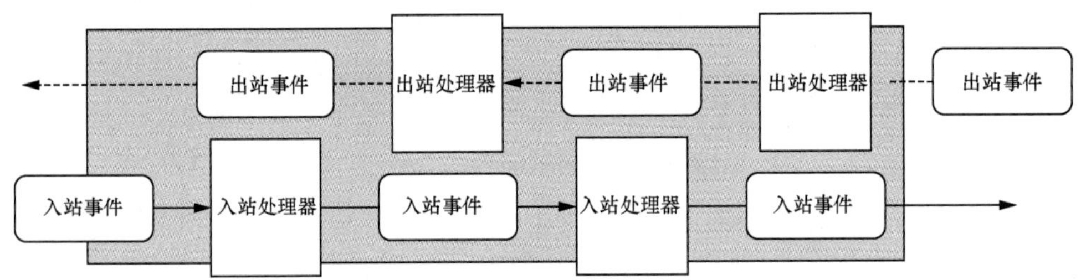

图 1-3 流经 ChannelHandler 链的入站事件和出站事件

Netty 的 ChannelHandler 为处理器提供了基本的抽象，如图 1-3 所示的那些。我们会在适当的时候对 ChannelHandler 进行更多的说明，但是目前你可以认为每个 ChannelHandler 的实例都类似于一种为了响应特定事件而被执行的回调。

Netty 提供了大量预定义的可以开箱即用的 ChannelHandler 实现，包括用于各种协议（如 HTTP 和 SSL/TLS）的 ChannelHandler。在内部，ChannelHandler 自己也使用了事件和 Future，使得它们也成为了你的应用程序将使用的相同抽象的消费者。

1.3.5 把它们放在一起

在本章中，我们介绍了 Netty 实现高性能网络编程的方式，以及它的实现中的一些主要的组件。让我们大体回顾一下我们讨论过的内容吧。

1. Future、回调和 ChannelHandler

Netty 的异步编程模型是建立在 Future 和回调的概念之上的，而将事件派发到 ChannelHandler 的方法则发生在更深的层次上。结合在一起，这些元素就提供了一个处理环境，使你的应用程序逻辑可以独立于任何网络操作相关的顾虑而独立地演变。这也是 Netty 的设计方式的一个关键目标。

拦截操作以及高速地转换入站数据和出站数据，都只需要你提供回调或者利用操作所返回的 Future。这使得链接操作变得既简单又高效，并且促进了可重用的通用代码的编写。

2. 选择器、事件和 EventLoop

Netty 通过触发事件将 Selector 从应用程序中抽象出来，消除了所有本来将需要手动编写的派发代码。在内部，将会为每个 Channel 分配一个 EventLoop，用以处理所有事件，包括：

- 注册感兴趣的事件；
- 将事件派发给 ChannelHandler；
- 安排进一步的动作。

EventLoop 本身只由一个线程驱动，其处理了一个 Channel 的所有 I/O 事件，并且在该 EventLoop 的整个生命周期内都不会改变。这个简单而强大的设计消除了你可能有的在 ChannelHandler 实现中需要进行同步的任何顾虑，因此，你可以专注于提供正确的逻辑，用来在有感兴趣的数据要处理的时候执行。如同我们在详细探讨 Netty 的线程模型时将会看到的，该 API 是简单而紧凑的。

1.4 小结

在这一章中，我们介绍了 Netty 框架的背景知识，包括 Java 网络编程 API 的演变过程，阻塞和非阻塞网络操作之间的区别，以及异步 I/O 在高容量、高性能的网络编程中的优势。

然后，我们概述了 Netty 的特性、设计和优点，其中包括 Netty 异步模型的底层机制，包括回调、Future 以及它们的结合使用。我们还谈到了事件是如何产生的以及如何拦截和处理它们。

在本书接下来的部分，我们将更加深入地探讨如何利用这些丰富的工具集来满足自己的应用程序的特定需求。

在下一章中，我们将要深入地探讨 Netty 的 API 以及编程模型的基础知识，而你则将编写你的第一款客户端和服务器应用程序。

第 2 章　你的第一款 Netty 应用程序

本章主要内容

- 设置开发环境
- 编写 Echo 服务器和客户端
- 构建并测试应用程序

在本章中，我们将展示如何构建一个基于 Netty 的客户端和服务器。应用程序很简单：客户端将消息发送给服务器，而服务器再将消息回送给客户端。但是这个练习很重要，原因有两个。

首先，它会提供一个测试台，用于设置和验证你的开发工具和环境，如果你打算通过对本书的示例代码的练习来为自己将来的开发工作做准备，那么它将是必不可少的。

其次，你将获得关于 Netty 的一个关键方面的实践经验，即在前一章中提到过的：通过 `ChannelHandler` 来构建应用程序的逻辑。这能让你对在第 3 章中开始的对 Netty API 的深入学习做好准备。

2.1　设置开发环境

要编译和运行本书的示例，只需要 JDK 和 Apache Maven 这两样工具，它们都是可以免费下载的。

我们将假设，你想要捣鼓示例代码，并且想很快就开始编写自己的代码。虽然你可以使用纯文本编辑器，但是我们仍然强烈地建议你使用用于 Java 的集成开发环境（IDE）。

2.1.1　获取并安装 Java 开发工具包

你的操作系统可能已经安装了 JDK。为了找到答案，可以在命令行输入：

```
javac -version
```

如果得到的是 `javac 1.7`……或者 `1.8`……，则说明已经设置好了并且可以略过此步[①]。

否则，请从 http://java.com/en/download/manual.jsp 处获取 JDK 第 8 版。请留心，需要下载的是 JDK，而不是 Java 运行时环境（JRE），其只可以运行 Java 应用程序，但是不能够编译它们。该网站为每个平台都提供了可执行的安装程序。如果需要安装说明，可以在同一个网站上找到相关的信息。

建议执行以下操作：

- 将环境变量 `JAVA_HOME` 设置为你的 JDK 安装位置（在 Windows 上，默认值将类似于 C:\Program Files\Java\jdk1.8.0_121）；
- 将`%JAVA_HOME%\bin`（在 Linux 上为`${JAVA_HOME}/bin`）添加到你的执行路径。

2.1.2 下载并安装 IDE

下面是使用最广泛的 Java IDE，都可以免费获取：

- Eclipse—— www.eclipse.org；
- NetBeans—— www.netbeans.org；
- Intellij IDEA Community Edition—— www.jetbrains.com。

所有这 3 种对我们将使用的构建工具 Apache Maven 都拥有完整的支持。NetBeans 和 Intellij IDEA 都通过可执行的安装程序进行分发。Eclipse 通常使用 Zip 归档文件进行分发，当然也有一些自定义的版本包含了自安装程序。

2.1.3 下载和安装 Apache Maven

即使你已经熟悉 Maven 了，我们仍然建议你至少大致浏览一下这一节。

Maven 是一款广泛使用的由 Apache 软件基金会（ASF）开发的构建管理工具。Netty 项目以及本书的示例都使用了它。构建和运行这些示例并不需要你成为一个 Maven 专家，但是如果你想要对其进行扩展，我们推荐你阅读附录中的 Maven 简介。

你需要安装 Maven 吗

Eclipse 和 NetBeans[②]自带了一个内置的 Maven 安装包，对于我们的目的来说开箱即可工作得良好。如果你将要在一个拥有它自己的 Maven 存储库的环境中工作，那么你的配置管理员可能就有一个预先配置好的能配合它使用的 Maven 安装包。

在本书中文版出版时，Maven 的最新版本是 3.3.9。你可以从 http://maven.apache.org/download.cgi 下载适用于你的操作系统的 tar.gz 或者 zip 归档文件[③]。安装很简单：将归档文件的

---

① Netty 的一组受限特性可以运行于 JDK 1.6，但是 JDK 8 或者更高版本则是编译时必需的，包括运行最新版本的 Maven。

② 包括 Intellij IDEA。——译者注

③ 也可以通过 HomeBrew 或者 Scoop 来安装 Maven，更加简单方便。——译者注

所有内容解压到你所选择的任意的文件夹（我们将其称为<安装目录>）。这将创建目录<安装目录>\apache-maven-3.3.9。

和设置 Java 环境一样：

- 将环境变量 `M2_HOME` 设置为指向<安装目录>\apache-maven-3.3.9；
- 将`%M2_HOME%\bin`（或者在 Linux 上为`${M2_HOME}/bin`）添加到你的执行路径。

这将使得你可以通过在命令行执行 `mvn.bat`（或者 `mvn`）来运行 Maven。

2.1.4 配置工具集

如果你已经按照推荐设置好了环境变量 `JAVA_HOME` 和 `M2_HOME`，那么你可能会发现，当你启动自己的 IDE 时，它已经发现了你的 Java 和 Maven 的安装位置。如果你需要进行手动配置，我们所列举的所有的 IDE 版本在 Preferences 或者 Settings 下都有设置这些变量的菜单项。相关的细节请查阅文档。

这就完成了开发环境的配置。在接下来的各节中，我们将介绍你要构建的第一个 Netty 应用程序的详细信息，同时我们将更加深入地了解该框架的 API。之后，你就能使用刚刚设置好的工具来构建和运行 Echo 服务器和客户端了。

2.2 Netty 客户端/服务器概览

图 2-1 从高层次上展示了一个你将要编写的 Echo 客户端和服务器应用程序。虽然你的主要关注点可能是编写基于 Web 的用于被浏览器访问的应用程序，但是通过同时实现客户端和服务器，你一定能更加全面地理解 Netty 的 API。

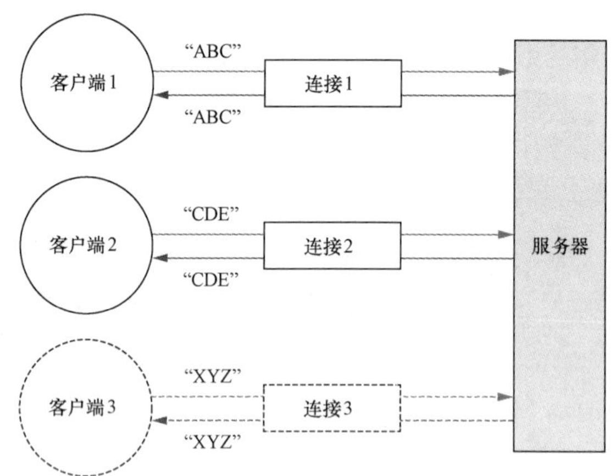

图 2-1 Echo 客户端和服务器

虽然我们已经谈及到了客户端，但是该图展示的是多个客户端同时连接到一台服务器。所能够支持的客户端数量，在理论上，仅受限于系统的可用资源（以及所使用的 JDK 版本可能会施加的限制）。

Echo 客户端和服务器之间的交互是非常简单的；在客户端建立一个连接之后，它会向服务器发送一个或多个消息，反过来，服务器又会将每个消息回送给客户端。虽然它本身看起来好像用处不大，但它充分地体现了客户端/服务器系统中典型的请求-响应交互模式。

我们将从考察服务器端代码开始这个项目。

2.3　编写 Echo 服务器

所有的 Netty 服务器都需要以下两部分。

- 至少一个 ChannelHandler——该组件实现了服务器对从客户端接收的数据的处理，即它的业务逻辑。
- 引导——这是配置服务器的启动代码。至少，它会将服务器绑定到它要监听连接请求的端口上。

在本小节的剩下部分，我们将描述 Echo 服务器的业务逻辑以及引导代码。

2.3.1　ChannelHandler 和业务逻辑

在第 1 章中，我们介绍了 Future 和回调，并且阐述了它们在事件驱动设计中的应用。我们还讨论了 ChannelHandler，它是一个接口族的父接口，它的实现负责接收并响应事件通知。在 Netty 应用程序中，所有的数据处理逻辑都包含在这些核心抽象的实现中。

因为你的 Echo 服务器会响应传入的消息，所以它需要实现 ChannelInboundHandler 接口，用来定义响应入站事件的方法。这个简单的应用程序只需要用到少量的这些方法，所以继承 ChannelInboundHandlerAdapter 类也就足够了，它提供了 ChannelInboundHandler 的默认实现。

我们感兴趣的方法是：

- channelRead()——对于每个传入的消息都要调用；
- channelReadComplete()——通知 ChannelInboundHandler 最后一次对 channelRead() 的调用是当前批量读取中的最后一条消息；
- exceptionCaught()——在读取操作期间，有异常抛出时会调用。

该 Echo 服务器的 ChannelHandler 实现是 EchoServerHandler，如代码清单 2-1 所示。

代码清单 2-1　EchoServerHandler

```
@Sharable
public class EchoServerHandler extends ChannelInboundHandlerAdapter {

    @Override
    public void channelRead(ChannelHandlerContext ctx, Object msg) {
        ByteBuf in = (ByteBuf) msg;
        System.out.println(
            "Server received: " + in.toString(CharsetUtil.UTF_8));
```

标示一个 Channel-Handler 可以被多个 Channel 安全地共享

将消息记录到控制台

```
        ctx.write(in);
    }

    @Override
    public void channelReadComplete(ChannelHandlerContext ctx) {
        ctx.writeAndFlush(Unpooled.EMPTY_BUFFER)
            .addListener(ChannelFutureListener.CLOSE);
    }

    @Override
    public void exceptionCaught(ChannelHandlerContext ctx,
        Throwable cause) {
        cause.printStackTrace();
        ctx.close();
    }
}
```

将接收到的消息写给发送者，而不冲刷出站消息

将未决消息[①]冲刷到远程节点，并且关闭该 Channel

打印异常栈跟踪

关闭该 Channel

ChannelInboundHandlerAdapter 有一个直观的 API，并且它的每个方法都可以被重写以挂钩到事件生命周期的恰当点上。因为需要处理所有接收到的数据，所以你重写了 channelRead() 方法。在这个服务器应用程序中，你将数据简单地回送给了远程节点。

重写 exceptionCaught() 方法允许你对 Throwable 的任何子类型做出反应，在这里你记录了异常并关闭了连接。虽然一个更加完善的应用程序也许会尝试从异常中恢复，但在这个场景下，只是通过简单地关闭连接来通知远程节点发生了错误。

如果不捕获异常，会发生什么呢

每个 Channel 都拥有一个与之相关联的 ChannelPipeline，其持有一个 ChannelHandler 的实例链。在默认的情况下，ChannelHandler 会把对它的方法的调用转发给链中的下一个 ChannelHandler。因此，如果 exceptionCaught() 方法没有被该链中的某处实现，那么所接收的异常将会被传递到 ChannelPipeline 的尾端并被记录。为此，你的应用程序应该提供至少有一个实现了 exceptionCaught() 方法的 ChannelHandler。（6.4 节详细地讨论了异常处理）。

除了 ChannelInboundHandlerAdapter 之外，还有很多需要学习的 ChannelHandler 的子类型和实现，我们将在第 6 章和第 7 章中对它们进行详细的阐述。目前，请记住下面这些关键点：

- 针对不同类型的事件来调用 ChannelHandler；
- 应用程序通过实现或者扩展 ChannelHandler 来挂钩到事件的生命周期，并且提供自定义的应用程序逻辑；
- 在架构上，ChannelHandler 有助于保持业务逻辑与网络处理代码的分离。这简化了开发过程，因为代码必须不断地演化以响应不断变化的需求。

2.3.2 引导服务器

在讨论过由 EchoServerHandler 实现的核心业务逻辑之后，我们现在可以探讨引导服务器本身的过程了，具体涉及以下内容：

① 未决消息（pending message）是指目前暂存于 ChannelOutboundBuffer 中的消息，在下一次调用 flush() 或者 writeAndFlush() 方法时将会尝试写出到套接字。——译者注

- 绑定到服务器将在其上监听并接受传入连接请求的端口；
- 配置 Channel，以将有关的入站消息通知给 EchoServerHandler 实例。

传输

在这一节中，你将遇到术语传输。在网络协议的标准多层视图中，传输层提供了端到端的或者主机到主机的通信服务。

因特网通信是建立在 TCP 传输之上的。除了一些由 Java NIO 实现提供的服务器端性能增强之外，NIO 传输大多数时候指的就是 TCP 传输。

我们将在第 4 章对传输进行详细的讨论。

代码清单 2-2 展示了 EchoServer 类的完整代码。

代码清单 2-2 EchoServer 类

```
public class EchoServer {
    private final int port;

    public EchoServer(int port) {
        this.port = port;
    }

    public static void main(String[] args) throws Exception {
        if (args.length != 1) {
            System.err.println(
                "Usage: " + EchoServer.class.getSimpleName() +
                " <port>");
            return;
        }
        int port = Integer.parseInt(args[0]);     <- 设置端口值（如果端口参数的格式不正确，则抛出一个NumberFormatException）
        new EchoServer(port).start();             <- 调用服务器的 start()方法
    }

    public void start() throws Exception {
        final EchoServerHandler serverHandler = new EchoServerHandler();
        EventLoopGroup group = new NioEventLoopGroup();     <- ❶ 创建 EventLoopGroup
        try {
            ServerBootstrap b = new ServerBootstrap();      <- ❷ 创建 ServerBootstrap
            b.group(group)
                .channel(NioServerSocketChannel.class)      <- ❸ 指定所使用的 NIO 传输 Channel
                .localAddress(new InetSocketAddress(port))  <- ❹ 使用指定的端口设置套接字地址
                .childHandler(new ChannelInitializer<SocketChannel>(){   <- ❺ 添加一个 EchoServerHandler 到子 Channel 的 ChannelPipeline
                @Override
                public void initChannel(SocketChannel ch)
                    throws Exception {
                        ch.pipeline().addLast(serverHandler);[①]   <- EchoServerHandler 被标注为@Shareable，所以我们可以总是使用同样的实例
                    }
                });
```

① 这里对于所有的客户端连接来说，都会使用同一个 EchoServerHandler，因为其被标注为@Sharable，这将在后面的章节中讲到。——译者注

```
            ChannelFuture f = b.bind().sync();           ⑥ 异步地绑定服务器；调用 sync()方法阻塞等待直到绑定完成
            f.channel().closeFuture().sync();            ⑦ 获取 Channel 的 CloseFuture，并且阻塞当前线程直到它完成
        } finally {
            group.shutdownGracefully().sync();           ⑧ 关闭 EventLoopGroup，释放所有的资源
        }
    }
}
```

在❷处，你创建了一个 ServerBootstrap 实例。因为你正在使用的是 NIO 传输，所以你指定了 NioEventLoopGroup❶来接受和处理新的连接，并且将 Channel 的类型指定为 NioServer-SocketChannel❸。在此之后，你将本地地址设置为一个具有选定端口的 InetSocket-Address❹。服务器将绑定到这个地址以监听新的连接请求。

在❺处，你使用了一个特殊的类——ChannelInitializer。这是关键。当一个新的连接被接受时，一个新的子 Channel 将会被创建，而 ChannelInitializer 将会把一个你的 EchoServerHandler 的实例添加到该 Channel 的 ChannelPipeline 中。正如我们之前所解释的，这个 ChannelHandler 将会收到有关入站消息的通知。

虽然 NIO 是可伸缩的，但是其适当的尤其是关于多线程处理的配置并不简单。Netty 的设计封装了大部分的复杂性，而且我们将在第 3 章中对相关的抽象（EventLoopGroup、Socket-Channel 和 ChannelInitializer）进行详细的讨论。

接下来你绑定了服务器❻，并等待绑定完成。（对 sync()方法的调用将导致当前 Thread 阻塞，一直到绑定操作完成为止）。在❼处，该应用程序将会阻塞等待直到服务器的 Channel 关闭（因为你在 Channel 的 CloseFuture 上调用了 sync()方法）。然后，你将可以关闭 EventLoopGroup，并释放所有的资源，包括所有被创建的线程❽。

这个示例使用了 NIO，因为得益于它的可扩展性和彻底的异步性，它是目前使用最广泛的传输。但是也可以使用一个不同的传输实现。如果你想要在自己的服务器中使用 OIO 传输，将需要指定 OioServerSocketChannel 和 OioEventLoopGroup。我们将在第 4 章中对传输进行更加详细的探讨。

与此同时，让我们回顾一下你刚完成的服务器实现中的重要步骤。下面这些是服务器的主要代码组件：

- EchoServerHandler 实现了业务逻辑；
- main()方法引导了服务器；

引导过程中所需要的步骤如下：

- 创建一个 ServerBootstrap 的实例以引导和绑定服务器；
- 创建并分配一个 NioEventLoopGroup 实例以进行事件的处理，如接受新连接以及读/写数据；
- 指定服务器绑定的本地的 InetSocketAddress；
- 使用一个 EchoServerHandler 的实例初始化每一个新的 Channel；
- 调用 ServerBootstrap.bind()方法以绑定服务器。

在这个时候，服务器已经初始化，并且已经就绪能被使用了。在下一节中，我们将探讨对应的客户端应用程序的代码。

2.4 编写 Echo 客户端

Echo 客户端将会：

（1）连接到服务器；

（2）发送一个或者多个消息；

（3）对于每个消息，等待并接收从服务器发回的相同的消息；

（4）关闭连接。

编写客户端所涉及的两个主要代码部分也是业务逻辑和引导，和你在服务器中看到的一样。

2.4.1 通过 ChannelHandler 实现客户端逻辑

如同服务器，客户端将拥有一个用来处理数据的 `ChannelInboundHandler`。在这个场景下，你将扩展 `SimpleChannelInboundHandler` 类以处理所有必须的任务，如代码清单 2-3 所示。这要求重写下面的方法：

- `channelActive()`——在到服务器的连接已经建立之后将被调用；
- `channelRead0()`[①]——当从服务器接收到一条消息时被调用；
- `exceptionCaught()`——在处理过程中引发异常时被调用。

代码清单 2-3 客户端的 ChannelHandler

```
@Sharable
public class EchoClientHandler extends
    SimpleChannelInboundHandler<ByteBuf> {
    @Override
    public void channelActive(ChannelHandlerContext ctx) {
        ctx.writeAndFlush(Unpooled.copiedBuffer("Netty rocks!",
        CharsetUtil.UTF_8));
    }

    @Override
    public void channelRead0(ChannelHandlerContext ctx, ByteBuf in) {
        System.out.println(
            "Client received: " + in.toString(CharsetUtil.UTF_8));
    }

    @Override
```

标记该类的实例可以被多个 Channel 共享

当被通知 Channel 是活跃的时候，发送一条消息

记录已接收消息的转储

① `SimpleChannelInboundHandler` 的 `channelRead0()` 方法的相关讨论参见 https://github.com/netty/netty/wiki/New-and-noteworthy-in-5.0#channelread0--messagereceived，其中 Netty5 的开发工作已经关闭。——译者注

```
    public void exceptionCaught(ChannelHandlerContext ctx,    ◁ 在发生异常时，
        Throwable cause) {                                       记录错误并关闭
        cause.printStackTrace();                                 Channel
        ctx.close();
    }
}
```

首先，你重写了 channelActive()方法，其将在一个连接建立时被调用。这确保了数据将会被尽可能快地写入服务器，其在这个场景下是一个编码了字符串"Netty rocks!"的字节缓冲区。

接下来，你重写了 channelRead0()方法。每当接收数据时，都会调用这个方法。需要注意的是，由服务器发送的消息可能会被分块接收。也就是说，如果服务器发送了 5 字节，那么不能保证这 5 字节会被一次性接收。即使是对于这么少量的数据，channelRead0()方法也可能会被调用两次，第一次使用一个持有 3 字节的 ByteBuf（Netty 的字节容器），第二次使用一个持有 2 字节的 ByteBuf。作为一个面向流的协议，TCP 保证了字节数组将会按照服务器发送它们的顺序被接收。

重写的第三个方法是 exceptionCaught()。如同在 EchoServerHandler（见代码清单 2-2）中所示，记录 Throwable，关闭 Channel，在这个场景下，终止到服务器的连接。

SimpleChannelInboundHandler 与 ChannelInboundHandler

你可能会想：为什么我们在客户端使用的是 SimpleChannelInboundHandler，而不是在 EchoServerHandler 中所使用的 ChannelInboundHandlerAdapter 呢？这和两个因素的相互作用有关：业务逻辑如何处理消息以及 Netty 如何管理资源。

在客户端，当 channelRead0()方法完成时，你已经有了传入消息，并且已经处理完它了。当该方法返回时，SimpleChannelInboundHandler 负责释放指向保存该消息的 ByteBuf 的内存引用。

在 EchoServerHandler 中，你仍然需要将传入消息回送给发送者，而 write()操作是异步的，直到 channelRead()方法返回后可能仍然没有完成（如代码清单 2-1 所示）。为此，EchoServerHandler 扩展了 ChannelInboundHandlerAdapter，其在这个时间点上不会释放消息。

消息在 EchoServerHandler 的 channelReadComplete()方法中，当 writeAndFlush()方法被调用时被释放（见代码清单 2-1）。

第 5 章和第 6 章将对消息的资源管理进行详细的介绍。

2.4.2　引导客户端

如同将在代码清单 2-4 中所看到的，引导客户端类似于引导服务器，不同的是，客户端是使用主机和端口参数来连接远程地址，也就是这里的 Echo 服务器的地址，而不是绑定到一个一直被监听的端口。

代码清单 2-4 客户端的主类

```
public class EchoClient {
    private final String host;
    private final int port;

    public EchoClient(String host, int port) {
        this.host = host;
        this.port = port;
    }

    public void start() throws Exception {
        EventLoopGroup group = new NioEventLoopGroup();
        try {
            Bootstrap b = new Bootstrap();
            b.group(group)
                .channel(NioSocketChannel.class)
                .remoteAddress(new InetSocketAddress(host, port))
                .handler(new ChannelInitializer<SocketChannel>() {
                @Override
                public void initChannel(SocketChannel ch)
                    throws Exception {
                    ch.pipeline().addLast(
                        new EchoClientHandler());
                    }
                });
            ChannelFuture f = b.connect().sync();
            f.channel().closeFuture().sync();
        } finally {
            group.shutdownGracefully().sync();
        }
    }

    public static void main(String[] args) throws Exception {
        if (args.length != 2) {
            System.err.println(
                "Usage: " + EchoClient.class.getSimpleName() +
                " <host> <port>");
            return;
        }

        String host = args[0];
        int port = Integer.parseInt(args[1]);
        new EchoClient(host, port).start();
    }
}
```

创建 Bootstrap

指定 EventLoopGroup 以处理客户端事件；需要适用于 NIO 的实现

适用于 NIO 传输的 Channel 类型

设置服务器的 InetSocketAddress

在创建 Channel 时，向 ChannelPipeline 中添加一个 EchoClientHandler 实例

连接到远程节点，阻塞等待直到连接完成

阻塞，直到 Channel 关闭

关闭线程池并且释放所有的资源

和之前一样，使用了 NIO 传输。注意，你可以在客户端和服务器上分别使用不同的传输。例如，在服务器端使用 NIO 传输，而在客户端使用 OIO 传输。在第 4 章，我们将探讨影响你选择适用于特定用例的特定传输的各种因素和场景。

让我们回顾一下这一节中所介绍的要点：

- 为初始化客户端，创建了一个 Bootstrap 实例；

- 为进行事件处理分配了一个 `NioEventLoopGroup` 实例，其中事件处理包括创建新的连接以及处理入站和出站数据；
- 为服务器连接创建了一个 `InetSocketAddress` 实例；
- 当连接被建立时，一个 `EchoClientHandler` 实例会被安装到（该 `Channel` 的）`ChannelPipeline` 中；
- 在一切都设置完成后，调用 `Bootstrap.connect()`方法连接到远程节点；

完成了客户端，你便可以着手构建并测试该系统了。

2.5 构建和运行 Echo 服务器和客户端

在这一节中，我们将介绍编译和运行 Echo 服务器和客户端所需的所有步骤。

> **Echo 客户端/服务器的 Maven 工程**
>
> 这本书的附录使用 Echo 客户端/服务器工程的配置，详细地解释了多模块 Maven 工程是如何组织的。这部分内容对于构建和运行该应用程序来说并不是必读的，之所以推荐阅读这部分内容，是因为它能帮助你更好地理解本书的示例以及 Netty 项目本身。

2.5.1 运行构建

要构建 Echo 客户端和服务器，请进入到代码示例根目录下的 chapter2 目录执行以下命令：

```
mvn clean package
```

这将产生非常类似于代码清单 2-5 所示的输出（我们已经编辑忽略了几个构建过程中的非必要步骤）。

代码清单 2-5 构建 Echo 客户端和服务器

```
[INFO] Scanning for projects...
[INFO] -------------------------------------------------------------------
[INFO] Reactor Build Order:
[INFO]
[INFO] Chapter 2. Your First Netty Application - Echo App
[INFO] Chapter 2. Echo Client
[INFO] Chapter 2. Echo Server
[INFO]
[INFO] -------------------------------------------------------------------
[INFO] Building Chapter 2. Your First Netty Application - 2.0-SNAPSHOT
[INFO] -------------------------------------------------------------------
[INFO]
[INFO] --- maven-clean-plugin:2.6.1:clean (default-clean) @ chapter2 ---
[INFO]
[INFO] -------------------------------------------------------------------
[INFO] Building Chapter 2. Echo Client 2.0-SNAPSHOT
```

```
[INFO] ----------------------------------------------------------------------
[INFO]
[INFO] --- maven-clean-plugin:2.6.1:clean (default-clean)
    @ echo-client ---
[INFO]
[INFO] --- maven-resources-plugin:2.6:resources (default-resources)
    @ echo-client ---
[INFO] Using 'UTF-8' encoding to copy filtered resources.
[INFO] Copying 1 resource
[INFO]
[INFO] --- maven-compiler-plugin:3.3:compile (default-compile)
    @ echo-client ---
[INFO] Changes detected - recompiling the module!
[INFO] Compiling 2 source files to
    \netty-in-action\chapter2\Client\target\classes
[INFO]
[INFO] --- maven-resources-plugin:2.6:testResources (default-testResources)
    @ echo-client ---
[INFO] Using 'UTF-8' encoding to copy filtered resources.
[INFO] skip non existing resourceDirectory
    \netty-in-action\chapter2\Client\src\test\resources
[INFO]
[INFO] --- maven-compiler-plugin:3.3:testCompile (default-testCompile)
    @ echo-client ---
[INFO] No sources to compile
[INFO]
[INFO] --- maven-surefire-plugin:2.18.1:test (default-test)
    @ echo-client ---
[INFO] No tests to run.
[INFO]
[INFO] --- maven-jar-plugin:2.6:jar (default-jar) @ echo-client ---
[INFO] Building jar:
    \netty-in-action\chapter2\Client\target\echo-client-2.0-SNAPSHOT.jar
[INFO]
[INFO] ----------------------------------------------------------------------
[INFO] Building Chapter 2. Echo Server 2.0-SNAPSHOT
[INFO] ----------------------------------------------------------------------
[INFO]
[INFO] --- maven-clean-plugin:2.6.1:clean (default-clean)
    @ echo-server ---
[INFO]
[INFO] --- maven-resources-plugin:2.6:resources (default-resources)
    @ echo-server ---
[INFO] Using 'UTF-8' encoding to copy filtered resources.
[INFO] Copying 1 resource
[INFO]
[INFO] --- maven-compiler-plugin:3.3:compile (default-compile)
    @ echo-server ---
[INFO] Changes detected - recompiling the module!
[INFO] Compiling 2 source files to
    \netty-in-action\chapter2\Server\target\classes
[INFO]
[INFO] --- maven-resources-plugin:2.6:testResources (default-testResources)
    @ echo-server ---
```

```
[INFO] Using 'UTF-8' encoding to copy filtered resources.
[INFO] skip non existing resourceDirectory
    \netty-in-action\chapter2\Server\src\test\resources
[INFO]
[INFO] --- maven-compiler-plugin:3.3:testCompile (default-testCompile)
    @ echo-server ---
[INFO] No sources to compile
[INFO]
[INFO] --- maven-surefire-plugin:2.18.1:test (default-test)
    @ echo-server ---
[INFO] No tests to run.
[INFO]
[INFO] --- maven-jar-plugin:2.6:jar (default-jar) @ echo-server ---
[INFO] Building jar:
    \netty-in-action\chapter2\Server\target\echo-server-2.0-SNAPSHOT.jar
[INFO] ------------------------------------------------------------------
[INFO] Reactor Summary:
[INFO]
[INFO] Chapter 2. Your First Netty Application ... SUCCESS [ 0.134 s]
[INFO] Chapter 2. Echo Client .................... SUCCESS [ 1.509 s]
[INFO] Chapter 2. Echo Ser........................ SUCCESS [ 0.139 s]
[INFO] ------------------------------------------------------------------
[INFO] BUILD SUCCESS
[INFO] ------------------------------------------------------------------
[INFO] Total time: 1.886 s
[INFO] Finished at: 2015-11-18T17:14:10-05:00
[INFO] Final Memory: 18M/216M
[INFO] ------------------------------------------------------------------
```

下面是前面的构建日志中记录的主要步骤：

- Maven 确定了构建顺序：首先是父 pom.xml，然后是各个模块（子工程）；
- 如果在用户的本地存储库中没有找到 Netty 构件，Maven 将从公共的 Maven 存储库中下载它们（此处未显示）；
- 运行了构建生命周期中的 clean 和 compile 阶段；
- 最后执行了 maven-jar-plugin。

Maven Reactor 的摘要显示所有的项目都已经被成功地构建。两个子工程的目标目录的文件列表现在应该类似于代码清单 2-6。

代码清单 2-6 构建的构件列表

```
Directory of nia\chapter2\Client\target
03/16/2015  09:45 PM    <DIR>          classes
03/16/2015  09:45 PM             5,614 echo-client-1.0-SNAPSHOT.jar
03/16/2015  09:45 PM    <DIR>          generated-sources
03/16/2015  09:45 PM    <DIR>          maven-archiver
03/16/2015  09:45 PM    <DIR>          maven-status

Directory of nia\chapter2\Server/target
03/16/2015  09:45 PM    <DIR>          classes
03/16/2015  09:45 PM             5,629 echo-server-1.0-SNAPSHOT.jar
```

```
03/16/2015  09:45 PM    <DIR>          generated-sources
03/16/2015  09:45 PM    <DIR>          maven-archiver
03/16/2015  09:45 PM    <DIR>          maven-status
```

2.5.2 运行 Echo 服务器和客户端

要运行这些应用程序组件，可以直接使用 Java 命令。但是在 POM 文件中，已经为你配置好了 exec-maven-plugin 来做这个（参见附录以获取详细信息）。

并排打开两个控制台窗口，一个进到 chapter2\Server 目录中，另外一个进到 chapter2\Client 目录中。

在服务器的控制台中执行这个命令：

```
mvn exec:java
```

应该会看到类似于下面的内容：

```
[INFO] Scanning for projects...
[INFO]
[INFO] ----------------------------------------------------------------------
[INFO] Building Echo Server 1.0-SNAPSHOT
[INFO] ----------------------------------------------------------------------
[INFO]
[INFO] >>> exec-maven-plugin:1.2.1:java (default-cli) >
    validate @ echo-server >>>
[INFO]
[INFO] <<< exec-maven-plugin:1.2.1:java (default-cli) <
    validate @ echo-server <<<
[INFO]
[INFO] --- exec-maven-plugin:1.2.1:java (default-cli) @ echo-server ---
    nia.chapter2.echoserver.EchoServer
    started and listening for connections on /0:0:0:0:0:0:0:0:9999
```

服务器现在已经启动并准备好接受连接。现在在客户端的控制台中执行同样的命令：

```
mvn exec:java
```

应该会看到下面的内容：

```
[INFO] Scanning for projects...
[INFO]
[INFO] -------------------------------------------------------------------
[INFO] Building Echo Client 1.0-SNAPSHOT
[INFO] -------------------------------------------------------------------
[INFO]
[INFO] >>> exec-maven-plugin:1.2.1:java (default-cli) >
    validate @ echo-client >>>
[INFO]
[INFO] <<< exec-maven-plugin:1.2.1:java (default-cli) <
    validate @ echo-client <<<
[INFO]
[INFO] --- exec-maven-plugin:1.2.1:java (default-cli) @ echo-client ---
    Client received: Netty rocks!
```

```
[INFO] ------------------------------------------------------------------
[INFO] BUILD SUCCESS
[INFO] ------------------------------------------------------------------
[INFO] Total time: 2.833 s
[INFO] Finished at: 2015-03-16T22:03:54-04:00
[INFO] Final Memory: 10M/309M
[INFO] ------------------------------------------------------------------
```

同时在服务器的控制台中，应该会看到这个：

```
Server received: Netty rocks!
```

每次运行客户端时，在服务器的控制台中你都能看到这条日志语句。

下面是发生的事：

（1）一旦客户端建立连接，它就发送它的消息——`Netty rocks!`；

（2）服务器报告接收到的消息，并将其回送给客户端；

（3）客户端报告返回的消息并退出。

你所看到的都是预期的行为，现在让我们看看故障是如何被处理的。服务器应该还在运行，所以在服务器的控制台中按下 Ctrl+C 来停止该进程。一旦它停止，就再次使用下面的命令启动客户端：

```
mvn exec:java
```

代码清单 2-7 展示了你应该会从客户端的控制台中看到的当它不能连接到服务器时的输出。

代码清单 2-7 Echo 客户端的异常处理

```
[INFO] Scanning for projects...
[INFO]
[INFO] -------------------------------------------------------------------
[INFO] Building Echo Client 1.0-SNAPSHOT
[INFO] -------------------------------------------------------------------
[INFO]
[INFO] >>> exec-maven-plugin:1.2.1:java (default-cli) >
    validate @ echo-client >>>
[INFO]
[INFO] <<< exec-maven-plugin:1.2.1:java (default-cli) <
    validate @ echo-client <<<
[INFO]
[INFO] --- exec-maven-plugin:1.2.1:java (default-cli) @ echo-client ---
[WARNING]
java.lang.reflect.InvocationTargetException
        at sun.reflect.NativeMethodAccessorImpl.invoke0(Native Method)
    . . .
    Caused by: java.net.ConnectException: Connection refused:
    no further information: localhost/127.0.0.1:9999
        at sun.nio.ch.SocketChannelImpl.checkConnect(Native Method)
        at sun.nio.ch.SocketChannelImpl
        .finishConnect(SocketChannelImpl.java:739)
        at io.netty.channel.socket.nio.NioSocketChannel
        .doFinishConnect(NioSocketChannel.java:208)
```

```
        at io.netty.channel.nio
        .AbstractNioChannel$AbstractNioUnsafe
        .finishConnect(AbstractNioChannel.java:281)
        at io.netty.channel.nio.NioEventLoop
        .processSelectedKey(NioEventLoop.java:528)
        at io.netty.channel.nio.NioEventLoop.
        processSelectedKeysOptimized(NioEventLoop.java:468)
        at io.netty.channel.nio.NioEventLoop
        .processSelectedKeys(NioEventLoop.java:382)
        at io.netty.channel.nio.NioEventLoop
        .run(NioEventLoop.java:354)
        at io.netty.util.concurrent.SingleThreadEventExecutor$2
        .run(SingleThreadEventExecutor.java:116)
        at io.netty.util.concurrent.DefaultThreadFactory
        $DefaultRunnableDecorator.run(DefaultThreadFactory.java:137)
    . . .
[INFO] ------------------------------------------------------------------------
[INFO] BUILD FAILURE
[INFO] ------------------------------------------------------------------------
[INFO] Total time: 3.801 s
[INFO] Finished at: 2015-03-16T22:11:16-04:00
[INFO] Final Memory: 10M/309M
[INFO] ------------------------------------------------------------------------
[ERROR] Failed to execute goal org.codehaus.mojo:
    exec-maven-plugin:1.2.1:java (default-cli) on project echo-client:
        An exception occured while executing the Java class. null:
        InvocationTargetException: Connection refused:
        no further information: localhost/127.0.0.1:9999 -> [Help 1]
```

发生了什么？客户端试图连接服务器，其预期运行在 localhost:9999 上。但是连接失败了（和预期的一样），因为服务器在这之前就已经停止了，所以在客户端导致了一个 java.net.ConnectException。这个异常触发了 EchoClientHandler 的 exceptionCaught() 方法，打印出了栈跟踪并关闭了 Channel（见代码清单 2-3）。

2.6 小结

在本章中，你设置好了开发环境，并且构建和运行了你的第一款 Netty 客户端和服务器。虽然这只是一个简单的应用程序，但是它可以伸缩到支持数千个并发连接——每秒可以比普通的基于套接字的 Java 应用程序处理多得多的消息。

在接下来的几章中，你将看到更多关于 Netty 如何简化可伸缩性和并发性的例子。我们也将更加深入地了解 Netty 对于关注点分离的架构原则的支持。通过提供正确的抽象来解耦业务逻辑和网络编程逻辑，Netty 使得可以很容易地跟上快速演化的需求，而又不危及系统的稳定性。

在下一章中，我们将提供对 Netty 体系架构的概述。这将为你在后续的章节中对 Netty 的内部进行深入而全面的学习提供上下文。

第 3 章 Netty 的组件和设计

本章主要内容

- Netty 的技术和体系结构方面的内容
- Channel、EventLoop 和 ChannelFuture
- ChannelHandler 和 ChannelPipeline
- 引导

在第 1 章中，我们给出了 Java 高性能网络编程的历史以及技术基础的小结。这为 Netty 的核心概念和构件块的概述提供了背景。

在第 2 章中，我们把我们的讨论范围扩大到了应用程序的开发。通过构建一个简单的客户端和服务器，你学习了引导，并且获得了最重要的 ChannelHandler API 的实战经验。与此同时，你也验证了自己的开发工具都能正常运行。

由于本书剩下的部分都建立在这份材料的基础之上，所以我们将从两个不同的但却又密切相关的视角来探讨 Netty：类库的视角以及框架的视角。对于使用 Netty 编写高效的、可重用的和可维护的代码来说，两者缺一不可。

从高层次的角度来看，Netty 解决了两个相应的关注领域，我们可将其大致标记为技术的和体系结构的。首先，它的基于 Java NIO 的异步的和事件驱动的实现，保证了高负载下应用程序性能的最大化和可伸缩性。其次，Netty 也包含了一组设计模式，将应用程序逻辑从网络层解耦，简化了开发过程，同时也最大限度地提高了可测试性、模块化以及代码的可重用性。

在我们更加详细地研究 Netty 的各个组件时，我们将密切关注它们是如何通过协作来支撑这些体系结构上的最佳实践的。通过遵循同样的原则，我们便可获得 Netty 所提供的所有益处。牢记这个目标，在本章中，我们将回顾到目前为止我们介绍过的主要概念和组件。

3.1 Channel、EventLoop 和 ChannelFuture

接下来的各节将会为我们对于 Channel、EventLoop 和 ChannelFuture 类进行的讨论增添更多的细节，这些类合在一起，可以被认为是 Netty 网络抽象的代表：

- Channel——Socket；
- EventLoop——控制流、多线程处理、并发；
- ChannelFuture——异步通知。

3.1.1 Channel 接口

基本的 I/O 操作（bind()、connect()、read()和 write()）依赖于底层网络传输所提供的原语。在基于 Java 的网络编程中，其基本的构造是 class Socket。Netty 的 Channel 接口所提供的 API，大大地降低了直接使用 Socket 类的复杂性。此外，Channel 也是拥有许多预定义的、专门化实现的广泛类层次结构的根，下面是一个简短的部分清单：

- EmbeddedChannel；
- LocalServerChannel；
- NioDatagramChannel；
- NioSctpChannel；
- NioSocketChannel。

3.1.2 EventLoop 接口

EventLoop 定义了 Netty 的核心抽象，用于处理连接的生命周期中所发生的事件。我们将在第 7 章中结合 Netty 的线程处理模型的上下文对 EventLoop 进行详细的讨论。目前，图 3-1 在高层次上说明了 Channel、EventLoop、Thread 以及 EventLoopGroup 之间的关系。

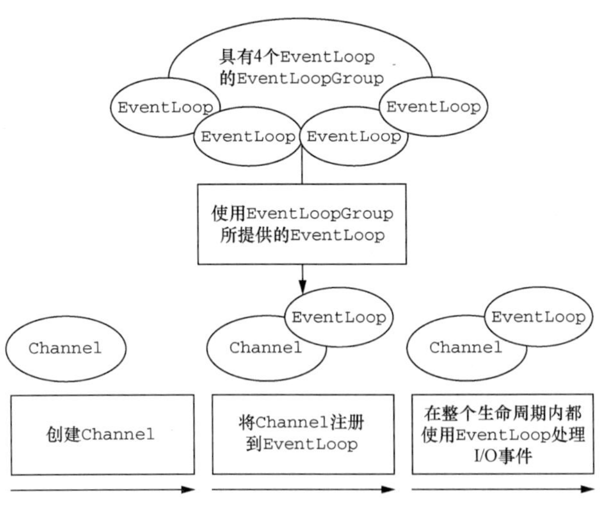

图 3-1 Channel、EventLoop 和 EventLoopGroup

这些关系是：

- 一个 EventLoopGroup 包含一个或者多个 EventLoop；
- 一个 EventLoop 在它的生命周期内只和一个 Thread 绑定；
- 所有由 EventLoop 处理的 I/O 事件都将在它专有的 Thread 上被处理；
- 一个 Channel 在它的生命周期内只注册于一个 EventLoop；
- 一个 EventLoop 可能会被分配给一个或多个 Channel。

注意，在这种设计中，一个给定 Channel 的 I/O 操作都是由相同的 Thread 执行的，实际上消除了对于同步的需要。

3.1.3 ChannelFuture 接口

正如我们已经解释过的那样，Netty 中所有的 I/O 操作都是异步的。因为一个操作可能不会立即返回，所以我们需要一种用于在之后的某个时间点确定其结果的方法。为此，Netty 提供了 ChannelFuture 接口，其 addListener()方法注册了一个 ChannelFutureListener，以便在某个操作完成时（无论是否成功）得到通知。

关于 ChannelFuture 的更多讨论 可以将 ChannelFuture 看作是将来要执行的操作的结果的占位符。它究竟什么时候被执行则可能取决于若干的因素，因此不可能准确地预测，但是可以肯定的是它将会被执行。此外，所有属于同一个 Channel 的操作都被保证其将以它们被调用的顺序被执行。

我们将在第 7 章中深入地讨论 EventLoop 和 EventLoopGroup。

3.2 ChannelHandler 和 ChannelPipeline

现在，我们将更加细致地看一看那些管理数据流以及执行应用程序处理逻辑的组件。

3.2.1 ChannelHandler 接口

从应用程序开发人员的角度来看，Netty 的主要组件是 ChannelHandler，它充当了所有处理入站和出站数据的应用程序逻辑的容器。这是可行的，因为 ChannelHandler 的方法是由网络事件（其中术语“事件”的使用非常广泛）触发的。事实上，ChannelHandler 可专门用于几乎任何类型的动作，例如将数据从一种格式转换为另外一种格式，或者处理转换过程中所抛出的异常。

举例来说，ChannelInboundHandler 是一个你将会经常实现的子接口。这种类型的 ChannelHandler 接收入站事件和数据，这些数据随后将会被你的应用程序的业务逻辑所处理。当你要给连接的客户端发送响应时，也可以从 ChannelInboundHandler 冲刷数据。你的应用程序的业务逻辑通常驻留在一个或者多个 ChannelInboundHandler 中。

3.2.2 ChannelPipeline 接口

ChannelPipeline 为 ChannelHandler 链提供了容器，并定义了用于在该链上传播入站和出站事件流的 API。当 Channel 被创建时，它会被自动地分配到它专属的 ChannelPipeline。

ChannelHandler 安装到 ChannelPipeline 中的过程如下所示：

- 一个 ChannelInitializer 的实现被注册到了 ServerBootstrap 中①；
- 当 ChannelInitializer.initChannel()方法被调用时，ChannelInitializer 将在 ChannelPipeline 中安装一组自定义的 ChannelHandler；
- ChannelInitializer 将它自己从 ChannelPipeline 中移除。

为了审查发送或者接收数据时将会发生什么，让我们来更加深入地研究 ChannelPipeline 和 ChannelHandler 之间的共生关系吧。

ChannelHandler 是专为支持广泛的用途而设计的，可以将它看作是处理往来 ChannelPipeline 事件（包括数据）的任何代码的通用容器。图 3-2 说明了这一点，其展示了从 ChannelHandler 派生的 ChannelInboundHandler 和 ChannelOutboundHandler 接口。

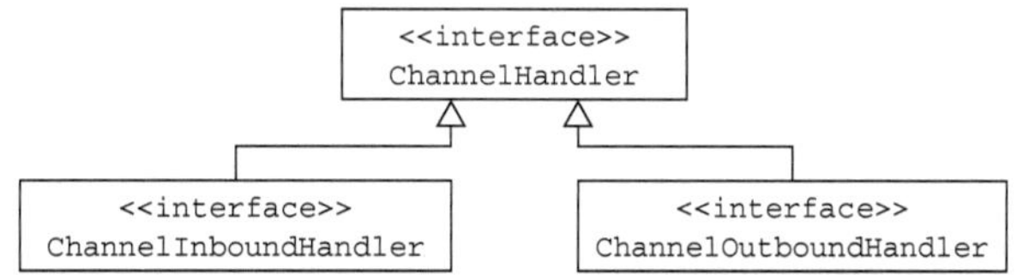

图 3-2 ChannelHandler 类的层次结构

使得事件流经 ChannelPipeline 是 ChannelHandler 的工作，它们是在应用程序的初始化或者引导阶段被安装的。这些对象接收事件、执行它们所实现的处理逻辑，并将数据传递给链中的下一个 ChannelHandler。它们的执行顺序是由它们被添加的顺序所决定的。实际上，被我们称为 ChannelPipeline 的是这些 ChannelHandler 的编排顺序。

图 3-3 说明了一个 Netty 应用程序中入站和出站数据流之间的区别。从一个客户端应用程序的角度来看，如果事件的运动方向是从客户端到服务器端，那么我们称这些事件为出站的，反之则称为入站的。

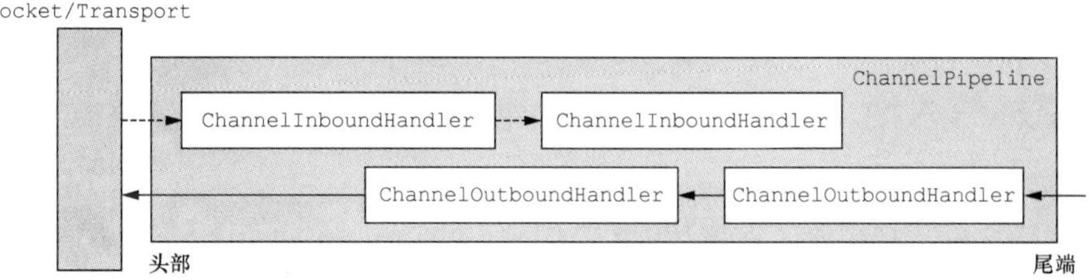

图 3-3 包含入站和出站 ChannelHandler 的 ChannelPipeline

---

① 或者用于客户端的 Bootstrap。——译者注

图 3-3 也显示了入站和出站 ChannelHandler 可以被安装到同一个 ChannelPipeline 中。如果一个消息或者任何其他的入站事件被读取，那么它会从 ChannelPipeline 的头部开始流动，并被传递给第一个 ChannelInboundHandler。这个 ChannelHandler 不一定会实际地修改数据，具体取决于它的具体功能，在这之后，数据将会被传递给链中的下一个 ChannelInboundHandler。最终，数据将会到达 ChannelPipeline 的尾端，届时，所有处理就都结束了。

数据的出站运动（即正在被写的数据）在概念上也是一样的。在这种情况下，数据将从 ChannelOutboundHandler 链的尾端开始流动，直到它到达链的头部为止。在这之后，出站数据将会到达网络传输层，这里显示为 Socket。通常情况下，这将触发一个写操作。

关于入站和出站 ChannelHandler 的更多讨论

通过使用作为参数传递到每个方法的 ChannelHandlerContext，事件可以被传递给当前 ChannelHandler 链中的下一个 ChannelHandler。因为你有时会忽略那些不感兴趣的事件，所以 Netty 提供了抽象基类 ChannelInboundHandlerAdapter 和 ChannelOutboundHandlerAdapter。通过调用 ChannelHandlerContext 上的对应方法，每个都提供了简单地将事件传递给下一个 ChannelHandler 的方法的实现。随后，你可以通过重写你所感兴趣的那些方法来扩展这些类。

鉴于出站操作和入站操作是不同的，你可能会想知道如果将两个类别的 ChannelHandler 都混合添加到同一个 ChannelPipeline 中会发生什么。虽然 ChannelInboundHandle 和 ChannelOutboundHandle 都扩展自 ChannelHandler，但是 Netty 能区分 ChannelInboundHandler 实现和 ChannelOutboundHandler 实现，并确保数据只会在具有相同定向类型的两个 ChannelHandler 之间传递。

当 ChannelHandler 被添加到 ChannelPipeline 时，它将会被分配一个 ChannelHandlerContext，其代表了 ChannelHandler 和 ChannelPipeline 之间的绑定。虽然这个对象可以被用于获取底层的 Channel，但是它主要还是被用于写出站数据。

在 Netty 中，有两种发送消息的方式。你可以直接写到 Channel 中，也可以写到和 ChannelHandler 相关联的 ChannelHandlerContext 对象中。前一种方式将会导致消息从 ChannelPipeline 的尾端开始流动，而后者将导致消息从 ChannelPipeline 中的下一个 ChannelHandler 开始流动。

3.2.3 更加深入地了解 ChannelHandler

正如我们之前所说的，有许多不同类型的 ChannelHandler，它们各自的功能主要取决于它们的超类。Netty 以适配器类的形式提供了大量默认的 ChannelHandler 实现，其旨在简化应用程序处理逻辑的开发过程。你已经看到了，ChannelPipeline 中的每个 ChannelHandler 将负责把事件转发到链中的下一个 ChannelHandler。这些适配器类（及它们的子类）将自动执行这个操作，所以你可以只重写那些你想要特殊处理的方法和事件。

为什么需要适配器类

有一些适配器类可以将编写自定义的 ChannelHandler 所需要的努力降到最低限度，因为它们提供了定义在对应接口中的所有方法的默认实现。

下面这些是编写自定义 ChannelHandler 时经常会用到的适配器类：

- ChannelHandlerAdapter
- ChannelInboundHandlerAdapter
- ChannelOutboundHandlerAdapter
- ChannelDuplexHandler

接下来我们将研究 3 个 ChannelHandler 的子类型：编码器、解码器和 SimpleChannelInboundHandler<T> —— ChannelInboundHandlerAdapter 的一个子类。

3.2.4 编码器和解码器

当你通过 Netty 发送或者接收一个消息的时候，就将会发生一次数据转换。入站消息会被*解码*；也就是说，从字节转换为另一种格式，通常是一个 Java 对象。如果是出站消息，则会发生相反方向的转换：它将从它的当前格式被*编码*为字节。这两种方向的转换的原因很简单：网络数据总是一系列的字节。

对应于特定的需要，Netty 为编码器和解码器提供了不同类型的抽象类。例如，你的应用程序可能使用了一种中间格式，而不需要立即将消息转换成字节。你将仍然需要一个编码器，但是它将派生自一个不同的超类。为了确定合适的编码器类型，你可以应用一个简单的命名约定。

通常来说，这些基类的名称将类似于 ByteToMessageDecoder 或 MessageToByteEncoder。对于特殊的类型，你可能会发现类似于 ProtobufEncoder 和 ProtobufDecoder 这样的名称——预置的用来支持 Google 的 Protocol Buffers。

严格地说，其他的处理器也可以完成编码器和解码器的功能。但是，正如有用来简化 ChannelHandler 的创建的适配器类一样，所有由 Netty 提供的编码器/解码器适配器类都实现了 ChannelOutboundHandler 或者 ChannelInboundHandler 接口。

你将会发现对于入站数据来说，channelRead 方法/事件已经被重写了。对于每个从入站 Channel 读取的消息，这个方法都将会被调用。随后，它将调用由预置解码器所提供的 decode() 方法，并将已解码的字节转发给 ChannelPipeline 中的下一个 ChannelInboundHandler。

出站消息的模式是相反方向的：编码器将消息转换为字节，并将它们转发给下一个 ChannelOutboundHandler。

3.2.5 抽象类 SimpleChannelInboundHandler

最常见的情况是，你的应用程序会利用一个 ChannelHandler 来接收解码消息，并对该数据应用业务逻辑。要创建一个这样的 ChannelHandler，你只需要扩展基类 SimpleChannelInboundHandler<T>，其中 T 是你要处理的消息的 Java 类型。在这个 ChannelHandler 中，你将需要重写基类的一个或者多个方法，并且获取一个到 ChannelHandlerContext 的引用，这个引用将作为输入参数传递给 ChannelHandler 的所有方法。

在这种类型的 ChannelHandler 中，最重要的方法是 channelRead0(ChannelHandlerContext,T)。除了要求不要阻塞当前的 I/O 线程之外，其具体实现完全取决于你。我们稍后将对这一主题进行更多的说明。

3.3 引导

Netty 的引导类为应用程序的网络层配置提供了容器，这涉及将一个进程绑定到某个指定的端口，或者将一个进程连接到另一个运行在某个指定主机的指定端口上的进程。

通常来说，我们把前面的用例称作引导一个服务器，后面的用例称作引导一个客户端。虽然这个术语简单方便，但是它略微掩盖了一个重要的事实，即“服务器”和“客户端”实际上表示了不同的网络行为；换句话说，是监听传入的连接还是建立到一个或者多个进程的连接。

面向连接的协议 请记住，严格来说，“连接”这个术语仅适用于面向连接的协议，如 TCP，其保证了两个连接端点之间消息的有序传递。

因此，有两种类型的引导：一种用于客户端（简单地称为 Bootstrap），而另一种（ServerBootstrap）用于服务器。无论你的应用程序使用哪种协议或者处理哪种类型的数据，唯一决定它使用哪种引导类的是它是作为一个客户端还是作为一个服务器。表 3-1 比较了这两种类型的引导类。

表 3-1 比较 Bootstrap 类

类 别	Bootstrap	ServerBootstrap
网络编程中的作用	连接到远程主机和端口	绑定到一个本地端口
EventLoopGroup 的数目	1	2①

这两种类型的引导类之间的第一个区别已经讨论过了：ServerBootstrap 将绑定到一个端口，因为服务器必须要监听连接，而 Bootstrap 则是由想要连接到远程节点的客户端应用程序所使用的。

第二个区别可能更加明显。引导一个客户端只需要一个 EventLoopGroup，但是一个 ServerBootstrap 则需要两个（也可以是同一个实例）。为什么呢?

① 实际上，ServerBootstrap 类也可以只使用一个 EventLoopGroup，此时其将在两个场景下共用同一个 EventLoopGroup。——译者注

因为服务器需要两组不同的 Channel。第一组将只包含一个 ServerChannel，代表服务器自身的已绑定到某个本地端口的正在监听的套接字。而第二组将包含所有已创建的用来处理传入客户端连接（对于每个服务器已经接受的连接都有一个）的 Channel。图 3-4 说明了这个模型，并且展示了为何需要两个不同的 EventLoopGroup。

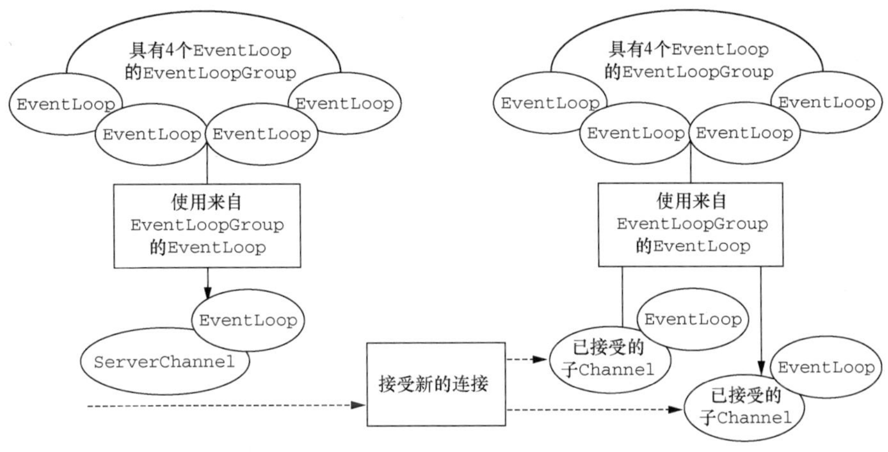

图 3-4 具有两个 EventLoopGroup 的服务器

与 ServerChannel 相关联的 EventLoopGroup 将分配一个负责为传入连接请求创建 Channel 的 EventLoop。一旦连接被接受，第二个 EventLoopGroup 就会给它的 Channel 分配一个 EventLoop。

3.4 小结

在本章中，我们从技术和体系结构这两个角度探讨了理解 Netty 的重要性。我们也更加详细地重新审视了之前引入的一些概念和组件，特别是 ChannelHandler、ChannelPipeline 和引导。

特别地，我们讨论了 ChannelHandler 类的层次结构，并介绍了编码器和解码器，描述了它们在数据和网络字节格式之间来回转换的互补功能。

下面的许多章节都将致力于深入研究这些组件，而这里所呈现的概览应该有助于你对整体的把控。

下一章将探索 Netty 所提供的不同类型的传输，以及如何选择一个最适合于你的应用程序的传输。

第 4 章　传输

本章主要内容

- OIO——阻塞传输
- NIO——异步传输
- Local——JVM 内部的异步通信
- Embedded——测试你的 ChannelHandler

流经网络的数据总是具有相同的类型：字节。这些字节是如何流动的主要取决于我们所说的网络传输——一个帮助我们抽象底层数据传输机制的概念。用户并不关心这些细节；他们只想确保他们的字节被可靠地发送和接收。

如果你有 Java 网络编程的经验，那么你可能已经发现，在某些时候，你需要支撑比预期多很多的并发连接。如果你随后尝试从阻塞传输切换到非阻塞传输，那么你可能会因为这两种网络 API 的截然不同而遇到问题。

然而，Netty 为它所有的传输实现提供了一个通用 API，这使得这种转换比你直接使用 JDK 所能够达到的简单得多。所产生的代码不会被实现的细节所污染，而你也不需要在你的整个代码库上进行广泛的重构。简而言之，你可以将时间花在其他更有成效的事情上。

在本章中，我们将学习这个通用 API，并通过和 JDK 的对比来证明它极其简单易用。我们将阐述 Netty 自带的不同传输实现，以及它们各自适用的场景。有了这些信息，你会发现选择最适合于你的应用程序的选项将是直截了当的。

本章的唯一前提是 Java 编程语言的相关知识。有网络框架或者网络编程相关的经验更好，但不是必需的。

我们先来看一看传输在现实世界中是如何工作的。

4.1　案例研究：传输迁移

我们将从一个应用程序开始我们对传输的学习，这个应用程序只简单地接受连接，向客户端写“Hi!”，然后关闭连接。

4.1.1 不通过 Netty 使用 OIO 和 NIO

我们将介绍仅使用了 JDK API 的应用程序的阻塞（OIO）版本和异步（NIO）版本。代码清单 4-1 展示了其阻塞版本的实现。如果你曾享受过使用 JDK 进行网络编程的乐趣，那么这段代码将唤起你美好的回忆。

代码清单 4-1 未使用 Netty 的阻塞网络编程

```
public class PlainOioServer {
    public void serve(int port) throws IOException {
        final ServerSocket socket = new ServerSocket(port);      ← 将服务器绑定到指定端口
        try {
            for (;;) {
                final Socket clientSocket = socket.accept();      ← 接受连接
                System.out.println(
                    "Accepted connection from " + clientSocket);
                new Thread(new Runnable() {      ← 创建一个新的线程来处理该连接
                    @Override
                    public void run() {
                        OutputStream out;
                        try {
                            out = clientSocket.getOutputStream();
                            out.write("Hi!\r\n".getBytes(      ← 将消息写给已连接的客户端
                                Charset.forName("UTF-8")));
                            out.flush();
                            clientSocket.close();      ← 关闭连接
                        }
                        catch (IOException e) {
                            e.printStackTrace();
                        }
                        finally {
                            try {
                                clientSocket.close();
                            }
                            catch (IOException ex) {
                                // ignore on close
                            }
                        }
                    }
                }).start();      ← 启动线程
            }
        }
        catch (IOException e) {
            e.printStackTrace();
        }
    }
}
```

这段代码完全可以处理中等数量的并发客户端。但是随着应用程序变得流行起来，你会发现它并不能很好地伸缩到支撑成千上万的并发连入连接。你决定改用异步网络编程，但是很快就发现异步 API 是完全不同的，以至于现在你不得不重写你的应用程序。

其非阻塞版本如代码清单 4-2 所示。

代码清单 4-2 未使用 Netty 的异步网络编程

```
public class PlainNioServer {
    public void serve(int port) throws IOException {
        ServerSocketChannel serverChannel = ServerSocketChannel.open();
        serverChannel.configureBlocking(false);
        ServerSocket ssocket = serverChannel.socket();
        InetSocketAddress address = new InetSocketAddress(port);
        ssocket.bind(address);
        Selector selector = Selector.open();
        serverChannel.register(selector, SelectionKey.OP_ACCEPT);
        final ByteBuffer msg = ByteBuffer.wrap("Hi!\r\n".getBytes());
        for (;;) {
            try {
                selector.select();
            } catch (IOException ex) {
                ex.printStackTrace();
                // handle exception
                break;
            }
            Set<SelectionKey> readyKeys = selector.selectedKeys();
            Iterator<SelectionKey> iterator = readyKeys.iterator();
            while (iterator.hasNext()) {
                SelectionKey key = iterator.next();
                iterator.remove();
                try {
                    if (key.isAcceptable()) {
                        ServerSocketChannel server =
                            (ServerSocketChannel)key.channel();
                    SocketChannel client = server.accept();
                    client.configureBlocking(false);
                    client.register(selector, SelectionKey.OP_WRITE |
                        SelectionKey.OP_READ, msg.duplicate());
                    System.out.println(
                        "Accepted connection from " + client);
                    }
                    if (key.isWritable()) {
                        SocketChannel client =
                            (SocketChannel)key.channel();
                        ByteBuffer buffer =
                            (ByteBuffer)key.attachment();
                        while (buffer.hasRemaining()) {
                            if (client.write(buffer) == 0) {
                                break;
                            }
                        }
                        client.close();
                    }
                } catch (IOException ex) {
                    key.cancel();
                    try {
                        key.channel().close();
```

打开 Selector 来处理 Channel

将服务器绑定到选定的端口

将 ServerSocket 注册到 Selector 以接受连接

等待需要处理的新事件；阻塞将一直持续到下一个传入事件

获取所有接收事件的 SelectionKey 实例

检查事件是否是一个新的已经就绪可以被接受的连接

接受客户端，并将它注册到选择器

检查套接字是否已经准备好写数据

将数据写到已连接的客户端

关闭连接

```
                    } catch (IOException cex) {
                        // ignore on close
                    }
                }
            }
        }
    }
}
```

如同你所看到的，虽然这段代码所做的事情与之前的版本完全相同，但是代码却截然不同。如果为了用于非阻塞 I/O 而重新实现这个简单的应用程序，都需要一次完全的重写的话，那么不难想象，移植真正复杂的应用程序需要付出什么样的努力。

鉴于此，让我们来看看使用 Netty 实现该应用程序将会是什么样子吧。

4.1.2 通过 Netty 使用 OIO 和 NIO

我们将先编写这个应用程序的另一个阻塞版本，这次我们将使用 Netty 框架，如代码清单 4-3 所示。

代码清单 4-3 使用 Netty 的阻塞网络处理

```
public class NettyOioServer {
    public void server(int port) throws Exception {
        final ByteBuf buf = Unpooled.unreleasableBuffer(
            Unpooled.copiedBuffer("Hi!\r\n", Charset.forName("UTF-8")));
        EventLoopGroup group = new OioEventLoopGroup();
        try {
            ServerBootstrap b = new ServerBootstrap();
            b.group(group)
                .channel(OioServerSocketChannel.class)
                .localAddress(new InetSocketAddress(port))
                .childHandler(new ChannelInitializer<SocketChannel>() {
                    @Override
                    public void initChannel(SocketChannel ch)
                        throws Exception {
                        ch.pipeline().addLast(
                            new ChannelInboundHandlerAdapter() {
                                @Override
                                public void channelActive(
                                    ChannelHandlerContext ctx)
                                        throws Exception {
                                    ctx.writeAndFlush(buf.duplicate())
                                        .addListener(
                                            ChannelFutureListener.CLOSE);
                                }
                            });
                    }
                });
            ChannelFuture f = b.bind().sync();
            f.channel().closeFuture().sync();
```

创建 ServerBootstrap

使用 OioEventLoopGroup 以允许阻塞模式（旧的 I/O）

指定 ChannelInitializer，对于每个已接受的连接都调用它

添加一个 ChannelInboundHandlerAdapter 以拦截和处理事件

将消息写到客户端，并添加 ChannelFutureListener，以便消息一被写完就关闭连接

绑定服务器以接受连接

```
        } finally {
            group.shutdownGracefully().sync();      ← 释放所有的资源
        }
    }
}
```

接下来，我们使用 Netty 和非阻塞 I/O 来实现同样的逻辑。

4.1.3 非阻塞的 Netty 版本

代码清单 4-4 和代码清单 4-3 几乎一模一样，除了高亮显示的那两行。这就是从阻塞（OIO）传输切换到非阻塞（NIO）传输需要做的所有变更。

代码清单 4-4 使用 Netty 的异步网络处理

```
public class NettyNioServer {
    public void server(int port) throws Exception {
        final ByteBuf buf = Unpooled.copiedBuffer("Hi!\r\n",
            Charset.forName("UTF-8"));
        EventLoopGroup group = new NioEventLoopGroup();      ← 为非阻塞模式使用 NioEventLoopGroup
        try {
            ServerBootstrap b = new ServerBootstrap();      ← 创建 ServerBootstrap
            b.group(group).channel(NioServerSocketChannel.class)
                .localAddress(new InetSocketAddress(port))
                .childHandler(new ChannelInitializer<SocketChannel>() {      ← 指定 ChannelInitializer，对于每个已接受的连接都调用它
                    @Override
                    public void initChannel(SocketChannel ch)
                        throws Exception{
                        ch.pipeline().addLast(
                            new ChannelInboundHandlerAdapter() {      ← 添加 ChannelInboundHandlerAdapter 以接收和处理事件
                                @Override
                                public void channelActive(
                                    ChannelHandlerContext ctx) throws Exception {
                                    ctx.writeAndFlush(buf.duplicate())      ← 将消息写到客户端，并添加 ChannelFutureListener，以便消息一被写完就关闭连接
                                        .addListener(
                                            ChannelFutureListener.CLOSE);
                                }
                        });
                    }
                });
            ChannelFuture f = b.bind().sync();      ← 绑定服务器以接受连接
            f.channel().closeFuture().sync();
        } finally {
            group.shutdownGracefully().sync();      ← 释放所有的资源
        }
    }
}
```

因为 Netty 为每种传输的实现都暴露了相同的 API，所以无论选用哪一种传输的实现，你的代码都仍然几乎不受影响。在所有的情况下，传输的实现都依赖于 `interface Channel`、`ChannelPipeline` 和 `ChannelHandler`。

在看过一些使用基于 Netty 的传输的这些优点之后，让我们仔细看看传输 API 本身。

4.2 传输 API

传输 API 的核心是 interface Channel，它被用于所有的 I/O 操作。Channel 类的层次结构如图 4-1 所示。

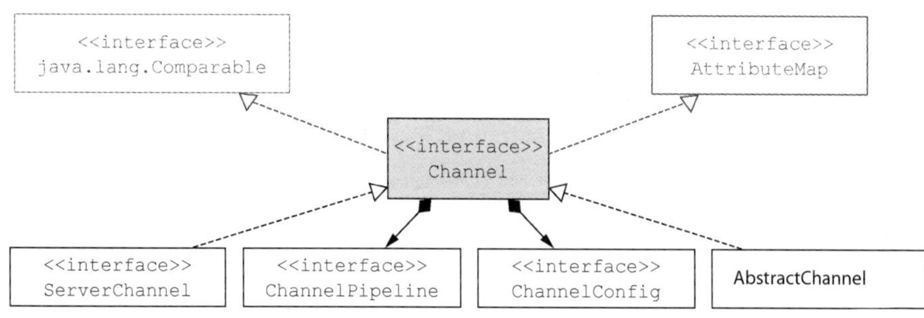

图 4-1 Channel 接口的层次结构

如图所示，每个 Channel 都将会被分配一个 ChannelPipeline 和 ChannelConfig。ChannelConfig 包含了该 Channel 的所有配置设置，并且支持热更新。由于特定的传输可能具有独特的设置，所以它可能会实现一个 ChannelConfig 的子类型。（请参考 ChannelConfig 实现对应的 Javadoc。）

由于 Channel 是独一无二的，所以为了保证顺序将 Channel 声明为 java.lang.Comparable 的一个子接口。因此，如果两个不同的 Channel 实例都返回了相同的散列码，那么 AbstractChannel 中的 compareTo() 方法的实现将会抛出一个 Error。

ChannelPipeline 持有所有将应用于入站和出站数据以及事件的 ChannelHandler 实例，这些 ChannelHandler 实现了应用程序用于处理状态变化以及数据处理的逻辑。

ChannelHandler 的典型用途包括：

- 将数据从一种格式转换为另一种格式；
- 提供异常的通知；
- 提供 Channel 变为活动的或者非活动的通知；
- 提供当 Channel 注册到 EventLoop 或者从 EventLoop 注销时的通知；
- 提供有关用户自定义事件的通知。

拦截过滤器 ChannelPipeline 实现了一种常见的设计模式——拦截过滤器（Intercepting Filter）。UNIX 管道是另外一个熟悉的例子：多个命令被链接在一起，其中一个命令的输出端将连接到命令行中下一个命令的输入端。

你也可以根据需要通过添加或者移除 ChannelHandler 实例来修改 ChannelPipeline。

通过利用 Netty 的这项能力可以构建出高度灵活的应用程序。例如，每当 STARTTLS[①]协议被请求时，你可以简单地通过向 ChannelPipeline 添加一个适当的 ChannelHandler（SslHandler）来按需地支持 STARTTLS 协议。

除了访问所分配的 ChannelPipeline 和 ChannelConfig 之外，也可以利用 Channel 的其他方法，其中最重要的列举在表 4-1 中。

表 4-1　Channel 的方法

方 法 名	描　　述
eventLoop	返回分配给 Channel 的 EventLoop
pipeline	返回分配给 Channel 的 ChannelPipeline
isActive	如果 Channel 是活动的，则返回 true。活动的意义可能依赖于底层的传输。例如，一个 Socket 传输一旦连接到了远程节点便是活动的，而一个 Datagram 传输一旦被打开便是活动的
localAddress	返回本地的 SokcetAddress
remoteAddress	返回远程的 SocketAddress
write	将数据写到远程节点。这个数据将被传递给 ChannelPipeline，并且排队直到它被冲刷
flush	将之前已写的数据冲刷到底层传输，如一个 Socket
writeAndFlush	一个简便的方法，等同于调用 write()并接着调用 flush()

稍后我们将进一步深入地讨论所有这些特性的应用。目前，请记住，Netty 所提供的广泛功能只依赖于少量的接口。这意味着，你可以对你的应用程序逻辑进行重大的修改，而又无需大规模地重构你的代码库。

考虑一下写数据并将其冲刷到远程节点这样的常规任务。代码清单 4-5 演示了使用 Channel.writeAndFlush()来实现这一目的。

代码清单 4-5　写出到 Channel

```
Channel channel = ...
ByteBuf buf = Unpooled.copiedBuffer("your data", CharsetUtil.UTF_8);
ChannelFuture cf = channel.writeAndFlush(buf);
cf.addListener(new ChannelFutureListener() {
    @Override
    public void operationComplete(ChannelFuture future) {
        if (future.isSuccess()) {
            System.out.println("Write successful");
        } else {
```

创建持有要写数据的 ByteBuf

写数据并冲刷它

添加 ChannelFutureListener 以便在写操作完成后接收通知

写操作完成，并且没有错误发生

① 参见 STARTTLS：http://en.wikipedia.org/wiki/STARTTLS。

```
                System.err.println("Write error");
                future.cause().printStackTrace();
            }
        }
    });
```

（记录错误）

Netty 的 `Channel` 实现是线程安全的，因此你可以存储一个到 `Channel` 的引用，并且每当你需要向远程节点写数据时，都可以使用它，即使当时许多线程都在使用它。代码清单 4-6 展示了一个多线程写数据的简单例子。需要注意的是，消息将会被保证按顺序发送。

代码清单 4-6 从多个线程使用同一个 Channel

```
final Channel channel = ...
final ByteBuf buf = Unpooled.copiedBuffer("your data",
    CharsetUtil.UTF_8).retain();
Runnable writer = new Runnable() {
    @Override
    public void run() {
        channel.writeAndFlush(buf.duplicate());
    }
};
Executor executor = Executors.newCachedThreadPool();

// write in one thread
executor.execute(writer);

// write in another thread
executor.execute(writer);
...
```

（创建持有要写数据的 ByteBuf）

（创建将数据写到 Channel 的 Runnable）

（获取到线程池 Executor 的引用）

（递交写任务给线程池以便在某个线程中执行）

（递交另一个写任务以便在另一个线程中执行）

4.3 内置的传输

Netty 内置了一些可开箱即用的传输。因为并不是它们所有的传输都支持每一种协议，所以你必须选择一个和你的应用程序所使用的协议相容的传输。在本节中我们将讨论这些关系。

表 4-2 显示了所有 Netty 提供的传输。

表 4-2 Netty 所提供的传输

名 称	包	描 述
NIO	`io.netty.channel.socket.nio`	使用 `java.nio.channels` 包作为基础——基于选择器的方式
Epoll[①]	`io.netty.channel.epoll`	由 JNI 驱动的 `epoll()` 和非阻塞 IO。这个传输支持只有在 Linux 上可用的多种特性，如 `SO_REUSEPORT`，比 NIO 传输更快，而且是完全非阻塞的

① 这个是 Netty 特有的实现，更加适配 Netty 现有的线程模型，具有更高的性能以及更低的垃圾回收压力，详见 https://github.com/netty/netty/wiki/Native-transports。——译者注

续表

名　称	包	描　述
OIO	io.netty.channel.socket.oio	使用 java.net 包作为基础——使用阻塞流
Local	io.netty.channel.local	可以在 VM 内部通过管道进行通信的本地传输
Embedded	io.netty.channel.embedded	Embedded 传输，允许使用 ChannelHandler 而又不需要一个真正的基于网络的传输。这在测试你的 ChannelHandler 实现时非常有用

我们将在接下来的几节中详细讨论这些传输。

4.3.1 NIO——非阻塞 I/O

NIO 提供了一个所有 I/O 操作的全异步的实现。它利用了自 NIO 子系统被引入 JDK 1.4 时便可用的基于选择器的 API。

选择器背后的基本概念是充当一个注册表，在那里你将可以请求在 Channel 的状态发生变化时得到通知。可能的状态变化有：

- 新的 Channel 已被接受并且就绪；
- Channel 连接已经完成；
- Channel 有已经就绪的可供读取的数据；
- Channel 可用于写数据。

选择器运行在一个检查状态变化并对其做出相应响应的线程上，在应用程序对状态的改变做出响应之后，选择器将会被重置，并将重复这个过程。

表 4-3 中的常量值代表了由 class java.nio.channels.SelectionKey 定义的位模式。这些位模式可以组合起来定义一组应用程序正在请求通知的状态变化集。

表 4-3 选择操作的位模式

名　称	描　述
OP_ACCEPT	请求在接受新连接并创建 Channel 时获得通知
OP_CONNECT	请求在建立一个连接时获得通知
OP_READ	请求当数据已经就绪，可以从 Channel 中读取时获得通知
OP_WRITE	请求当可以向 Channel 中写更多的数据时获得通知。这处理了套接字缓冲区被完全填满时的情况，这种情况通常发生在数据的发送速度比远程节点可处理的速度更快的时候

对于所有 Netty 的传输实现都共有的用户级别 API 完全地隐藏了这些 NIO 的内部细节。图 4-2 展示了该处理流程。

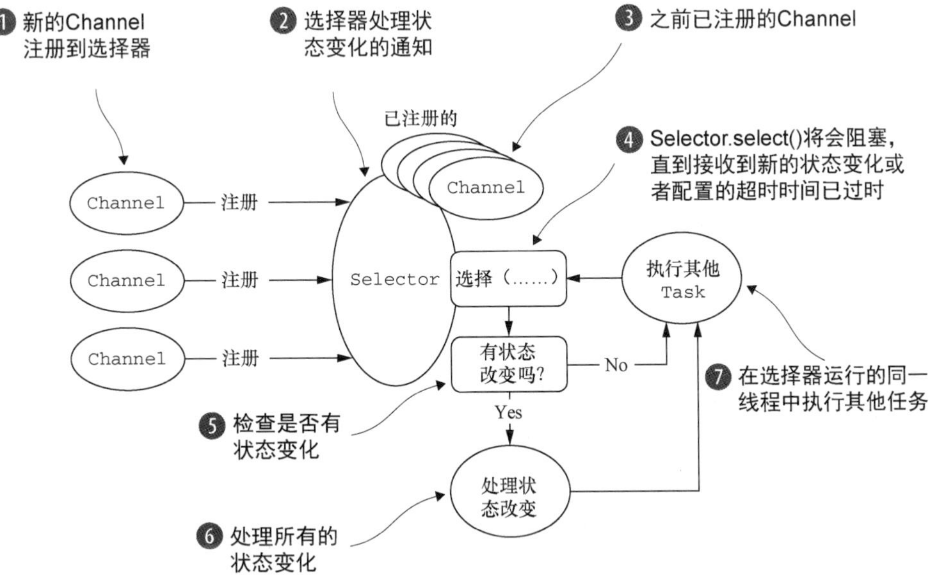

图 4-2 选择并处理状态的变化

零拷贝

零拷贝（zero-copy）是一种目前只有在使用 NIO 和 Epoll 传输时才可使用的特性。它使你可以快速高效地将数据从文件系统移动到网络接口，而不需要将其从内核空间复制到用户空间，其在像 FTP 或者 HTTP 这样的协议中可以显著地提升性能。但是，并不是所有的操作系统都支持这一特性。特别地，它对于实现了数据加密或者压缩的文件系统是不可用的——只能传输文件的原始内容。反过来说，传输已被加密的文件则不是问题。

4.3.2 Epoll——用于 Linux 的本地非阻塞传输

正如我们之前所说的，Netty 的 NIO 传输基于 Java 提供的异步/非阻塞网络编程的通用抽象。虽然这保证了 Netty 的非阻塞 API 可以在任何平台上使用，但它也包含了相应的限制，因为 JDK 为了在所有系统上提供相同的功能，必须做出妥协。

Linux 作为高性能网络编程的平台，其重要性与日俱增，这催生了大量先进特性的开发，其中包括 epoll——一个高度可扩展的 I/O 事件通知特性。这个 API 自 Linux 内核版本 2.5.44（2002）被引入，提供了比旧的 POSIX `select` 和 `poll` 系统调用[①]更好的性能，同时现在也是 Linux 上非阻塞网络编程的事实标准。Linux JDK NIO API 使用了这些 epoll 调用。

① 参见 Linux 手册页中的 epoll(4)：http://linux.die.net/man/4/epoll。

Netty 为 Linux 提供了一组 NIO API，其以一种和它本身的设计更加一致的方式使用 epoll，并且以一种更加轻量的方式使用中断。[①]如果你的应用程序旨在运行于 Linux 系统，那么请考虑利用这个版本的传输；你将发现在高负载下它的性能要优于 JDK 的 NIO 实现。

这个传输的语义与在图 4-2 所示的完全相同，而且它的用法也是简单直接的。相关示例参照代码清单 4-4。如果要在那个代码清单中使用 epoll 替代 NIO，只需要将 `NioEventLoopGroup` 替换为 `EpollEventLoopGroup`，并且将 `NioServerSocketChannel.class` 替换为 `EpollServerSocketChannel.class` 即可。

4.3.3 OIO——旧的阻塞 I/O

Netty 的 OIO 传输实现代表了一种折中：它可以通过常规的传输 API 使用，但是由于它是建立在 `java.net` 包的阻塞实现之上的，所以它不是异步的。但是，它仍然非常适合于某些用途。

例如，你可能需要移植使用了一些进行阻塞调用的库（如 JDBC[②]）的遗留代码，而将逻辑转换为非阻塞的可能也是不切实际的。相反，你可以在短期内使用 Netty 的 OIO 传输，然后再将你的代码移植到纯粹的异步传输上。让我们来看一看怎么做。

在 `java.net` API 中，你通常会有一个用来接受到达正在监听的 `ServerSocket` 的新连接的线程。会创建一个新的和远程节点进行交互的套接字，并且会分配一个新的用于处理相应通信流量的线程。这是必需的，因为某个指定套接字上的任何 I/O 操作在任意的时间点上都可能会阻塞。使用单个线程来处理多个套接字，很容易导致一个套接字上的阻塞操作也捆绑了所有其他的套接字。

有了这个背景，你可能会想，Netty 是如何能够使用和用于异步传输相同的 API 来支持 OIO 的呢。答案就是，Netty 利用了 `SO_TIMEOUT` 这个 `Socket` 标志，它指定了等待一个 I/O 操作完成的最大毫秒数。如果操作在指定的时间间隔内没有完成，则将会抛出一个 `SocketTimeout Exception`。Netty 将捕获这个异常并继续处理循环。在 `EventLoop` 下一次运行时，它将再次尝试。这实际上也是类似于 Netty 这样的异步框架能够支持 OIO 的唯一方式[③]。图 4-3 说明了这个逻辑。

4.3.4 用于 JVM 内部通信的 Local 传输

Netty 提供了一个 Local 传输，用于在同一个 JVM 中运行的客户端和服务器程序之间的异步通信。同样，这个传输也支持对于所有 Netty 传输实现都共同的 API。

---

① JDK 的实现是水平触发，而 Netty 的（默认的）是边沿触发。有关的详细信息参见 epoll 在维基百科上的解释：http://en.wikipedia.org/wiki/Epoll - Triggering_modes。

② JDBC 的文档可以在 www.oracle.com/technetwork/java/javase/jdbc/index.html 获取。

③ 这种方式的一个问题是，当一个 `SocketTimeoutException` 被抛出时填充栈跟踪所需要的时间，其对于性能来说代价很大。

在这个传输中，和服务器 Channel 相关联的 SocketAddress 并没有绑定物理网络地址；相反，只要服务器还在运行，它就会被存储在注册表里，并在 Channel 关闭时注销。因为这个传输并不接受真正的网络流量，所以它并不能够和其他传输实现进行互操作。因此，客户端希望连接到（在同一个 JVM 中）使用了这个传输的服务器端时也必须使用它。除了这个限制，它的使用方式和其他的传输一模一样。

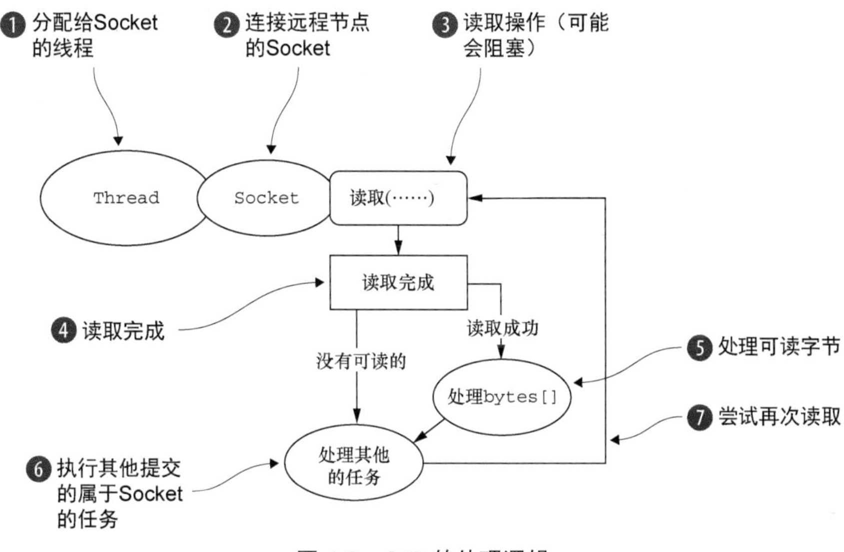

图 4-3　OIO 的处理逻辑

4.3.5　Embedded 传输

Netty 提供了一种额外的传输，使得你可以将一组 ChannelHandler 作为帮助器类嵌入到其他的 ChannelHandler 内部。通过这种方式，你将可以扩展一个 ChannelHandler 的功能，而又不需要修改其内部代码。

不足为奇的是，Embedded 传输的关键是一个被称为 EmbeddedChannel 的具体的 Channel 实现。在第 9 章中，我们将详细地讨论如何使用这个类来为 ChannelHandler 的实现创建单元测试用例。

4.4　传输的用例

既然我们已经详细地了解了所有的传输，那么让我们考虑一下选用一个适用于特定用途的协议的因素吧。正如前面所提到的，并不是所有的传输都支持所有的核心协议，其可能会限制你的选择。表 4-4 展示了截止出版时的传输和其所支持的协议。

表 4-4　支持的传输和网络协议

传　　输	TCP	UDP	SCTP*	UDT[①]
NIO	×	×	×	×
Epoll（仅 Linux）	×	×	—	—
OIO	×	×	×	×

* 参见 RFC 2960 中有关流控制传输协议（SCTP）的解释：www.ietf.org/rfc/rfc2960.txt。表中×表示支持，—表示不支持。

在 Linux 上启用 SCTP

SCTP 需要内核的支持，并且需要安装用户库。

例如，对于 Ubuntu，可以使用下面的命令：

```
# sudo apt-get install libsctp1
```

对于 Fedora，可以使用 yum：

```
#sudo yum install kernel-modules-extra.x86_64 lksctp-tools.x86_64
```

有关如何启用 SCTP 的详细信息，请参考你的 Linux 发行版的文档。

虽然只有 SCTP 传输有这些特殊要求，但是其他传输可能也有它们自己的配置选项需要考虑。此外，如果只是为了支持更高的并发连接数，服务器平台可能需要配置得和客户端不一样。

这里是一些你很可能会遇到的用例。

- 非阻塞代码库——如果你的代码库中没有阻塞调用（或者你能够限制它们的范围），那么在 Linux 上使用 NIO 或者 epoll 始终是个好主意。虽然 NIO/epoll 旨在处理大量的并发连接，但是在处理较小数目的并发连接时，它也能很好地工作，尤其是考虑到它在连接之间共享线程的方式。
- 阻塞代码库——正如我们已经指出的，如果你的代码库严重地依赖于阻塞 I/O，而且你的应用程序也有一个相应的设计，那么在你尝试将其直接转换为 Netty 的 NIO 传输时，你将可能会遇到和阻塞操作相关的问题。不要为此而重写你的代码，可以考虑分阶段迁移：先从 OIO 开始，等你的代码修改好之后，再迁移到 NIO（或者使用 epoll，如果你在使用 Linux）。
- 在同一个 JVM 内部的通信——在同一个 JVM 内部的通信，不需要通过网络暴露服务，是 Local 传输的完美用例。这将消除所有真实网络操作的开销，同时仍然使用你的 Netty 代码库。如果随后需要通过网络暴露服务，那么你将只需要把传输改为 NIO 或者 OIO 即可。
- 测试你的 `ChannelHandler` 实现——如果你想要为自己的 `ChannelHandler` 实现编写单元测试，那么请考虑使用 Embedded 传输。这既便于测试你的代码，而又不需要创建大量的模拟（mock）对象。你的类将仍然符合常规的 API 事件流，保证该 `ChannelHandler` 在和真实的传输一起使用时能够正确地工作。你将在第 9 章中发现关于测试

① UDT 协议实现了基于 UDP 协议的可靠传输，详见 https://zh.wikipedia.org/zh-cn/UDT。——译者注

ChannelHandler 的更多信息。

表 4-5 总结了我们探讨过的用例。

表 4-5 应用程序的最佳传输

应用程序的需求	推荐的传输
非阻塞代码库或者一个常规的起点	NIO（或者在 Linux 上使用 epoll）
阻塞代码库	OIO
在同一个 JVM 内部的通信	Local
测试 ChannelHandler 的实现	Embedded

4.5 小结

在本章中，我们研究了传输、它们的实现和使用，以及 Netty 是如何将它们呈现给开发者的。

我们深入探讨了 Netty 预置的传输，并且解释了它们的行为。因为不是所有的传输都可以在相同的 Java 版本下工作，并且其中一些可能只在特定的操作系统下可用，所以我们也描述了它们的最低需求。最后，我们讨论了你可以如何匹配不同的传输和特定用例的需求。

在下一章中，我们将关注于 ByteBuf 和 ByteBufHolder——Netty 的数据容器。我们将展示如何使用它们以及如何通过它们获得最佳性能。

第 5 章 ByteBuf

本章主要内容

- ByteBuf——Netty 的数据容器
- API 的详细信息
- 用例
- 内存分配

正如前面所提到的，网络数据的基本单位总是字节。Java NIO 提供了 ByteBuffer 作为它的字节容器，但是这个类使用起来过于复杂，而且也有些繁琐。

Netty 的 ByteBuffer 替代品是 ByteBuf，一个强大的实现，既解决了 JDK API 的局限性，又为网络应用程序的开发者提供了更好的 API。

在本章中我们将会说明和 JDK 的 ByteBuffer 相比，ByteBuf 的卓越功能性和灵活性。这也将有助于更好地理解 Netty 数据处理的一般方式，并为将在第 6 章中针对 ChannelPipeline 和 ChannelHandler 的讨论做好准备。

5.1 ByteBuf 的 API

Netty 的数据处理 API 通过两个组件暴露——abstract class ByteBuf 和 interface ByteBufHolder。

下面是一些 ByteBuf API 的优点：

- 它可以被用户自定义的缓冲区类型扩展；
- 通过内置的复合缓冲区类型实现了透明的零拷贝；
- 容量可以按需增长（类似于 JDK 的 StringBuilder）；
- 在读和写这两种模式之间切换不需要调用 ByteBuffer 的 flip()方法；
- 读和写使用了不同的索引；
- 支持方法的链式调用；

- 支持引用计数；
- 支持池化。

其他类可用于管理 ByteBuf 实例的分配，以及执行各种针对于数据容器本身和它所持有的数据的操作。我们将在仔细研究 ByteBuf 和 ByteBufHolder 时探讨这些特性。

5.2 ByteBuf 类——Netty 的数据容器

因为所有的网络通信都涉及字节序列的移动，所以高效易用的数据结构明显是必不可少的。Netty 的 ByteBuf 实现满足并超越了这些需求。让我们首先来看看它是如何通过使用不同的索引来简化对它所包含的数据的访问的吧。

5.2.1 它是如何工作的

ByteBuf 维护了两个不同的索引：一个用于读取，一个用于写入。当你从 ByteBuf 读取时，它的 readerIndex 将会被递增已经被读取的字节数。同样地，当你写入 ByteBuf 时，它的 writerIndex 也会被递增。图 5-1 展示了一个空 ByteBuf 的布局结构和状态。

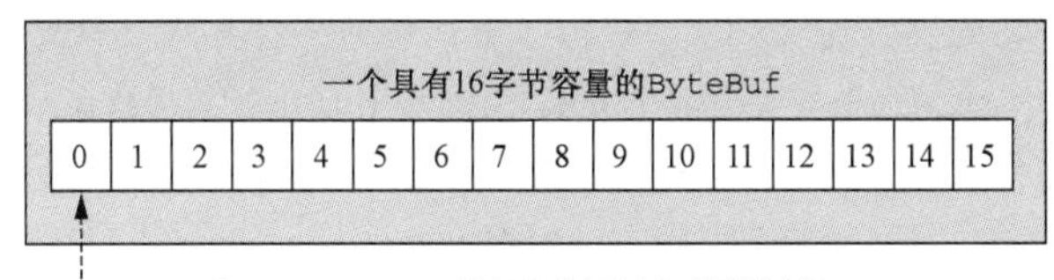

图 5-1 一个读索引和写索引都设置为 0 的 16 字节 ByteBuf

要了解这些索引两两之间的关系，请考虑一下，如果打算读取字节直到 readerIndex 达到和 writerIndex 同样的值时会发生什么。在那时，你将会到达“可以读取的”数据的末尾。就如同试图读取超出数组末尾的数据一样，试图读取超出该点的数据将会触发一个 IndexOutOfBoundsException。

名称以 read 或者 write 开头的 ByteBuf 方法，将会推进其对应的索引，而名称以 set 或者 get 开头的操作则不会。后面的这些方法将在作为一个参数传入的一个相对索引上执行操作。

可以指定 ByteBuf 的最大容量。试图移动写索引（即 writerIndex）超过这个值将会触发一个异常[①]。（默认的限制是 Integer.MAX_VALUE。）

5.2.2 ByteBuf 的使用模式

在使用 Netty 时，你将遇到几种常见的围绕 ByteBuf 而构建的使用模式。在研究它们时，

① 也就是说用户直接或者间接使 capacity(int)或者 ensureWritable(int)方法来增加超过该最大容量时抛出异常。——译者注

我们心里想着图 5-1 会有所裨益—— 一个由不同的索引分别控制读访问和写访问的字节数组。

1. 堆缓冲区

最常用的 ByteBuf 模式是将数据存储在 JVM 的堆空间中。这种模式被称为支撑数组（backing array），它能在没有使用池化的情况下提供快速的分配和释放。这种方式，如代码清单 5-1 所示，非常适合于有遗留的数据需要处理的情况。

代码清单 5-1 支撑数组

```
ByteBuf heapBuf = ...;
if (heapBuf.hasArray()) {
    byte[] array = heapBuf.array();
    int offset = heapBuf.arrayOffset() + heapBuf.readerIndex();
    int length = heapBuf.readableBytes();
    handleArray(array, offset, length);
}
```

检查 ByteBuf 是否有一个支撑数组

如果有，则获取对该数组的引用

计算第一个字节的偏移量。

获得可读字节数

使用数组、偏移量和长度作为参数调用你的方法

注意 当 hasArray()方法返回 false 时，尝试访问支撑数组将触发一个 UnsupportedOperationException。这个模式类似于 JDK 的 ByteBuffer 的用法。

2. 直接缓冲区

直接缓冲区是另外一种 ByteBuf 模式。我们期望用于对象创建的内存分配永远都来自于堆中，但这并不是必须的——NIO 在 JDK 1.4 中引入的 ByteBuffer 类允许 JVM 实现通过本地调用来分配内存。这主要是为了避免在每次调用本地 I/O 操作之前（或者之后）将缓冲区的内容复制到一个中间缓冲区（或者从中间缓冲区把内容复制到缓冲区）。

ByteBuffer 的 Javadoc[①]明确指出："直接缓冲区的内容将驻留在常规的会被垃圾回收的堆之外。"这也就解释了为何直接缓冲区对于网络数据传输是理想的选择。如果你的数据包含在一个在堆上分配的缓冲区中，那么事实上，在通过套接字发送它之前，JVM 将会在内部把你的缓冲区复制到一个直接缓冲区中。

直接缓冲区的主要缺点是，相对于基于堆的缓冲区，它们的分配和释放都较为昂贵。如果你正在处理遗留代码，你也可能会遇到另外一个缺点：因为数据不是在堆上，所以你不得不进行一次复制，如代码清单 5-2 所示。

显然，与使用支撑数组相比，这涉及的工作更多。因此，如果事先知道容器中的数据将会被作为数组来访问，你可能更愿意使用堆内存。

① Java 平台，标准版第 8 版 API 规范，java.nio，class ByteBuffer：http://docs.oracle. com/javase/8/docs/api/java/nio/ByteBuffer.html。

代码清单 5-2　访问直接缓冲区的数据

```
ByteBuf directBuf = ...;
if (!directBuf.hasArray()) {
    int length = directBuf.readableBytes();
    byte[] array = new byte[length];
    directBuf.getBytes(directBuf.readerIndex(), array);
    handleArray(array, 0, length);
}
```

- 检查 ByteBuf 是否由数组支撑。如果不是，则这是一个直接缓冲区
- 获取可读字节数
- 分配一个新的数组来保存具有该长度的字节数据
- 将字节复制到该数组
- 使用数组、偏移量和长度作为参数调用你的方法

3. 复合缓冲区

第三种也是最后一种模式使用的是复合缓冲区，它为多个 ByteBuf 提供一个聚合视图。在这里你可以根据需要添加或者删除 ByteBuf 实例，这是一个 JDK 的 ByteBuffer 实现完全缺失的特性。

Netty 通过一个 ByteBuf 子类——CompositeByteBuf——实现了这个模式，它提供了一个将多个缓冲区表示为单个合并缓冲区的虚拟表示。

> **警告** CompositeByteBuf 中的 ByteBuf 实例可能同时包含直接内存分配和非直接内存分配。如果其中只有一个实例，那么对 CompositeByteBuf 上的 hasArray()方法的调用将返回该组件上的 hasArray()方法的值；否则它将返回 false。

为了举例说明，让我们考虑一下一个由两部分——头部和主体——组成的将通过 HTTP 协议传输的消息。这两部分由应用程序的不同模块产生，将会在消息被发送的时候组装。该应用程序可以选择为多个消息重用相同的消息主体。当这种情况发生时，对于每个消息都将会创建一个新的头部。

因为我们不想为每个消息都重新分配这两个缓冲区，所以使用 CompositeByteBuf 是一个完美的选择。它在消除了没必要的复制的同时，暴露了通用的 ByteBuf API。图 5-2 展示了生成的消息布局。

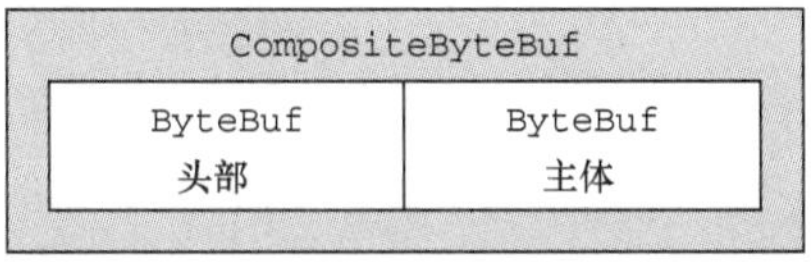

图 5-2　持有一个头部和主体的 CompositeByteBuf

代码清单 5-3 展示了如何通过使用 JDK 的 ByteBuffer 来实现这一需求。创建了一个包含两个 ByteBuffer 的数组用来保存这些消息组件，同时创建了第三个 ByteBuffer 用来保存所有这些数据的副本。

代码清单 5-3 使用 ByteBuffer 的复合缓冲区模式

```
// Use an array to hold the message parts
ByteBuffer[] message = new ByteBuffer[] { header, body };
// Create a new ByteBuffer and use copy to merge the header and body
ByteBuffer message2 =
    ByteBuffer.allocate(header.remaining() + body.remaining());
message2.put(header);
message2.put(body);
message2.flip();
```

分配和复制操作，以及伴随着对数组管理的需要，使得这个版本的实现效率低下而且笨拙。代码清单 5-4 展示了一个使用了 `CompositeByteBuf` 的版本。

代码清单 5-4 使用 CompositeByteBuf 的复合缓冲区模式

```
CompositeByteBuf messageBuf = Unpooled.compositeBuffer();
ByteBuf headerBuf = ...; // can be backing or direct
ByteBuf bodyBuf = ...;   // can be backing or direct
messageBuf.addComponents(headerBuf, bodyBuf);
.....
messageBuf.removeComponent(0); // remove the header
for (ByteBuf buf : messageBuf) {
    System.out.println(buf.toString());
}
```

将 ByteBuf 实例追加到 CompositeByteBuf

删除位于索引位置为 0（第一个组件）的 ByteBuf

循环遍历所有的 ByteBuf实例

`CompositeByteBuf` 可能不支持访问其支撑数组，因此访问 `CompositeByteBuf` 中的数据类似于（访问）直接缓冲区的模式，如代码清单 5-5 所示。

代码清单 5-5 访问 CompositeByteBuf 中的数据

```
CompositeByteBuf compBuf = Unpooled.compositeBuffer();
int length = compBuf.readableBytes();
byte[] array = new byte[length];
compBuf.getBytes(compBuf.readerIndex(), array);
handleArray(array, 0, array.length);
```

获得可读字节数

分配一个具有可读字节数长度的新数组

将字节读到该数组中

使用偏移量和长度作为参数使用该数组

需要注意的是，Netty 使用了 `CompositeByteBuf` 来优化套接字的 I/O 操作，尽可能地消除了由 JDK 的缓冲区实现所导致的性能以及内存使用率的惩罚。[①]这种优化发生在 Netty 的核心代码中，因此不会被暴露出来，但是你应该知道它所带来的影响。

---

① 这尤其适用于 JDK 所使用的一种称为分散/收集 I/O（Scatter/Gather I/O）的技术，定义为“一种输入和输出的方法，其中，单个系统调用从单个数据流写到一组缓冲区中，或者，从单个数据源读到一组缓冲区中”。《Linux System Programming》，作者 Robert Love（O'Reilly, 2007）。

CompositeByteBuf API 除了从 ByteBuf 继承的方法，CompositeByteBuf 提供了大量的附加功能。请参考 Netty 的 Javadoc 以获得该 API 的完整列表。

5.3 字节级操作

ByteBuf 提供了许多超出基本读、写操作的方法用于修改它的数据。在接下来的章节中，我们将会讨论这些中最重要的部分。

5.3.1 随机访问索引

如同在普通的 Java 字节数组中一样，ByteBuf 的索引是从零开始的：第一个字节的索引是 0，最后一个字节的索引总是 capacity() - 1。代码清单 5-6 表明，对存储机制的封装使得遍历 ByteBuf 的内容非常简单。

代码清单 5-6 访问数据

```
ByteBuf buffer = ...;
for (int i = 0; i < buffer.capacity(); i++) {
    byte b = buffer.getByte(i);
    System.out.println((char)b);
}
```

需要注意的是，使用那些需要一个索引值参数的方法（的其中）之一来访问数据既不会改变 readerIndex 也不会改变 writerIndex。如果有需要，也可以通过调用 readerIndex(index) 或者 writerIndex(index) 来手动移动这两者。

5.3.2 顺序访问索引

虽然 ByteBuf 同时具有读索引和写索引，但是 JDK 的 ByteBuffer 却只有一个索引，这也就是为什么必须调用 flip() 方法来在读模式和写模式之间进行切换的原因。图 5-3 展示了 ByteBuf 是如何被它的两个索引划分成 3 个区域的。

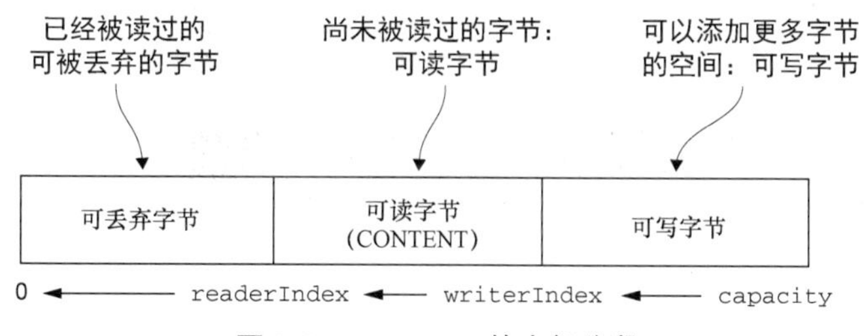

图 5-3 ByteBuf 的内部分段

5.3.3 可丢弃字节

在图 5-3 中标记为可丢弃字节的分段包含了已经被读过的字节。通过调用 discardReadBytes()方法，可以丢弃它们并回收空间。这个分段的初始大小为 0，存储在 readerIndex 中，会随着 read 操作的执行而增加（get*操作不会移动 readerIndex）。

图 5-4 展示了图 5-3 中所展示的缓冲区上调用 discardReadBytes()方法后的结果。可以看到，可丢弃字节分段中的空间已经变为可写的了。注意，在调用 discardReadBytes()之后，对可写分段的内容并没有任何的保证[①]。

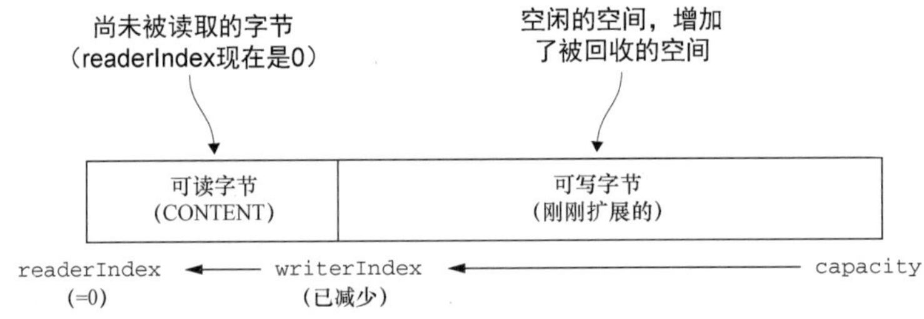

图 5-4 丢弃已读字节之后的 ByteBuf

虽然你可能会倾向于频繁地调用 discardReadBytes()方法以确保可写分段的最大化，但是请注意，这将极有可能会导致内存复制，因为可读字节（图中标记为 CONTENT 的部分）必须被移动到缓冲区的开始位置。我们建议只在有真正需要的时候才这样做，例如，当内存非常宝贵的时候。

5.3.4 可读字节

ByteBuf 的可读字节分段存储了实际数据。新分配的、包装的或者复制的缓冲区的默认的 readerIndex 值为 0。任何名称以 read 或者 skip 开头的操作都将检索或者跳过位于当前 readerIndex 的数据，并且将它增加已读字节数。

如果被调用的方法需要一个 ByteBuf 参数作为写入的目标，并且没有指定目标索引参数，那么该目标缓冲区的 writerIndex 也将被增加，例如：

```
readBytes(ByteBuf dest);
```

如果尝试在缓冲区的可读字节数已经耗尽时从中读取数据，那么将会引发一个 IndexOutOfBoundsException。

代码清单 5-7 展示了如何读取所有可以读的字节。

代码清单 5-7 读取所有数据

```
ByteBuf buffer = ...;
while (buffer.isReadable()) {
```

① 因为只是移动了可以读取的字节以及 writerIndex，而没有对所有可写入的字节进行擦除写。——译者注

```
    System.out.println(buffer.readByte());
}
```

5.3.5 可写字节

可写字节分段是指一个拥有未定义内容的、写入就绪的内存区域。新分配的缓冲区的 writerIndex 的默认值为 0。任何名称以 write 开头的操作都将从当前的 writerIndex 处开始写数据，并将它增加已经写入的字节数。如果写操作的目标也是 ByteBuf，并且没有指定源索引的值，则源缓冲区的 readerIndex 也同样会被增加相同的大小。这个调用如下所示：

```
writeBytes(ByteBuf dest);
```

如果尝试往目标写入超过目标容量的数据，将会引发一个 IndexOutOfBoundException[①]。

代码清单 5-8 是一个用随机整数值填充缓冲区，直到它空间不足为止的例子。writeableBytes() 方法在这里被用来确定该缓冲区中是否还有足够的空间。

代码清单 5-8 写数据

```
// Fills the writable bytes of a buffer with random integers.
ByteBuf buffer = ...;
while (buffer.writableBytes() >= 4) {
    buffer.writeInt(random.nextInt());
}
```

5.3.6 索引管理

JDK 的 InputStream 定义了 mark(int readlimit) 和 reset() 方法，这些方法分别被用来将流中的当前位置标记为指定的值，以及将流重置到该位置。

同样，可以通过调用 markReaderIndex()、markWriterIndex()、resetWriterIndex() 和 resetReaderIndex() 来标记和重置 ByteBuf 的 readerIndex 和 writerIndex。这些和 InputStream 上的调用类似，只是没有 readlimit 参数来指定标记什么时候失效。

也可以通过调用 readerIndex(int) 或者 writerIndex(int) 来将索引移动到指定位置。试图将任何一个索引设置到一个无效的位置都将导致一个 IndexOutOfBoundsException。

可以通过调用 clear() 方法来将 readerIndex 和 writerIndex 都设置为 0。注意，这并不会清除内存中的内容。图 5-5（重复上面的图 5-3）展示了它是如何工作的。

图 5-5 clear() 方法被调用之前

① 在往 ByteBuf 中写入数据时，其将首先确保目标 ByteBuf 具有足够的可写入空间来容纳当前要写入的数据，如果没有，则将检查当前的写索引以及最大容量是否可以在扩展后容纳该数据，可以则会分配并调整容量，否则就会抛出该异常。——译者注

和之前一样，ByteBuf 包含 3 个分段。图 5-6 展示了在 clear() 方法被调用之后 ByteBuf 的状态。

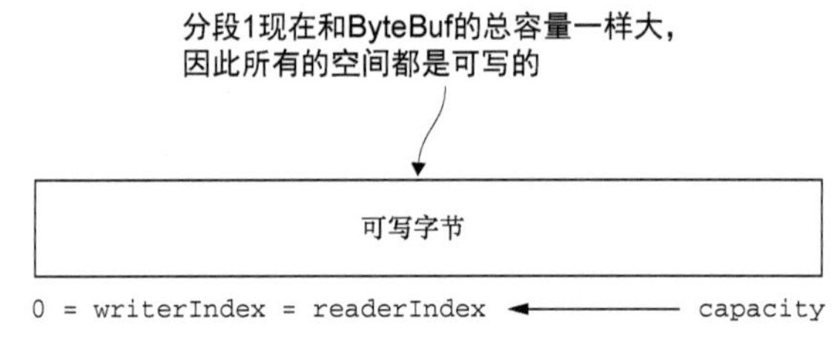

图 5-6 在 clear() 方法被调用之后

调用 clear() 比调用 discardReadBytes() 轻量得多，因为它将只是重置索引而不会复制任何的内存。

5.3.7 查找操作

在 ByteBuf 中有多种可以用来确定指定值的索引的方法。最简单的是使用 indexOf() 方法。较复杂的查找可以通过那些需要一个 ByteBufProcessor[①]作为参数的方法达成。这个接口只定义了一个方法：

```
boolean process(byte value)
```

它将检查输入值是否是正在查找的值。

ByteBufProcessor 针对一些常见的值定义了许多便利的方法。假设你的应用程序需要和所谓的包含有以 NULL 结尾的内容的 Flash 套接字[②]集成。调用

```
forEachByte(ByteBufProcessor.FIND_NUL)
```

将简单高效地消费该 Flash 数据，因为在处理期间只会执行较少的边界检查。

代码清单 5-9 展示了一个查找回车符（\r）的例子。

代码清单 5-9 使用 ByteBufProcessor 来寻找\r

```
ByteBuf buffer = ...;
int index = buffer.forEachByte(ByteBufProcessor.FIND_CR);
```

5.3.8 派生缓冲区

派生缓冲区为 ByteBuf 提供了以专门的方式来呈现其内容的视图。这类视图是通过以下方法被创建的：

- duplicate()；
- slice()；

① 在 Netty 4.1.x 中，该类已经废弃，请使用 io.netty.util.ByteProcessor。——译者注

② 有关 Flash 套接字的讨论可参考 Flash ActionScript 3.0 Developer's Guide 中 Networking and Communication 部分里的 Sockets 页面：http://help.adobe.com/en_US/as3/dev/WSb2ba3b1aad8a27b0-181c51321220efd9d1c-8000.html。

- slice(int, int);
- Unpooled.unmodifiableBuffer(…);
- order(ByteOrder);
- readSlice(int)。

每个这些方法都将返回一个新的 ByteBuf 实例，它具有自己的读索引、写索引和标记索引。其内部存储和 JDK 的 ByteBuffer 一样也是共享的。这使得派生缓冲区的创建成本是很低廉的，但是这也意味着，如果你修改了它的内容，也同时修改了其对应的源实例，所以要小心。

ByteBuf 复制 如果需要一个现有缓冲区的真实副本，请使用 copy()或者 copy(int, int)方法。不同于派生缓冲区，由这个调用所返回的 ByteBuf 拥有独立的数据副本。

代码清单 5-10 展示了如何使用 slice(int, int)方法来操作 ByteBuf 的一个分段。

代码清单 5-10 对 ByteBuf 进行切片

```
Charset utf8 = Charset.forName("UTF-8");
ByteBuf buf = Unpooled.copiedBuffer("Netty in Action rocks!", utf8);
ByteBuf sliced = buf.slice(0, 15);
System.out.println(sliced.toString(utf8));
buf.setByte(0, (byte)'J');
assert buf.getByte(0) == sliced.getByte(0);
```

创建一个用于保存给定字符串的字节的 ByteBuf

创建该 ByteBuf 从索引 0 开始到索引 15 结束的一个新切片

将打印"Netty in Action"

更新索引 0 处的字节

将会成功，因为数据是共享的，对其中一个所做的更改对另外一个也是可见的

现在，让我们看看 ByteBuf 的分段的副本和切片有何区别，如代码清单 5-11 所示。

代码清单 5-11 复制一个 ByteBuf

```
Charset utf8 = Charset.forName("UTF-8");
ByteBuf buf = Unpooled.copiedBuffer("Netty in Action rocks!", utf8);
ByteBuf copy = buf.copy(0, 15);
System.out.println(copy.toString(utf8));
buf.setByte(0, (byte) 'J');
assert buf.getByte(0) != copy.getByte(0);
```

创建 ByteBuf 以保存所提供的字符串的字节

创建该 ByteBuf 从索引 0 开始到索引 15 结束的分段的副本

将打印"Netty in Action"

更新索引 0 处的字节

将会成功，因为数据不是共享的

除了修改原始 ByteBuf 的切片或者副本的效果以外，这两种场景是相同的。只要有可能，使用 slice()方法来避免复制内存的开销。

5.3.9 读/写操作

正如我们所提到过的，有两种类别的读/写操作：

- get()和 set()操作，从给定的索引开始，并且保持索引不变；
- read()和 write()操作，从给定的索引开始，并且会根据已经访问过的字节数对索引进行调整。

表 5-1 列举了最常用的 get()方法。完整列表请参考对应的 API 文档。

表 5-1 **get()**操作

名　称	描　述
getBoolean(int)	返回给定索引处的 Boolean 值
getByte(int)	返回给定索引处的字节
getUnsignedByte(int)	将给定索引处的无符号字节值作为 short 返回
getMedium(int)	返回给定索引处的 24 位的中等 int 值
getUnsignedMedium(int)	返回给定索引处的无符号的 24 位的中等 int 值
getInt(int)	返回给定索引处的 int 值
getUnsignedInt(int)	将给定索引处的无符号 int 值作为 long 返回
getLong(int)	返回给定索引处的 long 值
getShort(int)	返回给定索引处的 short 值
getUnsignedShort(int)	将给定索引处的无符号 short 值作为 int 返回
getBytes(int, ...)	将该缓冲区中从给定索引开始的数据传送到指定的目的地

大多数的这些操作都有一个对应的 set()方法。这些方法在表 5-2 中列出。

表 5-2 **set()**操作

名　称	描　述
setBoolean(int, boolean)	设定给定索引处的 Boolean 值
setByte(int index, int value)	设定给定索引处的字节值
setMedium(int index, int value)	设定给定索引处的 24 位的中等 int 值
setInt(int index, int value)	设定给定索引处的 int 值
setLong(int index, long value)	设定给定索引处的 long 值
setShort(int index, int value)	设定给定索引处的 short 值

代码清单 5-12 说明了 get()和 set()方法的用法，表明了它们不会改变读索引和写索引。

代码清单 5-12　get()和 set()方法的用法

```
Charset utf8 = Charset.forName("UTF-8");
ByteBuf buf = Unpooled.copiedBuffer("Netty in Action rocks!", utf8);
System.out.println((char)buf.getByte(0));
int readerIndex = buf.readerIndex();
int writerIndex = buf.writerIndex();
buf.setByte(0, (byte)'B');
System.out.println((char)buf.getByte(0));
assert readerIndex == buf.readerIndex();
assert writerIndex ==  buf.writerIndex();
```

创建一个新的 ByteBuf 以保存给定字符串的字节

打印第一个字符'N'

存储当前的 readerIndex 和 writerIndex

将索引 0 处的字节更新为字符'B'

打印第一个字符，现在是'B'

将会成功，因为这些操作并不会修改相应的索引

现在，让我们研究一下 read()操作，其作用于当前的 readerIndex 或 writerIndex。这些方法将用于从 ByteBuf 中读取数据，如同它是一个流。表 5-3 展示了最常用的方法。

表 5-3　**read()操作**

名　　称	描　　述
readBoolean()	返回当前 readerIndex 处的 Boolean，并将 readerIndex 增加 1
readByte()	返回当前 readerIndex 处的字节，并将 readerIndex 增加 1
readUnsignedByte()	将当前 readerIndex 处的无符号字节值作为 short 返回，并将 readerIndex 增加 1
readMedium()	返回当前 readerIndex 处的 24 位的中等 int 值，并将 readerIndex 增加 3
readUnsignedMedium()	返回当前 readerIndex 处的 24 位的无符号的中等 int 值，并将 readerIndex 增加 3
readInt()	返回当前 readerIndex 的 int 值，并将 readerIndex 增加 4
readUnsignedInt()	将当前 readerIndex 处的无符号的 int 值作为 long 值返回，并将 readerIndex 增加 4
readLong()	返回当前 readerIndex 处的 long 值，并将 readerIndex 增加 8
readShort()	返回当前 readerIndex 处的 short 值，并将 readerIndex 增加 2
readUnsignedShort()	将当前 readerIndex 处的无符号 short 值作为 int 值返回，并将 readerIndex 增加 2
readBytes(ByteBuf | byte[] destination, int dstIndex [,int length])	将当前 ByteBuf 中从当前 readerIndex 处开始的（如果设置了，length 长度的字节）数据传送到一个目标 ByteBuf 或者 byte[]，从目标的 dstIndex 开始的位置。本地的 readerIndex 将被增加已经传输的字节数

几乎每个 read()方法都有对应的 write()方法，用于将数据追加到 ByteBuf 中。注意，表 5-4 中所列出的这些方法的参数是需要写入的值，而不是索引值。

表 5-4 写操作

名 称	描 述
writeBoolean(boolean)	在当前 writerIndex 处写入一个 Boolean，并将 writerIndex 增加 1
writeByte(int)	在当前 writerIndex 处写入一个字节值，并将 writerIndex 增加 1
writeMedium(int)	在当前 writerIndex 处写入一个中等的 int 值，并将 writerIndex 增加 3
writeInt(int)	在当前 writerIndex 处写入一个 int 值，并将 writerIndex 增加 4
writeLong(long)	在当前 writerIndex 处写入一个 long 值，并将 writerIndex 增加 8
writeShort(int)	在当前 writerIndex 处写入一个 short 值，并将 writerIndex 增加 2
writeBytes(source ByteBuf |byte[] [,int srcIndex ,int length])	从当前 writerIndex 开始，传输来自于指定源(ByteBuf 或者 byte[])的数据。如果提供了 srcIndex 和 length，则从 srcIndex 开始读取，并且处理长度为 length 的字节。当前 writerIndex 将会被增加所写入的字节数

代码清单 5-13 展示了这些方法的用法。

代码清单 5-13 ByteBuf 上的 read()和 write()操作

创建一个新的ByteBuf以保存给定字符串的字节

```
Charset utf8 = Charset.forName("UTF-8");
ByteBuf buf = Unpooled.copiedBuffer("Netty in Action rocks!", utf8);
System.out.println((char)buf.readByte());
int readerIndex = buf.readerIndex();
int writerIndex = buf.writerIndex();
buf.writeByte((byte)'?');
assert readerIndex == buf.readerIndex();
assert writerIndex != buf.writerIndex();
```

打印第一个字符'N'

存储当前的readerIndex

存储当前的writerIndex

将字符'?'追加到缓冲区

将会成功，因为 writeByte()方法移动了 writerIndex

5.3.10 更多的操作

表 5-5 列举了由 ByteBuf 提供的其他有用操作。

表 5-5 其他有用的操作

名 称	描 述
isReadable()	如果至少有一个字节可供读取，则返回 true
isWritable()	如果至少有一个字节可被写入，则返回 true

续表

名　称	描　述
readableBytes()	返回可被读取的字节数
writableBytes()	返回可被写入的字节数
capacity()	返回 ByteBuf 可容纳的字节数。在此之后，它会尝试再次扩展直到达到 maxCapacity()
maxCapacity()	返回 ByteBuf 可以容纳的最大字节数
hasArray()	如果 ByteBuf 由一个字节数组支撑，则返回 true
array()	如果 ByteBuf 由一个字节数组支撑则返回该数组；否则，它将抛出一个 UnsupportedOperationException 异常

5.4 ByteBufHolder 接口

我们经常发现，除了实际的数据负载之外，我们还需要存储各种属性值。HTTP 响应便是一个很好的例子，除了表示为字节的内容，还包括状态码、cookie 等。

为了处理这种常见的用例，Netty 提供了 ByteBufHolder。ByteBufHolder 也为 Netty 的高级特性提供了支持，如缓冲区池化，其中可以从池中借用 ByteBuf，并且在需要时自动释放。

ByteBufHolder 只有几种用于访问底层数据和引用计数的方法。表 5-6 列出了它们（这里不包括它继承自 ReferenceCounted 的那些方法）。

表 5-6 **ByteBufHolder** 的操作

名　称	描　述
content()	返回由这个 ByteBufHolder 所持有的 ByteBuf
copy()	返回这个 ByteBufHolder 的一个深拷贝，包括一个其所包含的 ByteBuf 的非共享拷贝
duplicate()	返回这个 ByteBufHolder 的一个浅拷贝，包括一个其所包含的 ByteBuf 的共享拷贝

如果想要实现一个将其有效负载存储在 ByteBuf 中的消息对象，那么 ByteBufHolder 将是个不错的选择。

5.5 ByteBuf 分配

在这一节中，我们将描述管理 ByteBuf 实例的不同方式。

5.5.1 按需分配：ByteBufAllocator 接口

为了降低分配和释放内存的开销，Netty 通过 interface ByteBufAllocator 实现了（ByteBuf 的）池化，它可以用来分配我们所描述过的任意类型的 ByteBuf 实例。使用池化是特定于应用程序的决定，其并不会以任何方式改变 ByteBuf API（的语义）。

表 5-7 列出了 ByteBufAllocator 提供的一些操作。

表 5-7 **ByteBufAllocator** 的方法

名 称	描 述

buffer()
buffer(int initialCapacity);
buffer(int initialCapacity, int maxCapacity);
	返回一个基于堆或者直接内存存储的 ByteBuf

heapBuffer() heapBuffer(int initialCapacity) heapBuffer(int initialCapacity, int maxCapacity)	返回一个基于堆内存存储的 ByteBuf
directBuffer() directBuffer(int initialCapacity) directBuffer(int initialCapacity, int maxCapacity)	返回一个基于直接内存存储的 ByteBuf

compositeBuffer()
compositeBuffer(int maxNumComponents)
compositeDirectBuffer()
compositeDirectBuffer(int maxNumComponents);
compositeHeapBuffer()
compositeHeapBuffer(int maxNumComponents);
	返回一个可以通过添加最大到指定数目的基于堆的或者直接内存存储的缓冲区来扩展的 CompositeByteBuf

ioBuffer()[①]	返回一个用于套接字的 I/O 操作的 ByteBuf

可以通过 Channel（每个都可以有一个不同的 ByteBufAllocator 实例）或者绑定到 ChannelHandler 的 ChannelHandlerContext 获取一个到 ByteBufAllocator 的引用。代码清单 5-14 说明了这两种方法。

代码清单 5-14 获取一个到 ByteBufAllocator 的引用

```
Channel channel = ...;
ByteBufAllocator allocator = channel.alloc();      <-- 从 Channel 获取一个到 ByteBufAllocator 的引用
....
ChannelHandlerContext ctx = ...;
ByteBufAllocator allocator2 = ctx.alloc();        <-- 从 ChannelHandlerContext 获取一个到 ByteBufAllocator 的引用
...
```

Netty 提供了两种 ByteBufAllocator 的实现：PooledByteBufAllocator 和 Unpooled-ByteBufAllocator。前者池化了 ByteBuf 的实例以提高性能并最大限度地减少内存碎片。此实现使用了一种称为 jemalloc[②]的已被大量现代操作系统所采用的高效方法来分配内存。后者的实

① 默认地，当所运行的环境具有 sun.misc.Unsafe 支持时，返回基于直接内存存储的 ByteBuf，否则返回基于堆内存存储的 ByteBuf；当指定使用 PreferHeapByteBufAllocator 时，则只会返回基于堆内存存储的 ByteBuf。——译者注

② Jason Evans 的“A Scalable Concurrent malloc(3) Implementation for FreeBSD”（2006）：http://people.freebsd.org/~jasone/jemalloc/bsdcan2006/jemalloc.pdf。

现不池化 ByteBuf 实例，并且在每次它被调用时都会返回一个新的实例。

虽然 Netty 默认[①]使用了 PooledByteBufAllocator，但这可以很容易地通过 ChannelConfig API或者在引导你的应用程序时指定一个不同的分配器来更改。更多的细节可在第8章中找到。

5.5.2 Unpooled 缓冲区

可能某些情况下，你未能获取一个到 ByteBufAllocator 的引用。对于这种情况，Netty 提供了一个简单的称为 Unpooled 的工具类，它提供了静态的辅助方法来创建未池化的 ByteBuf 实例。表 5-8 列举了这些中最重要的方法。

表 5-8 **Unpooled** 的方法

名　称	描　述
buffer() buffer(int initialCapacity) buffer(int initialCapacity, int maxCapacity)	返回一个未池化的基于堆内存存储的 ByteBuf
directBuffer() directBuffer(int initialCapacity) directBuffer(int initialCapacity, int maxCapacity)	返回一个未池化的基于直接内存存储的 ByteBuf
wrappedBuffer()	返回一个包装了给定数据的 ByteBuf
copiedBuffer()	返回一个复制了给定数据的 ByteBuf

Unpooled 类还使得 ByteBuf 同样可用于那些并不需要 Netty 的其他组件的非网络项目，使得其能得益于高性能的可扩展的缓冲区 API。

5.5.3 ByteBufUtil 类

ByteBufUtil 提供了用于操作 ByteBuf 的静态的辅助方法。因为这个 API 是通用的，并且和池化无关，所以这些方法已然在分配类的外部实现。

这些静态方法中最有价值的可能就是 hexdump() 方法，它以十六进制的表示形式打印 ByteBuf 的内容。这在各种情况下都很有用，例如，出于调试的目的记录 ByteBuf 的内容。十六进制的表示通常会提供一个比字节值的直接表示形式更加有用的日志条目，此外，十六进制的版本还可以很容易地转换回实际的字节表示。

另一个有用的方法是 boolean equals(ByteBuf, ByteBuf)，它被用来判断两个 ByteBuf 实例的相等性。如果你实现自己的 ByteBuf 子类，你可能会发现 ByteBufUtil 的其他有用方法。

5.6 引用计数

引用计数是一种通过在某个对象所持有的资源不再被其他对象引用时释放该对象所持有的

① 这里指 Netty4.1.x，Netty4.0.x 默认使用的是 UnpooledByteBufAllocator。——译者注

资源来优化内存使用和性能的技术。Netty 在第 4 版中为 ByteBuf 和 ByteBufHolder 引入了引用计数技术，它们都实现了 interface ReferenceCounted。

引用计数背后的想法并不是特别的复杂；它主要涉及跟踪到某个特定对象的活动引用的数量。一个 ReferenceCounted 实现的实例将通常以活动的引用计数为 1 作为开始。只要引用计数大于 0，就能保证对象不会被释放。当活动引用的数量减少到 0 时，该实例就会被释放。注意，虽然释放的确切语义可能是特定于实现的，但是至少已经释放的对象应该不可再用了。

引用计数对于池化实现（如 PooledByteBufAllocator）来说是至关重要的，它降低了内存分配的开销。代码清单 5-15 和代码清单 5-16 展示了相关的示例。

代码清单 5-15 引用计数

```
Channel channel = ...;
ByteBufAllocator allocator = channel.alloc();    // 从 Channel 获取 ByteBufAllocator
....
ByteBuf buffer = allocator.directBuffer();       // 从 ByteBufAllocator 分配一个 ByteBuf
assert buffer.refCnt() == 1;                     // 检查引用计数是否为预期的 1
...
```

代码清单 5-16 释放引用计数的对象

```
ByteBuf buffer = ...;
boolean released = buffer.release();    // 减少到该对象的活动引用。当减少到 0 时，该对象被释放，并且该方法返回 true
...
```

试图访问一个已经被释放的引用计数的对象，将会导致一个 IllegalReferenceCountException。

注意，一个特定的（ReferenceCounted 的实现）类，可以用它自己的独特方式来定义它的引用计数规则。例如，我们可以设想一个类，其 release() 方法的实现总是将引用计数设为零，而不用关心它的当前值，从而一次性地使所有的活动引用都失效。

谁负责释放 一般来说，是由最后访问（引用计数）对象的那一方来负责将它释放。在第 6 章中，我们将会解释这个概念和 ChannelHandler 以及 ChannelPipeline 的相关性。

5.7 小结

本章专门探讨了 Netty 的基于 ByteBuf 的数据容器。我们首先解释了 ByteBuf 相对于 JDK 所提供的实现的优势。我们还强调了该 API 的其他可用变体，并且指出了它们各自最佳适用的特定用例。

我们讨论过的要点有：

- 使用不同的读索引和写索引来控制数据访问；

- 使用内存的不同方式——基于字节数组和直接缓冲区；
- 通过 CompositeByteBuf 生成多个 ByteBuf 的聚合视图；
- 数据访问方法——搜索、切片以及复制；
- 读、写、获取和设置 API；
- ByteBufAllocator 池化和引用计数。

在下一章中，我们将专注于 ChannelHandler，它为你的数据处理逻辑提供了载体。因为 ChannelHandler 大量地使用了 ByteBuf，你将开始看到 Netty 的整体架构的各个重要部分最终走到了一起。

第 6 章　ChannelHandler 和 ChannelPipeline

本章主要内容

- ChannelHandler API 和 ChannelPipeline API
- 检测资源泄漏
- 异常处理

在上一章中你学习了 ByteBuf——Netty 的数据容器。当我们在本章中探讨 Netty 的数据流以及处理组件时，我们将基于已经学过的东西，并且你将开始看到框架的重要元素都结合到了一起。

你已经知道，可以在 ChannelPipeline 中将 ChannelHandler 链接在一起以组织处理逻辑。我们将会研究涉及这些类的各种用例，以及一个重要的关系——ChannelHandlerContext。

理解所有这些组件之间的交互对于通过 Netty 构建模块化的、可重用的实现至关重要。

6.1　ChannelHandler 家族

在我们开始详细地学习 ChannelHandler 之前，我们将在 Netty 的组件模型的这部分基础上花上一些时间。

6.1.1　Channel 的生命周期

Interface Channel 定义了一组和 ChannelInboundHandler API 密切相关的简单但功能强大的状态模型，表 6-1 列出了 Channel 的这 4 个状态。

表 6-1　**Channel** 的生命周期状态

状　态	描　述
ChannelUnregistered	Channel 已经被创建，但还未注册到 EventLoop
ChannelRegistered	Channel 已经被注册到了 EventLoop

续表

状　态	描　述
ChannelActive	Channel 处于活动状态（已经连接到它的远程节点）。它现在可以接收和发送数据了
ChannelInactive	Channel 没有连接到远程节点

Channel 的正常生命周期如图 6-1 所示。当这些状态发生改变时，将会生成对应的事件。这些事件将会被转发给 ChannelPipeline 中的 ChannelHandler，其可以随后对它们做出响应。

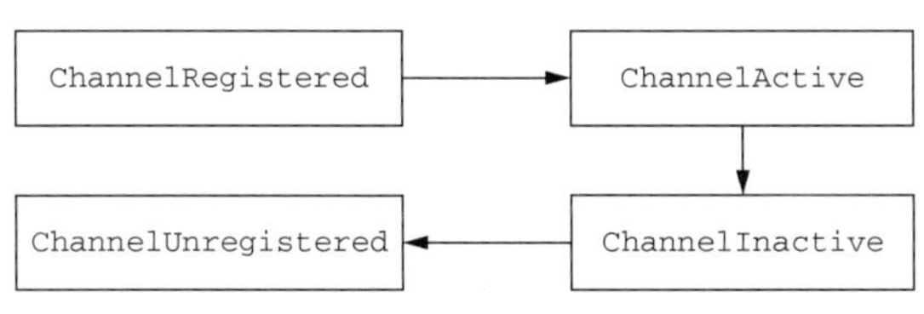

图 6-1　Channel 的状态模型

6.1.2　ChannelHandler 的生命周期

表 6-2 中列出了 interface ChannelHandler 定义的生命周期操作，在 ChannelHandler 被添加到 ChannelPipeline 中或者被从 ChannelPipeline 中移除时会调用这些操作。这些方法中的每一个都接受一个 ChannelHandlerContext 参数。

表 6-2　**ChannelHandler** 的生命周期方法

类　型	描　述
handlerAdded	当把 ChannelHandler 添加到 ChannelPipeline 中时被调用
handlerRemoved	当从 ChannelPipeline 中移除 ChannelHandler 时被调用
exceptionCaught	当处理过程中在 ChannelPipeline 中有错误产生时被调用

Netty 定义了下面两个重要的 ChannelHandler 子接口：

- ChannelInboundHandler——处理入站数据以及各种状态变化；
- ChannelOutboundHandler——处理出站数据并且允许拦截所有的操作。

在接下来的章节中，我们将详细地讨论这些子接口。

6.1.3　ChannelInboundHandler 接口

表 6-3 列出了 interface ChannelInboundHandler 的生命周期方法。这些方法将会在数据被接收时或者与其对应的 Channel 状态发生改变时被调用。正如我们前面所提到的，这些方法和 Channel 的生命周期密切相关。

表 6-3 **ChannelInboundHandler** 的方法

类 型	描 述
channelRegistered	当 Channel 已经注册到它的 EventLoop 并且能够处理 I/O 时被调用
channelUnregistered	当 Channel 从它的 EventLoop 注销并且无法处理任何 I/O 时被调用
channelActive	当 Channel 处于活动状态时被调用；Channel 已经连接/绑定并且已经就绪
channelInactive	当 Channel 离开活动状态并且不再连接它的远程节点时被调用
channelReadComplete	当 Channel 上的一个读操作完成时被调用①
channelRead	当从 Channel 读取数据时被调用
ChannelWritability-Changed	当 Channel 的可写状态发生改变时被调用。用户可以确保写操作不会完成得太快（以避免发生 OutOfMemoryError）或者可以在 Channel 变为再次可写时恢复写入。可以通过调用 Channel 的 isWritable() 方法来检测 Channel 的可写性。与可写性相关的阈值可以通过 Channel.config().setWriteHighWaterMark() 和 Channel.config().setWriteLowWater-Mark() 方法来设置
userEventTriggered	当 ChannelnboundHandler.fireUserEventTriggered() 方法被调用时被调用，因为一个 POJO 被传经了 ChannelPipeline

当某个 ChannelInboundHandler 的实现重写 channelRead() 方法时，它将负责显式地释放与池化的 ByteBuf 实例相关的内存。Netty 为此提供了一个实用方法 ReferenceCount-Util.release()，如代码清单 6-1 所示。

代码清单 6-1 释放消息资源

```
@Sharable
public class DiscardHandler extends ChannelInboundHandlerAdapter {    <-- 扩展了 Channel-InboundHandler-Adapter
    @Override
    public void channelRead(ChannelHandlerContext ctx, Object msg) {
        ReferenceCountUtil.release(msg);    <-- 丢弃已接收的消息
    }
}
```

Netty 将使用 WARN 级别的日志消息记录未释放的资源，使得可以非常简单地在代码中发现违规的实例。但是以这种方式管理资源可能很繁琐。一个更加简单的方式是使用 Simple-ChannelInboundHandler。代码清单 6-2 是代码清单 6-1 的一个变体，说明了这一点。

代码清单 6-2 使用 SimpleChannelInboundHandler

```
@Sharable
```

① 当所有可读的字节都已经从 Channel 中读取之后，将会调用该回调方法；所以，可能在 channelRead-Complete() 被调用之前看到多次调用 channelRead(...)。——译者注

```
public class SimpleDiscardHandler
    extends SimpleChannelInboundHandler<Object> {      <-- 扩展了 SimpleChannelInboundHandler
    @Override
    public void channelRead0(ChannelHandlerContext ctx,
        Object msg) {
         // No need to do anything special     <-- 不需要任何显式的资源释放
    }
}
```

由于 SimpleChannelInboundHandler 会自动释放资源，所以你不应该存储指向任何消息的引用供将来使用，因为这些引用都将会失效。

6.1.6 节为引用处理提供了更加详细的讨论。

6.1.4 ChannelOutboundHandler 接口

出站操作和数据将由 ChannelOutboundHandler 处理。它的方法将被 Channel、ChannelPipeline 以及 ChannelHandlerContext 调用。

ChannelOutboundHandler 的一个强大的功能是可以按需推迟操作或者事件，这使得可以通过一些复杂的方法来处理请求。例如，如果到远程节点的写入被暂停了，那么你可以推迟冲刷操作并在稍后继续。

表 6-4 显示了所有由 ChannelOutboundHandler 本身所定义的方法（忽略了那些从 ChannelHandler 继承的方法）。

表 6-4 **ChannelOutboundHandler** 的方法

类 型	描 述
bind(ChannelHandlerContext, SocketAddress,ChannelPromise)	当请求将 Channel 绑定到本地地址时被调用
connect(ChannelHandlerContext, SocketAddress,SocketAddress,ChannelPromise)	当请求将 Channel 连接到远程节点时被调用
disconnect(ChannelHandlerContext, ChannelPromise)	当请求将 Channel 从远程节点断开时被调用
close(ChannelHandlerContext,ChannelPromise)	当请求关闭 Channel 时被调用
deregister(ChannelHandlerContext, ChannelPromise)	当请求将 Channel 从它的 EventLoop 注销时被调用
read(ChannelHandlerContext)	当请求从 Channel 读取更多的数据时被调用
flush(ChannelHandlerContext)	当请求通过 Channel 将入队数据冲刷到远程节点时被调用
write(ChannelHandlerContext,Object, ChannelPromise)	当请求通过 Channel 将数据写到远程节点时被调用

ChannelPromise 与 ChannelFuture ChannelOutboundHandler 中的大部分方法都需要一个 ChannelPromise 参数，以便在操作完成时得到通知。ChannelPromise 是 ChannelFuture 的一个子类，其定义了一些可写的方法，如 setSuccess()和 setFailure()，从而使 ChannelFuture 不可变[①]。

接下来我们将看一看那些简化了编写 ChannelHandler 的任务的类。

6.1.5 ChannelHandler 适配器

你可以使用 ChannelInboundHandlerAdapter 和 ChannelOutboundHandlerAdapter 类作为自己的 ChannelHandler 的起始点。这两个适配器分别提供了 ChannelInboundHandler 和 ChannelOutboundHandler 的基本实现。通过扩展抽象类 ChannelHandlerAdapter，它们获得了它们共同的超接口 ChannelHandler 的方法。生成的类的层次结构如图 6-2 所示。

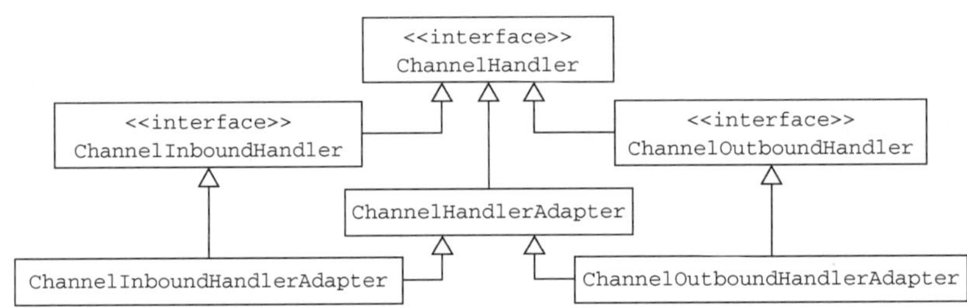

图 6-2 ChannelHandlerAdapter 类的层次结构

ChannelHandlerAdapter 还提供了实用方法 isSharable()。如果其对应的实现被标注为 Sharable，那么这个方法将返回 true，表示它可以被添加到多个 ChannelPipeline 中（如在 2.3.1 节中所讨论过的一样）。

在 ChannelInboundHandlerAdapter 和 ChannelOutboundHandlerAdapter 中所提供的方法体调用了其相关联的 ChannelHandlerContext 上的等效方法，从而将事件转发到了 ChannelPipeline 中的下一个 ChannelHandler 中。

你要想在自己的 ChannelHandler 中使用这些适配器类，只需要简单地扩展它们，并且重写那些你想要自定义的方法。

6.1.6 资源管理

每当通过调用 ChannelInboundHandler.channelRead()或者 ChannelOutbound-Handler.write()方法来处理数据时，你都需要确保没有任何的资源泄漏。你可能还记得在前

① 这里借鉴的是 Scala 的 Promise 和 Future 的设计，当一个 Promise 被完成之后，其对应的 Future 的值便不能再进行任何修改了。——译者注

面的章节中所提到的，Netty 使用引用计数来处理池化的 ByteBuf。所以在完全使用完某个 ByteBuf 后，调整其引用计数是很重要的。

为了帮助你诊断潜在的（资源泄漏）问题，Netty 提供了 class ResourceLeakDetector[①]，它将对你应用程序的缓冲区分配做大约 1%的采样来检测内存泄露。相关的开销是非常小的。

如果检测到了内存泄露，将会产生类似于下面的日志消息：

```
LEAK: ByteBuf.release() was not called before it's garbage-collected. Enable
advanced leak reporting to find out where the leak occurred. To enable
advanced leak reporting, specify the JVM option
'-Dio.netty.leakDetectionLevel=ADVANCED' or call
ResourceLeakDetector.setLevel().
```

Netty 目前定义了 4 种泄漏检测级别，如表 6-5 所示。

表 6-5 泄漏检测级别

级　别	描　述
DISABLED	禁用泄漏检测。只有在详尽的测试之后才应设置为这个值
SIMPLE	使用 1%的默认采样率检测并报告任何发现的泄露。这是默认级别，适合绝大部分的情况
ADVANCED	使用默认的采样率，报告所发现的任何的泄露以及对应的消息被访问的位置
PARANOID	类似于 ADVANCED，但是其将会对每次（对消息的）访问都进行采样。这对性能将会有很大的影响，应该只在调试阶段使用

泄露检测级别可以通过将下面的 Java 系统属性设置为表中的一个值来定义：

```
java -Dio.netty.leakDetectionLevel=ADVANCED
```

如果带着该 JVM 选项重新启动你的应用程序，你将看到自己的应用程序最近被泄漏的缓冲区被访问的位置。下面是一个典型的由单元测试产生的泄漏报告：

```
Running io.netty.handler.codec.xml.XmlFrameDecoderTest
15:03:36.886 [main] ERROR io.netty.util.ResourceLeakDetector - LEAK:
     ByteBuf.release() was not called before it's garbage-collected.
Recent access records: 1
#1: io.netty.buffer.AdvancedLeakAwareByteBuf.toString(
    AdvancedLeakAwareByteBuf.java:697)
io.netty.handler.codec.xml.XmlFrameDecoderTest.testDecodeWithXml(
    XmlFrameDecoderTest.java:157)
io.netty.handler.codec.xml.XmlFrameDecoderTest.testDecodeWithTwoMessages(
    XmlFrameDecoderTest.java:133)
...
```

实现 ChannelInboundHandler.channelRead() 和 ChannelOutboundHandler.write() 方法时，应该如何使用这个诊断工具来防止泄露呢？让我们看看你的 channelRead() 操作直接消费入站消息的情况；也就是说，它不会通过调用 ChannelHandlerContext.fireChannelRead() 方法将入站消息转发给下一个 ChannelInboundHandler。代码清单 6-3 展示了如何释放消息。

① 其利用了 JDK 提供的 PhantomReference<T>类来实现这一点。——译者注

代码清单 6-3 消费并释放入站消息

```
@Sharable
public class DiscardInboundHandler extends ChannelInboundHandlerAdapter {    ← 扩展了 ChannelInboundandlerAdapter
    @Override
    public void channelRead(ChannelHandlerContext ctx, Object msg) {
        ReferenceCountUtil.release(msg);    ← 通过调用 ReferenceCountUtil.release() 方法释放资源
    }
}
```

消费入站消息的简单方式 由于消费入站数据是一项常规任务，所以 Netty 提供了一个特殊的被称为 SimpleChannelInboundHandler 的 ChannelInboundHandler 实现。这个实现会在消息被 channelRead0()方法消费之后自动释放消息。

在出站方向这边，如果你处理了 write()操作并丢弃了一个消息，那么你也应该负责释放它。代码清单 6-4 展示了一个丢弃所有的写入数据的实现。

代码清单 6-4 丢弃并释放出站消息

```
@Sharable
public class DiscardOutboundHandler
    extends ChannelOutboundHandlerAdapter {    ← 扩展了 ChannelOutboundHandlerAdapter
    @Override
    public void write(ChannelHandlerContext ctx,
        Object msg, ChannelPromise promise) {
        ReferenceCountUtil.release(msg);    ← 通过使用 ReferenceCountUtil.realse(...) 方法释放资源
        promise.setSuccess();    ← 通知 ChannelPromise 数据已经被处理了
    }
}
```

重要的是，不仅要释放资源，还要通知 ChannelPromise。否则可能会出现 ChannelFutureListener 收不到某个消息已经被处理了的通知的情况。

总之，如果一个消息被消费或者丢弃了，并且没有传递给 ChannelPipeline 中的下一个 ChannelOutboundHandler，那么用户就有责任调用 ReferenceCountUtil.release()。如果消息到达了实际的传输层，那么当它被写入时或者 Channel 关闭时，都将被自动释放。

6.2 ChannelPipeline 接口

如果你认为 ChannelPipeline 是一个拦截流经 Channel 的入站和出站事件的 ChannelHandler 实例链，那么就很容易看出这些 ChannelHandler 之间的交互是如何组成一个应用程序数据和事件处理逻辑的核心的。

每一个新创建的 Channel 都将会被分配一个新的 ChannelPipeline。这项关联是永久性的；Channel 既不能附加另外一个 ChannelPipeline，也不能分离其当前的。在 Netty 组件的生命周期中，这是一项固定的操作，不需要开发人员的任何干预。

根据事件的起源，事件将会被 ChannelInboundHandler 或者 ChannelOutboundHandler

处理。随后，通过调用 ChannelHandlerContext 实现，它将被转发给同一超类型的下一个 ChannelHandler。

ChannelHandlerContext

ChannelHandlerContext 使得 ChannelHandler 能够和它的 ChannelPipeline 以及其他的 ChannelHandler 交互。ChannelHandler 可以通知其所属的 ChannelPipeline 中的下一个 ChannelHandler，甚至可以动态修改它所属的 ChannelPipeline[①]。

ChannelHandlerContext 具有丰富的用于处理事件和执行 I/O 操作的 API。6.3 节将提供有关 ChannelHandlerContext 的更多内容。

图 6-3 展示了一个典型的同时具有入站和出站 ChannelHandler 的 ChannelPipeline 的布局，并且印证了我们之前的关于 ChannelPipeline 主要由一系列的 ChannelHandler 所组成的说法。ChannelPipeline 还提供了通过 ChannelPipeline 本身传播事件的方法。如果一个入站事件被触发，它将被从 ChannelPipeline 的头部开始一直被传播到 Channel Pipeline 的尾端。在图 6-3 中，一个出站 I/O 事件将从 ChannelPipeline 的最右边开始，然后向左传播。

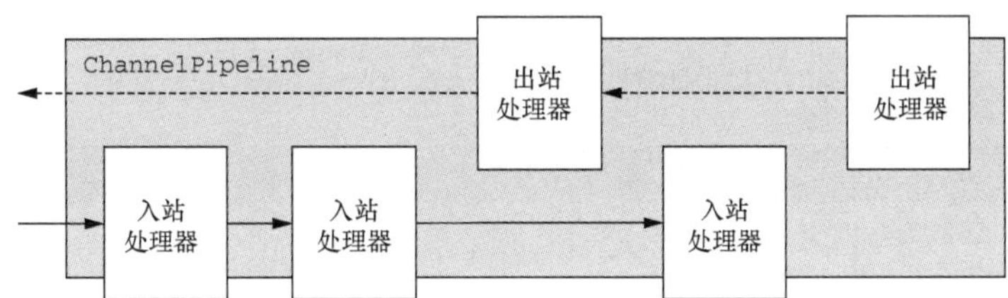

图 6-3 ChannelPipeline 和它的 ChannelHandler

ChannelPipeline 相对论

你可能会说，从事件途经 ChannelPipeline 的角度来看，ChannelPipeline 的头部和尾端取决于该事件是入站的还是出站的。然而 Netty 总是将 ChannelPipeline 的入站口（图 6-3 中的左侧）作为头部，而将出站口（该图的右侧）作为尾端。

当你完成了通过调用 ChannelPipeline.add*() 方法将入站处理器（ChannelInboundHandler）和出站处理器（ChannelOutboundHandler）混合添加到 ChannelPipeline 之后，每一个 ChannelHandler 从头部到尾端的顺序位置正如同我们方才所定义它们的一样。因此，如果你将图 6-3 中的处理器（ChannelHandler）从左到右进行编号，那么第一个被入站事件看到的 ChannelHandler 将是 1，而第一个被出站事件看到的 ChannelHandler 将是 5。

在 ChannelPipeline 传播事件时，它会测试 ChannelPipeline 中的下一个 ChannelHandler 的类型是否和事件的运动方向相匹配。如果不匹配，ChannelPipeline 将跳过该 ChannelHandler 并前进到下一个，直到它找到和该事件所期望的方向相匹配的为止。（当然，ChannelHandler 也可以同时实现 ChannelInboundHandler 接口和 ChannelOutboundHandler 接口。）

① 这里指修改 ChannelPipeline 中的 ChannelHandler 的编排。——译者注

6.2.1　修改 ChannelPipeline

通过调用 ChannePipeline 上的相关方法，ChannelHandler 可以添加、删除或者替换其他的 ChannelHandler，从而实时地修改 ChannelPipeline 的布局。（它也可以将它自己从 ChannelPipeline 中移除。）这是 ChannelHandler 最重要的能力之一，所以我们将仔细地来看看它是如何做到的。表 6-6 列出了相关的方法。

表 6-6　**ChannelPipeline** 上的相关方法，由 **ChannelHandler** 用来修改 **ChannelPipeline** 的布局

名　　称	描　　述
addFirst addBefore addAfter addLast	将一个 ChannelHandler 添加到 ChannelPipeline 中
remove	将一个 ChannelHandler 从 ChannelPipeline 中移除
replace	将 ChannelPipeline 中的一个 ChannelHandler 替换为另一个 Channel-Handler

代码清单 6-5 展示了这些方法的使用。

代码清单 6-5　修改 ChannelPipeline

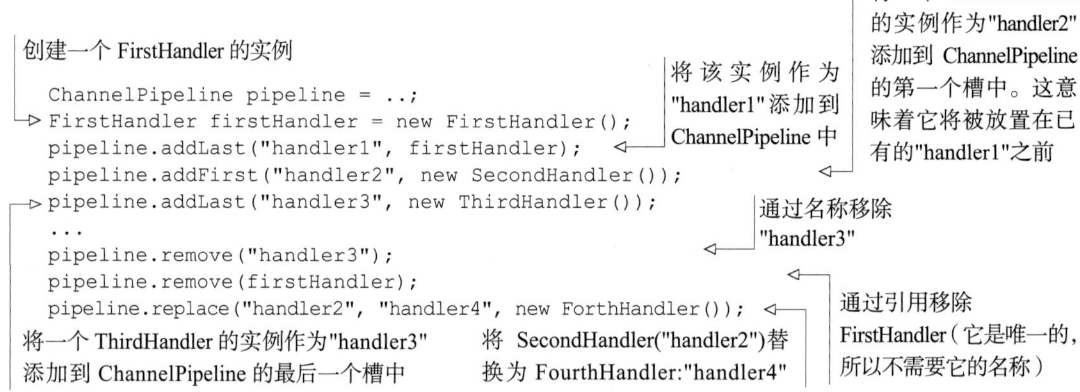

稍后，你将看到，重组 ChannelHandler 的这种能力使我们可以用它来轻松地实现极其灵活的逻辑。

ChannelHandler 的执行和阻塞

通常 ChannelPipeline 中的每一个 ChannelHandler 都是通过它的 EventLoop（I/O 线程）来处理传递给它的事件的。所以至关重要的是不要阻塞这个线程，因为这会对整体的 I/O 处理产生负面的影响。

但有时可能需要与那些使用阻塞 API 的遗留代码进行交互。对于这种情况，ChannelPipeline 有一些接受一个 EventExecutorGroup 的 add() 方法。如果一个事件被传递给一个自定义的 EventExecutor-

Group，它将被包含在这个 EventExecutorGroup 中的某个 EventExecutor 所处理，从而被从该 Channel 本身的 EventLoop 中移除。对于这种用例，Netty 提供了一个叫 DefaultEventExecutor-Group 的默认实现。

除了这些操作，还有别的通过类型或者名称来访问 ChannelHandler 的方法。这些方法都列在了表 6-7 中。

表 6-7 **ChannelPipeline** 的用于访问 **ChannelHandler** 的操作

名　称	描　述
get	通过类型或者名称返回 ChannelHandler
context	返回和 ChannelHandler 绑定的 ChannelHandlerContext
names	返回 ChannelPipeline 中所有 ChannelHandler 的名称

6.2.2 触发事件

ChannelPipeline 的 API 公开了用于调用入站和出站操作的附加方法。表 6-8 列出了入站操作，用于通知 ChannelInboundHandler 在 ChannelPipeline 中所发生的事件。

表 6-8 **ChannelPipeline** 的入站操作

方法名称	描　述
fireChannelRegistered	调用 ChannelPipeline 中下一个 ChannelInboundHandler 的 channelRegistered(ChannelHandlerContext)方法
fireChannelUnregistered	调用 ChannelPipeline 中下一个 ChannelInboundHandler 的 channelUnregistered(ChannelHandlerContext)方法
fireChannelActive	调用 ChannelPipeline 中下一个 ChannelInboundHandler 的 channelActive(ChannelHandlerContext)方法
fireChannelInactive	调用 ChannelPipeline 中下一个 ChannelInboundHandler 的 channelInactive(ChannelHandlerContext)方法
fireExceptionCaught	调用 ChannelPipeline 中下一个 ChannelInboundHandler 的 exceptionCaught(ChannelHandlerContext, Throwable)方法
fireUserEventTriggered	调用 ChannelPipeline 中下一个 ChannelInboundHandler 的 userEventTriggered(ChannelHandlerContext, Object)方法
fireChannelRead	调用 ChannelPipeline 中下一个 ChannelInboundHandler 的 channelRead(ChannelHandlerContext, Object msg)方法
fireChannelReadComplete	调用 ChannelPipeline 中下一个 ChannelInboundHandler 的 channelReadComplete(ChannelHandlerContext)方法
fireChannelWritability-Changed	调用 ChannelPipeline 中下一个 ChannelInboundHandler 的 channelWritabilityChanged(ChannelHandlerContext)方法

在出站这边，处理事件将会导致底层的套接字上发生一系列的动作。表 6-9 列出了 Channel-Pipeline API 的出站操作。

表 6-9　ChannelPipeline 的出站操作

方 法 名 称	描　　述
bind	将 Channel 绑定到一个本地地址，这将调用 ChannelPipeline 中的下一个 ChannelOutboundHandler 的 bind(ChannelHandlerContext, Socket-Address, ChannelPromise)方法
connect	将 Channel 连接到一个远程地址，这将调用 ChannelPipeline 中的下一个 ChannelOutboundHandler 的 connect(ChannelHandlerContext, Socket-Address, ChannelPromise)方法
disconnect	将 Channel 断开连接。这将调用 ChannelPipeline 中的下一个 ChannelOutbound-Handler 的 disconnect(ChannelHandlerContext, Channel Promise)方法
close	将 Channel 关闭。这将调用 ChannelPipeline 中的下一个 ChannelOutbound-Handler 的 close(ChannelHandlerContext, ChannelPromise)方法
deregister	将 Channel 从它先前所分配的 EventExecutor（即 EventLoop）中注销。这将调用 ChannelPipeline 中的下一个 ChannelOutboundHandler 的 deregister (ChannelHandlerContext, ChannelPromise)方法
flush	冲刷 Channel 所有挂起的写入。这将调用 ChannelPipeline 中的下一个 Channel-OutboundHandler 的 flush(ChannelHandlerContext)方法
write	将消息写入 Channel。这将调用 ChannelPipeline 中的下一个 Channel-OutboundHandler 的 write(ChannelHandlerContext, Object msg, Channel-Promise)方法。注意：这并不会将消息写入底层的 Socket，而只会将它放入队列中。要将它写入 Socket，需要调用 flush()或者 writeAndFlush()方法
writeAndFlush	这是一个先调用 write()方法再接着调用 flush()方法的便利方法
read	请求从 Channel 中读取更多的数据。这将调用 ChannelPipeline 中的下一个 ChannelOutboundHandler 的 read(ChannelHandlerContext)方法

总结一下：

- ChannelPipeline 保存了与 Channel 相关联的 ChannelHandler；
- ChannelPipeline 可以根据需要，通过添加或者删除 ChannelHandler 来动态地修改；
- ChannelPipeline 有着丰富的 API 用以被调用，以响应入站和出站事件。

6.3　ChannelHandlerContext 接口

ChannelHandlerContext 代表了 ChannelHandler 和 ChannelPipeline 之间的关联，每当有 ChannelHandler 添加到 ChannelPipeline 中时，都会创建 ChannelHandler-Context。ChannelHandlerContext 的主要功能是管理它所关联的 ChannelHandler 和在同一个 ChannelPipeline 中的其他 ChannelHandler 之间的交互。

ChannelHandlerContext 有很多的方法，其中一些方法也存在于 Channel 和 Channel-Pipeline 本身上，但是有一点重要的不同。如果调用 Channel 或者 ChannelPipeline 上的这些方法，它们将沿着整个 ChannelPipeline 进行传播。而调用位于 ChannelHandlerContext 上的相同方法，则将从当前所关联的 ChannelHandler 开始，并且只会传播给位于该 ChannelPipeline 中的下一个能够处理该事件的 ChannelHandler。

表 6-10 对 ChannelHandlerContext API 进行了总结。

表 6-10 **ChannelHandlerContext** 的 API

方法名称	描述
alloc	返回和这个实例相关联的 Channel 所配置的 ByteBufAllocator
bind	绑定到给定的 SocketAddress，并返回 ChannelFuture
channel	返回绑定到这个实例的 Channel
close	关闭 Channel，并返回 ChannelFuture
connect	连接给定的 SocketAddress，并返回 ChannelFuture
deregister	从之前分配的 EventExecutor 注销，并返回 ChannelFuture
disconnect	从远程节点断开，并返回 ChannelFuture
executor	返回调度事件的 EventExecutor
fireChannelActive	触发对下一个 ChannelInboundHandler 上的 channelActive()方法（已连接）的调用
fireChannelInactive	触发对下一个 ChannelInboundHandler 上的 channelInactive()方法（已关闭）的调用
fireChannelRead	触发对下一个 ChannelInboundHandler 上的 channelRead()方法（已接收的消息）的调用
fireChannelReadComplete	触发对下一个 ChannelInboundHandler 上的 channelReadComplete()方法的调用
fireChannelRegistered	触发对下一个 ChannelInboundHandler 上的 fireChannelRegistered()方法的调用
fireChannelUnregistered	触发对下一个 ChannelInboundHandler 上的 fireChannelUnregistered()方法的调用
fireChannelWritabilityChanged	触发对下一个 ChannelInboundHandler 上的 fireChannelWritabilityChanged()方法的调用
fireExceptionCaught	触发对下一个 ChannelInboundHandler 上的 fireExceptionCaught(Throwable)方法的调用
fireUserEventTriggered	触发对下一个 ChannelInboundHandler 上的 fireUserEventTriggered(Object evt)方法的调用
handler	返回绑定到这个实例的 ChannelHandler
isRemoved	如果所关联的 ChannelHandler 已经被从 ChannelPipeline 中移除则返回 true
name	返回这个实例的唯一名称
pipeline	返回这个实例所关联的 ChannelPipeline
read	将数据从 Channel 读取到第一个入站缓冲区；如果读取成功则触发[①]一个 channelRead 事件，并（在最后一个消息被读取完成后）通知 ChannelInboundHandler 的 channelReadComplete (ChannelHandlerContext)方法

① 通过配合 ChannelConfig.setAutoRead(boolean autoRead)方法，可以实现反应式系统的特性之一回压（back-pressure）。——译者注

续表

方 法 名 称	描 述
write	通过这个实例写入消息并经过 ChannelPipeline
writeAndFlush	通过这个实例写入并冲刷消息并经过 ChannelPipeline

当使用 ChannelHandlerContext 的 API 的时候，请牢记以下两点：

- ChannelHandlerContext 和 ChannelHandler 之间的关联（绑定）是永远不会改变的，所以缓存对它的引用是安全的；
- 如同我们在本节开头所解释的一样，相对于其他类的同名方法，ChannelHandlerContext 的方法将产生更短的事件流，应该尽可能地利用这个特性来获得最大的性能。

6.3.1 使用 ChannelHandlerContext

在这一节中我们将讨论 ChannelHandlerContext 的用法，以及存在于 ChannelHandler-Context、Channel 和 ChannelPipeline 上的方法的行为。图 6-4 展示了它们之间的关系。

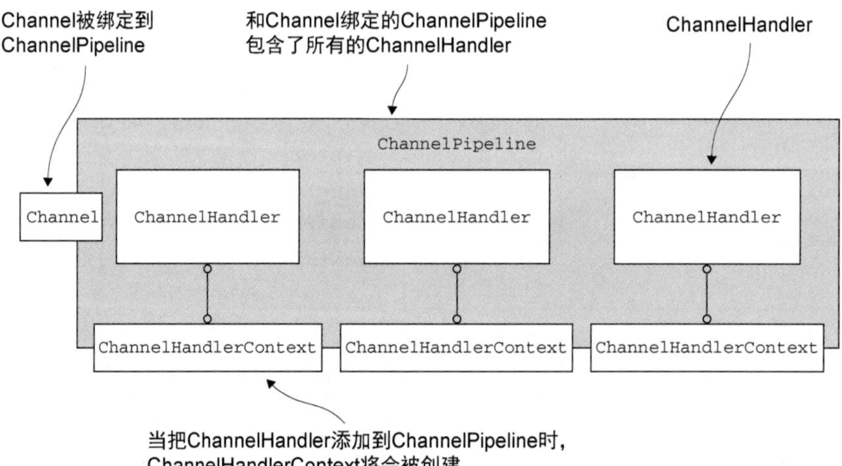

图 6-4 Channel、ChannelPipeline、ChannelHandler 以及 ChannelHandlerContext 之间的关系

在代码清单 6-6 中，将通过 ChannelHandlerContext 获取到 Channel 的引用。调用 Channel 上的 write()方法将会导致写入事件从尾端到头部地流经 ChannelPipeline。

代码清单 6-6 从 ChannelHandlerContext 访问 Channel

```
ChannelHandlerContext ctx = ..;
Channel channel = ctx.channel();
```

获取到与 ChannelHandlerContext 相关联的 Channel 的引用

```
channel.write(Unpooled.copiedBuffer("Netty in Action",
    CharsetUtil.UTF_8));
```

通过 Channel 写入缓冲区

代码清单 6-7 展示了一个类似的例子，但是这一次是写入 ChannelPipeline。我们再次看到，（到 ChannelPipline 的）引用是通过 ChannelHandlerContext 获取的。

代码清单 6-7 通过 ChannelHandlerContext 访问 ChannelPipeline

```
ChannelHandlerContext ctx = ..;
ChannelPipeline pipeline = ctx.pipeline();
pipeline.write(Unpooled.copiedBuffer("Netty in Action",
    CharsetUtil.UTF_8));
```

获取到与 ChannelHandlerContext 相关联的 ChannelPipeline 的引用

通过 ChannelPipeline 写入缓冲区

如同在图 6-5 中所能够看到的一样，代码清单 6-6 和代码清单 6-7 中的事件流是一样的。重要的是要注意到，虽然被调用的 Channel 或 ChannelPipeline 上的 write() 方法将一直传播事件通过整个 ChannelPipeline，但是在 ChannelHandler 的级别上，事件从一个 ChannelHandler 到下一个 ChannelHandler 的移动是由 ChannelHandlerContext 上的调用完成的。

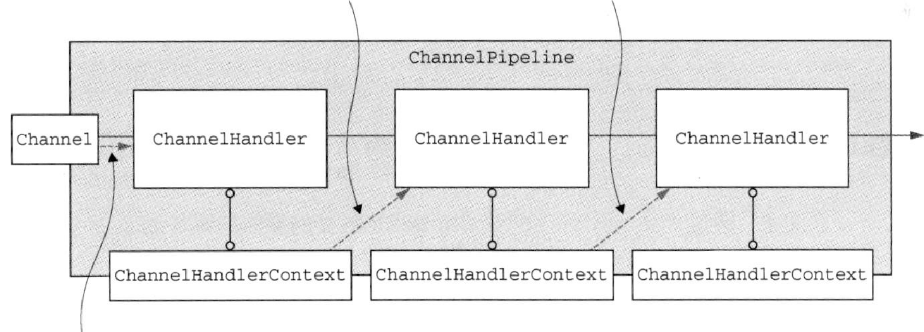

图 6-5 通过 Channel 或者 ChannelPipeline 进行的事件传播

为什么会想要从 ChannelPipeline 中的某个特定点开始传播事件呢？

- 为了减少将事件传经对它不感兴趣的 ChannelHandler 所带来的开销。
- 为了避免将事件传经那些可能会对它感兴趣的 ChannelHandler。

要想调用从某个特定的 ChannelHandler 开始的处理过程，必须获取到在（ChannelPipeline）该 ChannelHandler 之前的 ChannelHandler 所关联的 ChannelHandlerContext。这个 ChannelHandlerContext 将调用和它所关联的 ChannelHandler 之后的 ChannelHandler。

代码清单 6-8 和图 6-6 说明了这种用法。

代码清单 6-8 调用 ChannelHandlerContext 的 write() 方法

```
ChannelHandlerContext ctx = ..;
ctx.write(Unpooled.copiedBuffer("Netty in Action", CharsetUtil.UTF_8));
```

获取到 ChannelHandlerContext 的引用

write()方法将把缓冲区数据发送到下一个 ChannelHandler

如图 6-6 所示，消息将从下一个 ChannelHandler 开始流经 ChannelPipeline，绕过了所有前面的 ChannelHandler。

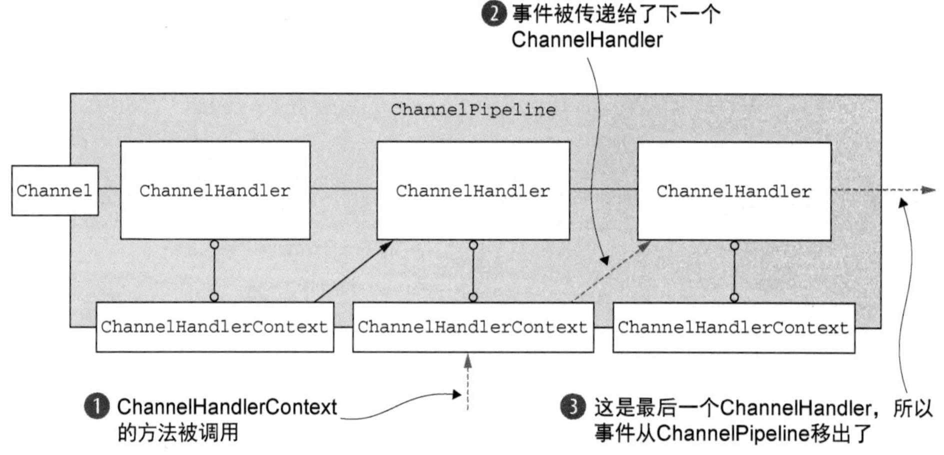

图 6-6 通过 ChannelHandlerContext 触发的操作的事件流

我们刚才所描述的用例是常见的，对于调用特定的 ChannelHandler 实例上的操作尤其有用。

6.3.2 ChannelHandler 和 ChannelHandlerContext 的高级用法

正如我们在代码清单 6-6 中所看到的，你可以通过调用 ChannelHandlerContext 上的 pipeline() 方法来获得被封闭的 ChannelPipeline 的引用。这使得运行时得以操作 ChannelPipeline 的 ChannelHandler，我们可以利用这一点来实现一些复杂的设计。例如，你可以通过将 ChannelHandler 添加到 ChannelPipeline 中来实现动态的协议切换。

另一种高级的用法是缓存到 ChannelHandlerContext 的引用以供稍后使用，这可能会发生在任何的 ChannelHandler 方法之外，甚至来自于不同的线程。代码清单 6-9 展示了用这种模式来触发事件。

代码清单 6-9 缓存到 ChannelHandlerContext 的引用

```
public class WriteHandler extends ChannelHandlerAdapter {
    private ChannelHandlerContext ctx;
    @Override
    public void handlerAdded(ChannelHandlerContext ctx) {
        this.ctx = ctx;
    }
    public void send(String msg) {
        ctx.writeAndFlush(msg);
    }
}
```

存储到 ChannelHandlerContext 的引用以供稍后使用

使用之前存储的到 ChannelHandlerContext 的引用来发送消息

因为一个 ChannelHandler 可以从属于多个 ChannelPipeline，所以它也可以绑定到多个 ChannelHandlerContext 实例。对于这种用法（指在多个 ChannelPipeline 中共享同一个 ChannelHandler），对应的 ChannelHandler 必须要使用@Sharable 注解标注；否则，试图将它添加到多个 ChannelPipeline 时将会触发异常。显而易见，为了安全地被用于多个并发的 Channel（即连接），这样的 ChannelHandler 必须是线程安全的。

代码清单 6-10 展示了这种模式的一个正确实现。

代码清单 6-10 可共享的 ChannelHandler

```
@Sharable
public class SharableHandler extends ChannelInboundHandlerAdapter {
    @Override
    public void channelRead(ChannelHandlerContext ctx, Object msg) {
        System.out.println("Channel read message: " + msg);
        ctx.fireChannelRead(msg);
    }
}
```

使用注解@Sharable 标注

记录方法调用，并转发给下一个 ChannelHandler

前面的 ChannelHandler 实现符合所有的将其加入到多个 ChannelPipeline 的需求，即它使用了注解@Sharable 标注，并且也不持有任何的状态。相反，代码清单 6-11 中的实现将会导致问题。

代码清单 6-11 @Sharable 的错误用法

```
@Sharable
public class UnsharableHandler extends ChannelInboundHandlerAdapter {
    private int count;
    @Override
    public void channelRead(ChannelHandlerContext ctx, Object msg) {
        count++;
        System.out.println("channelRead(...) called the "
            + count + " time");
        ctx.fireChannelRead(msg);
    }
}
```

使用注解@Sharable 标注

将 count 字段的值加 1

记录方法调用，并转发给下一个 ChannelHandler

这段代码的问题在于它拥有状态[①]，即用于跟踪方法调用次数的实例变量 count。将这个类的一个实例添加到 ChannclPipeline 将极有可能在它被多个并发的 Channel 访问时导致问题。（当然，这个简单的问题可以通过使 channelRead() 方法变为同步方法来修正。）

总之，只应该在确定了你的 ChannelHandler 是线程安全的时才使用@Sharable 注解。

为何要共享同一个 ChannelHandler 在多个 ChannelPipeline 中安装同一个 ChannelHandler 的一个常见的原因是用于收集跨越多个 Channel 的统计信息。

我们对于 ChannelHandlerContext 和它与其他的框架组件之间的关系的讨论到此就结束了。接下来我们将看看异常处理。

6.4 异常处理

异常处理是任何真实应用程序的重要组成部分，它也可以通过多种方式来实现。因此，Netty 提供了几种方式用于处理入站或者出站处理过程中所抛出的异常。这一节将帮助你了解如何设计最适合你需要的方式。

6.4.1 处理入站异常

如果在处理入站事件的过程中有异常被抛出，那么它将从它在 ChannelInboundHandler 里被触发的那一点开始流经 ChannelPipeline。要想处理这种类型的入站异常，你需要在你的 ChannelInboundHandler 实现中重写下面的方法。

```
public void exceptionCaught(
    ChannelHandlerContext ctx, Throwable cause) throws Exception
```

代码清单 6-12 展示了一个简单的示例，其关闭了 Channel 并打印了异常的栈跟踪信息。

代码清单 6-12 基本的入站异常处理

```
public class InboundExceptionHandler extends ChannelInboundHandlerAdapter {
    @Override
    public void exceptionCaught(ChannelHandlerContext ctx,
        Throwable cause) {
        cause.printStackTrace();
        ctx.close();
    }
}
```

因为异常将会继续按照入站方向流动（就像所有的入站事件一样），所以实现了前面所示逻辑的 ChannelInboundHandler 通常位于 ChannelPipeline 的最后。这确保了所有的入站异常都总是会被处理，无论它们可能会发生在 ChannelPipeline 中的什么位置。

---

① 主要的问题在于，对于其所持有的状态的修改并不是线程安全的，比如也可以通过使用 AtomicInteger 来规避这个问题。——译者注

你应该如何响应异常，可能很大程度上取决于你的应用程序。你可能想要关闭 Channel（和连接），也可能会尝试进行恢复。如果你不实现任何处理入站异常的逻辑（或者没有消费该异常），那么 Netty 将会记录该异常没有被处理的事实[①]。

总结一下：

- ChannelHandler.exceptionCaught() 的默认实现是简单地将当前异常转发给 ChannelPipeline 中的下一个 ChannelHandler；
- 如果异常到达了 ChannelPipeline 的尾端，它将会被记录为未被处理；
- 要想定义自定义的处理逻辑，你需要重写 exceptionCaught() 方法。然后你需要决定是否需要将该异常传播出去。

6.4.2　处理出站异常

用于处理出站操作中的正常完成以及异常的选项，都基于以下的通知机制。

- 每个出站操作都将返回一个 ChannelFuture。注册到 ChannelFuture 的 ChannelFutureListener 将在操作完成时被通知该操作是成功了还是出错了。
- 几乎所有的 ChannelOutboundHandler 上的方法都会传入一个 ChannelPromise 的实例。作为 ChannelFuture 的子类，ChannelPromise 也可以被分配用于异步通知的监听器。但是，ChannelPromise 还具有提供立即通知的可写方法：

```
ChannelPromise setSuccess();
ChannelPromise setFailure(Throwable cause);
```

添加 ChannelFutureListener 只需要调用 ChannelFuture 实例上的 addListener(ChannelFutureListener) 方法，并且有两种不同的方式可以做到这一点。其中最常用的方式是，调用出站操作（如 write() 方法）所返回的 ChannelFuture 上的 addListener() 方法。

代码清单 6-13 使用了这种方式来添加 ChannelFutureListener，它将打印栈跟踪信息并且随后关闭 Channel。

代码清单 6-13　添加 ChannelFutureListener 到 ChannelFuture

```
ChannelFuture future = channel.write(someMessage);
future.addListener(new ChannelFutureListener() {
    @Override
    public void operationComplete(ChannelFuture f) {
        if (!f.isSuccess()) {
            f.cause().printStackTrace();
            f.channel().close();
        }
    }
});
```

① 即 Netty 将会通过 Warning 级别的日志记录该异常到达了 ChannelPipeline 的尾端，但没有被处理，并尝试释放该异常。——译者注

第二种方式是将 ChannelFutureListener 添加到即将作为参数传递给 ChannelOutboundHandler 的方法的 ChannelPromise。代码清单 6-14 中所展示的代码和代码清单 6-13 中所展示的具有相同的效果。

代码清单 6-14 添加 ChannelFutureListener 到 ChannelPromise

```
public class OutboundExceptionHandler extends ChannelOutboundHandlerAdapter {
    @Override
    public void write(ChannelHandlerContext ctx, Object msg,
        ChannelPromise promise) {
        promise.addListener(new ChannelFutureListener() {
            @Override
            public void operationComplete(ChannelFuture f) {
                if (!f.isSuccess()) {
                    f.cause().printStackTrace();
                    f.channel().close();
                }
            }
        });
    }
}
```

ChannelPromise 的可写方法

通过调用 ChannelPromise 上的 setSuccess()和 setFailure()方法，可以使一个操作的状态在 ChannelHandler 的方法返回给其调用者时便即刻被感知到。

为何选择一种方式而不是另一种呢？对于细致的异常处理，你可能会发现，在调用出站操作时添加 ChannelFutureListener 更合适，如代码清单 6-13 所示。而对于一般的异常处理，你可能会发现，代码清单 6-14 所示的自定义的 ChannelOutboundHandler 实现的方式更加的简单。

如果你的 ChannelOutboundHandler 本身抛出了异常会发生什么呢？在这种情况下，Netty 本身会通知任何已经注册到对应 ChannelPromise 的监听器。

6.5 小结

在本章中我们仔细地研究了 Netty 的数据处理组件——ChannelHandler。我们讨论了 ChannelHandler 是如何链接在一起，以及它们是如何作为 ChannelInboundHandler 和 ChannelOutboundHandler 与 ChannelPipeline 进行交互的。

下一章将介绍 Netty 的 EventLoop 和并发模型，这对于理解 Netty 是如何实现异步的、事件驱动的网络编程模型来说至关重要。

第 7 章　EventLoop 和线程模型

本章主要内容

- 线程模型概述
- 事件循环的概念和实现
- 任务调度
- 实现细节

简单地说，线程模型指定了操作系统、编程语言、框架或者应用程序的上下文中的线程管理的关键方面。显而易见地，如何以及何时创建线程将对应用程序代码的执行产生显著的影响，因此开发人员需要理解与不同模型相关的权衡。无论是他们自己选择模型，还是通过采用某种编程语言或者框架隐式地获得它，这都是真实的。

在本章中，我们将详细地探讨 Netty 的线程模型。它强大但又易用，并且和 Netty 的一贯宗旨一样，旨在简化你的应用程序代码，同时最大限度地提高性能和可维护性。我们还将讨论致使选择当前线程模型的经验。

如果你对 Java 的并发 API（`java.util.concurrent`）有比较好的理解，那么你应该会发现在本章中的讨论都是直截了当的。如果这些概念对你来说还比较陌生，或者你需要更新自己的相关知识，那么由 Brian Goetz 等编写的《Java 并发编程实战》（Addison-Wesley Professional, 2006）这本书将是极好的资源。

7.1　线程模型概述

在这一节中，我们将介绍常见的线程模型，随后将继续讨论 Netty 过去以及当前的线程模型，并评审它们各自的优点以及局限性。

正如我们在本章开头所指出的，线程模型确定了代码的执行方式。由于我们总是必须规避并发执行可能会带来的副作用，所以理解所采用的并发模型（也有单线程的线程模型）的影响很重要。忽略这些问题，仅寄希望于最好的情况（不会引发并发问题）无疑是赌博——赔率必然会击败你。

因为具有多核心或多个 CPU 的计算机现在已经司空见惯，大多数的现代应用程序都利用了复杂的多线程处理技术以有效地利用系统资源。相比之下，在早期的 Java 语言中，我们使用多线程处理的主要方式无非是按需创建和启动新的 `Thread` 来执行并发的任务单元——一种在高负载下工作得很差的原始方式。Java 5 随后引入了 `Executor` API，其线程池通过缓存和重用 `Thread` 极大地提高了性能。

基本的线程池化模式可以描述为：

- 从池的空闲线程列表中选择一个 `Thread`，并且指派它去运行一个已提交的任务（一个 `Runnable` 的实现）；
- 当任务完成时，将该 `Thread` 返回给该列表，使其可被重用。

图 7-1 说明了这个模式。

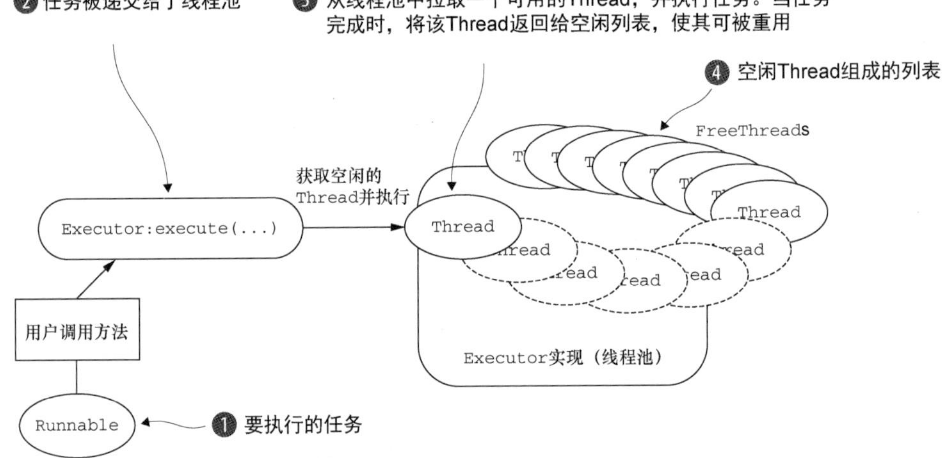

图 7-1 `Executor` 的执行逻辑

虽然池化和重用线程相对于简单地为每个任务都创建和销毁线程是一种进步，但是它并不能消除由上下文切换所带来的开销，其将随着线程数量的增加很快变得明显，并且在高负载下愈演愈烈。此外，仅仅由于应用程序的整体复杂性或者并发需求，在项目的生命周期内也可能会出现其他和线程相关的问题。

简而言之，多线程处理是很复杂的。在接下来的章节中，我们将会看到 Netty 是如何帮助简化它的。

7.2 EventLoop 接口

运行任务来处理在连接的生命周期内发生的事件是任何网络框架的基本功能。与之相应的编程上的构造通常被称为事件循环——一个 Netty 使用了 `interface io.netty.channel.EventLoop` 来适配的术语。

代码清单 7-1 中说明了事件循环的基本思想，其中每个任务都是一个 Runnable 的实例（如图 7-1 所示）。

代码清单 7-1 在事件循环中执行任务

```
while (!terminated) {
    List<Runnable> readyEvents = blockUntilEventsReady();    ← 阻塞，直到有事件已经就绪可被运行
    for (Runnable ev: readyEvents) {
        ev.run();    ← 循环遍历，并处理所有的事件
    }
}
```

Netty 的 EventLoop 是协同设计的一部分，它采用了两个基本的 API：并发和网络编程。首先，io.netty.util.concurrent 包构建在 JDK 的 java.util.concurrent 包上，用来提供线程执行器。其次，io.netty.channel 包中的类，为了与 Channel 的事件进行交互，扩展了这些接口/类。图 7-2 展示了生成的类层次结构。

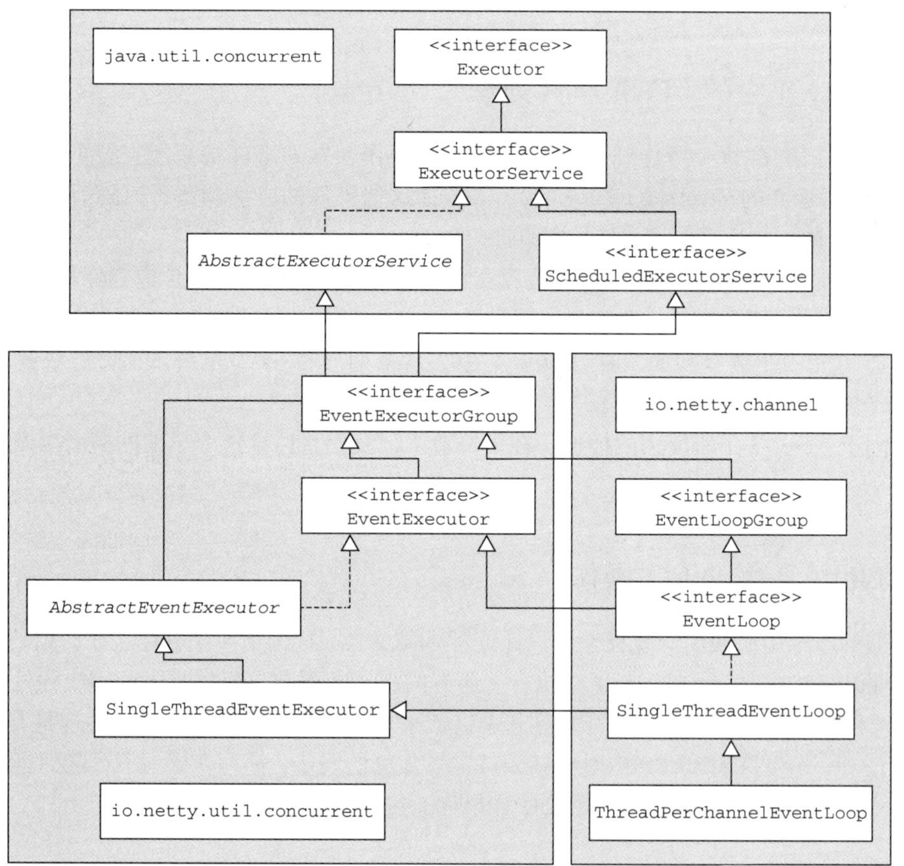

图 7-2 EventLoop 的类层次结构

在这个模型中，一个 EventLoop 将由一个永远都不会改变的 Thread 驱动，同时任务（Runnable 或者 Callable）可以直接提交给 EventLoop 实现，以立即执行或者调度执行。根据配置和可用核心的不同，可能会创建多个 EventLoop 实例用以优化资源的使用，并且单个 EventLoop 可能会被指派用于服务多个 Channel。

需要注意的是，Netty 的 EventLoop 在继承了 ScheduledExecutorService 的同时，只定义了一个方法，parent()[①]。这个方法，如下面的代码片断所示，用于返回到当前 EventLoop 实现的实例所属的 EventLoopGroup 的引用。

```
public interface EventLoop extends EventExecutor, EventLoopGroup {
    @Override
    EventLoopGroup parent();
}
```

事件/任务的执行顺序 事件和任务是以先进先出（FIFO）的顺序执行的。这样可以通过保证字节内容总是按正确的顺序被处理，消除潜在的数据损坏的可能性。

7.2.1 Netty 4 中的 I/O 和事件处理

正如我们在第 6 章中所详细描述的，由 I/O 操作触发的事件将流经安装了一个或者多个 ChannelHandler 的 ChannelPipeline。传播这些事件的方法调用可以随后被 ChannelHandler 所拦截，并且可以按需地处理事件。

事件的性质通常决定了它将被如何处理；它可能将数据从网络栈中传递到你的应用程序中，或者进行逆向操作，或者执行一些截然不同的操作。但是事件的处理逻辑必须足够的通用和灵活，以处理所有可能的用例。因此，在 Netty 4 中，所有的 I/O 操作和事件都由已经被分配给了 EventLoop 的那个 Thread 来处理[②]。

这不同于 Netty 3 中所使用的模型。在下一节中，我们将讨论这个早期的模型以及它被替换的原因。

7.2.2 Netty 3 中的 I/O 操作

在以前的版本中所使用的线程模型只保证了入站（之前称为上游）事件会在所谓的 I/O 线程（对应于 Netty 4 中的 EventLoop）中执行。所有的出站（下游）事件都由调用线程处理，其可能是 I/O 线程也可能是别的线程。开始看起来这似乎是个好主意，但是已经被发现是有问题的，因为需要在 ChannelHandler 中对出站事件进行仔细的同步。简而言之，不可能保证多个线程不会在同一时刻尝试访问出站事件。例如，如果你通过在不同的线程中调用 Channel.write()

① 这个方法重写了 EventExecutor 的 EventExecutorGroup.parent() 方法。

② 这里使用的是“来处理”而不是“来触发”，其中写操作是可以从外部的任意线程触发的。——译者注

方法，针对同一个 Channel 同时触发出站的事件，就会发生这种情况。

当出站事件触发了入站事件时，将会导致另一个负面影响。当 Channel.write() 方法导致异常时，需要生成并触发一个 exceptionCaught 事件。但是在 Netty 3 的模型中，由于这是一个入站事件，需要在调用线程中执行代码，然后将事件移交给 I/O 线程去执行，然而这将带来额外的上下文切换。

Netty 4 中所采用的线程模型，通过在同一个线程中处理某个给定的 EventLoop 中所产生的所有事件，解决了这个问题。这提供了一个更加简单的执行体系架构，并且消除了在多个 ChannelHandler 中进行同步的需要（除了任何可能需要在多个 Channel 中共享的）。

现在，已经理解了 EventLoop 的角色，让我们来看看任务是如何被调度执行的吧。

7.3 任务调度

偶尔，你将需要调度一个任务以便稍后（延迟）执行或者周期性地执行。例如，你可能想要注册一个在客户端已经连接了 5 分钟之后触发的任务。一个常见的用例是，发送心跳消息到远程节点，以检查连接是否仍然还活着。如果没有响应，你便知道可以关闭该 Channel 了。

在接下来的几节中，我们将展示如何使用核心的 Java API 和 Netty 的 EventLoop 来调度任务。然后，我们将研究 Netty 的内部实现，并讨论它的优点和局限性。

7.3.1 JDK 的任务调度 API

在 Java 5 之前，任务调度是建立在 java.util.Timer 类之上的，其使用了一个后台 Thread，并且具有与标准线程相同的限制。随后，JDK 提供了 java.util.concurrent 包，它定义了 interface ScheduledExecutorService。表 7-1 展示了 java.util.concurrent.Executors 的相关工厂方法。

表 7-1 **java.util.concurrent.Executors** 类的工厂方法

方　法	描　述
newScheduledThreadPool(int corePoolSize) newScheduledThreadPool(int corePoolSize, ThreadFactory threadFactory)	创建一个 ScheduledThreadExecutorService，用于调度命令在指定延迟之后运行或者周期性地执行。它使用 corePoolSize 参数来计算线程数
newSingleThreadScheduledExecutor() newSingleThreadScheduledExecutor(ThreadFactory threadFactory)	创建一个 ScheduledThreadExecutorService，用于调度命令在指定延迟之后运行或者周期性地执行。它使用一个线程来执行被调度的任务

虽然选择不是很多[①]，但是这些预置的实现已经足以应对大多数的用例。代码清单 7-2 展示了如何使用 ScheduledExecutorService 来在 60 秒的延迟之后执行一个任务。

代码清单 7-2 使用 ScheduledExecutorService 调度任务

```
ScheduledExecutorService executor =
    Executors.newScheduledThreadPool(10);      <-- 创建一个其线程池具有 10 个线程的 ScheduledExecutorService

ScheduledFuture<?> future = executor.schedule(
    new Runnable() {                           <-- 创建一个 Runnable，以供调度稍后执行
    @Override
    public void run() {
        System.out.println("60 seconds later");   <-- 该任务要打印的消息
    }
}, 60, TimeUnit.SECONDS);                      <-- 调度任务在从现在开始的 60 秒之后执行
...
executor.shutdown();                           <-- 一旦调度任务执行完成，就关闭 ScheduledExecutorService 以释放资源
```

虽然 ScheduledExecutorService API 是直截了当的，但是在高负载下它将带来性能上的负担。在下一节中，我们将看到 Netty 是如何以更高的效率提供相同的功能的。

7.3.2 使用 EventLoop 调度任务

ScheduledExecutorService 的实现具有局限性，例如，事实上作为线程池管理的一部分，将会有额外的线程创建。如果有大量任务被紧凑地调度，那么这将成为一个瓶颈。Netty 通过 Channel 的 EventLoop 实现任务调度解决了这一问题，如代码清单 7-3 所示。

代码清单 7-3 使用 EventLoop 调度任务

```
Channel ch = ...
ScheduledFuture<?> future = ch.eventLoop().schedule(   <-- 创建一个 Runnable 以供调度稍后执行
    new Runnable() {
    @Override
    public void run() {                                <-- 要执行的代码
        System.out.println("60 seconds later");
    }
}, 60, TimeUnit.SECONDS);                              <-- 调度任务在从现在开始的 60 秒之后执行
```

经过 60 秒之后，Runnable 实例将由分配给 Channel 的 EventLoop 执行。如果要调度任务以每隔 60 秒执行一次，请使用 scheduleAtFixedRate()方法，如代码清单 7-4 所示。

① 由 JDK 提供的这个接口的唯一具体实现是 java.util.concurrent.ScheduledThreadPoolExecutor。

代码清单 7-4 使用 EventLoop 调度周期性的任务

```
Channel ch = ...
ScheduledFuture<?> future = ch.eventLoop().scheduleAtFixedRate(   <-- 创建一个 Runnable，以供调度稍后执行
    new Runnable() {
    @Override
    public void run() {
        System.out.println("Run every 60 seconds");   <-- 这将一直运行，直到 ScheduledFuture 被取消
    }
}, 60, 60, TimeUnit.Seconds);   <-- 调度在 60 秒之后，并且以后每间隔 60 秒运行
```

如我们前面所提到的，Netty 的 EventLoop 扩展了 ScheduledExecutorService（见图 7-2），所以它提供了使用 JDK 实现可用的所有方法，包括在前面的示例中使用到的 schedule() 和 scheduleAtFixedRate()方法。所有操作的完整列表可以在 ScheduledExecutorService 的 Javadoc 中找到[①]。

要想取消或者检查（被调度任务的）执行状态，可以使用每个异步操作所返回的 ScheduledFuture。代码清单 7-5 展示了一个简单的取消操作。

代码清单 7-5 使用 ScheduledFuture 取消任务

```
ScheduledFuture<?> future = ch.eventLoop().scheduleAtFixedRate(...);   <-- 调度任务，并获得所返回的 ScheduledFuture
// Some other code that runs...
boolean mayInterruptIfRunning = false;
future.cancel(mayInterruptIfRunning);   <-- 取消该任务，防止它再次运行
```

这些例子说明，可以利用 Netty 的任务调度功能来获得性能上的提升。反过来，这些也依赖于底层的线程模型，我们接下来将对其进行研究。

7.4 实现细节

这一节将更加详细地探讨 Netty 的线程模型和任务调度实现的主要内容。我们也将会提到需要注意的局限性，以及正在不断发展中的领域。

7.4.1 线程管理

Netty 线程模型的卓越性能取决于对于当前执行的 Thread 的身份的确定[②]，也就是说，确定它是否是分配给当前 Channel 以及它的 EventLoop 的那一个线程。（回想一下 EventLoop 将

① Java 平台，标准版第 8 版 API 规范，java.util.concurrent，Interface ScheduledExecutorService：http://docs.oracle.com/javase/8/docs/api/java/util/concurrent/ScheduledExecutorService.html。

② 通过调用 EventLoop 的 inEventLoop(Thread)方法实现。——译者注

负责处理一个 Channel 的整个生命周期内的所有事件。）

如果（当前）调用线程正是支撑 EventLoop 的线程，那么所提交的代码块将会被（直接）执行。否则，EventLoop 将调度该任务以便稍后执行，并将它放入到内部队列中。当 EventLoop 下次处理它的事件时，它会执行队列中的那些任务/事件。这也就解释了任何的 Thread 是如何与 Channel 直接交互而无需在 ChannelHandler 中进行额外同步的。

注意，每个 EventLoop 都有它自已的任务队列，独立于任何其他的 EventLoop。图 7-3 展示了 EventLoop 用于调度任务的执行逻辑。这是 Netty 线程模型的关键组成部分。

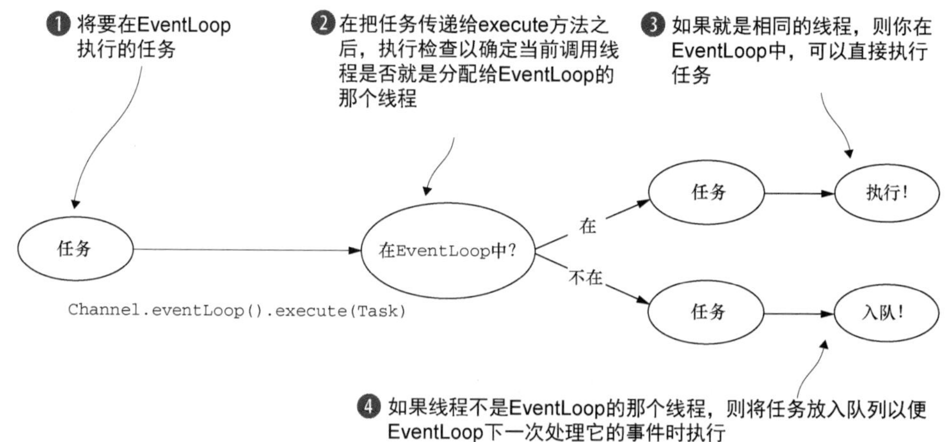

图 7-3　EventLoop 的执行逻辑

我们之前已经阐明了不要阻塞当前 I/O 线程的重要性。我们再以另一种方式重申一次："永远不要将一个长时间运行的任务放入到执行队列中，因为它将阻塞需要在同一线程上执行的任何其他任务。"如果必须要进行阻塞调用或者执行长时间运行的任务，我们建议使用一个专门的 EventExecutor。（见 6.2.1 节的"ChannelHandler 的执行和阻塞"）。

除了这种受限的场景，如同传输所采用的不同的事件处理实现一样，所使用的线程模型也可以强烈地影响到排队的任务对整体系统性能的影响。（如同我们在第 4 章中所看到的，使用 Netty 可以轻松地切换到不同的传输实现，而不需要修改你的代码库。）

7.4.2　EventLoop/线程的分配

服务于 Channel 的 I/O 和事件的 EventLoop 包含在 EventLoopGroup 中。根据不同的传输实现，EventLoop 的创建和分配方式也不同。

1. 异步传输

异步传输实现只使用了少量的 EventLoop（以及和它们相关联的 Thread），而且在当前的线程模型中，它们可能会被多个 Channel 所共享。这使得可以通过尽可能少量的 Thread 来支撑大量的 Channel，而不是每个 Channel 分配一个 Thread。

图 7-4 显示了一个 EventLoopGroup，它具有 3 个固定大小的 EventLoop（每个 EventLoop 都由一个 Thread 支撑）。在创建 EventLoopGroup 时就直接分配了 EventLoop（以及支撑它们的 Thread），以确保在需要时它们是可用的。

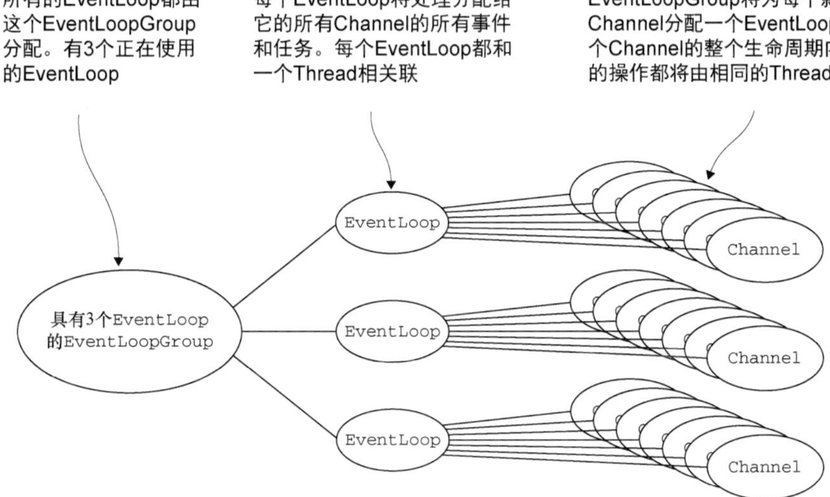

图 7-4 用于非阻塞传输（如 NIO 和 AIO）的 EventLoop 分配方式

EventLoopGroup 负责为每个新创建的 Channel 分配一个 EventLoop。在当前实现中，使用顺序循环（round-robin）的方式进行分配以获取一个均衡的分布，并且相同的 EventLoop 可能会被分配给多个 Channel。（这一点在将来的版本中可能会改变。）

一旦一个 Channel 被分配给一个 EventLoop，它将在它的整个生命周期中都使用这个 EventLoop（以及相关联的 Thread）。请牢记这一点，因为它可以使你从担忧你的 Channel-Handler 实现中的线程安全和同步问题中解脱出来。

另外，需要注意的是，EventLoop 的分配方式对 ThreadLocal 的使用的影响。因为一个 EventLoop 通常会被用于支撑多个 Channel，所以对于所有相关联的 Channel 来说，ThreadLocal 都将是一样的。这使得它对于实现状态追踪等功能来说是个糟糕的选择。然而，在一些无状态的上下文中，它仍然可以被用于在多个 Channel 之间共享一些重度的或者代价昂贵的对象，甚至是事件。

2. 阻塞传输

用于像 OIO（旧的阻塞 I/O）这样的其他传输的设计略有不同，如图 7-5 所示。

这里每一个 Channel 都将被分配给一个 EventLoop（以及它的 Thread）。如果你开发的应用程序使用过 java.io 包中的阻塞 I/O 实现，你可能就遇到过这种模型。

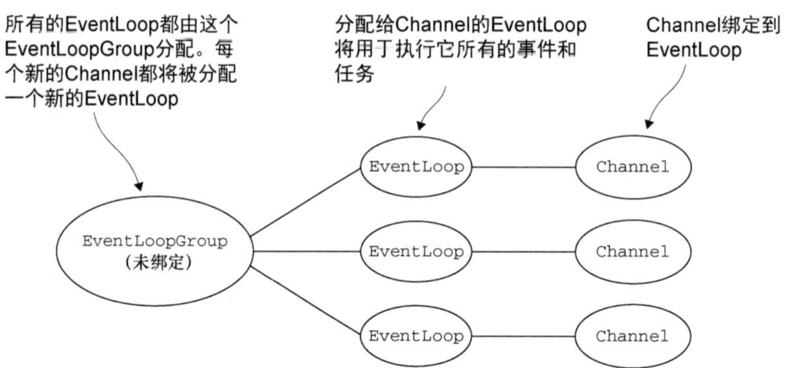

图 7-5 阻塞传输（如 OIO）的 EventLoop 分配方式

但是，正如同之前一样，得到的保证是每个 Channel 的 I/O 事件都将只会被一个 Thread（用于支撑该 Channel 的 EventLoop 的那个 Thread）处理。这也是另一个 Netty 设计一致性的例子，它（这种设计上的一致性）对 Netty 的可靠性和易用性做出了巨大贡献。

7.5 小结

在本章中，你了解了通常的线程模型，并且特别深入地学习了 Netty 所采用的线程模型，我们详细探讨了其性能以及一致性。

你看到了如何在 EventLoop（I/O Thread）中执行自己的任务，就如同 Netty 框架自身一样。你学习了如何调度任务以便推迟执行，并且我们还探讨了高负载下的伸缩性问题。你也看到了如何验证一个任务是否已被执行以及如何取消它。

通过我们对 Netty 框架的实现细节的研究所获得的这些信息，将帮助你在简化你的应用程序代码库的同时最大限度地提高它的性能。关于更多一般意义上的有关线程池和并发编程的详细信息，我们建议阅读由 Brian Goetz 编写的《Java 并发编程实战》。他的书将会带你更加深入地理解多线程处理甚至是最复杂的多线程处理用例。

我们已经到达了一个令人兴奋的时刻——在下一章中我们将讨论引导，这是一个配置以及连接所有的 Netty 组件使你的应用程序运行起来的过程。

第 8 章　引导

本章主要内容

- 引导客户端和服务器
- 从 Channel 内引导客户端
- 添加 ChannelHandler
- 使用 ChannelOption 和属性[①]

在深入地学习了 ChannelPipeline、ChannelHandler 和 EventLoop 之后，你接下来的问题可能是："如何将这些部分组织起来，成为一个可实际运行的应用程序呢？"

答案是？"引导"（Bootstrapping）。到目前为止，我们对这个术语的使用还比较含糊，现在已经到了精确定义它的时候了。简单来说，引导一个应用程序是指对它进行配置，并使它运行起来的过程——尽管该过程的具体细节可能并不如它的定义那样简单，尤其是对于一个网络应用程序来说。

和它对应用程序体系架构的做法[②]一致，Netty 处理引导的方式使你的应用程序[③]和网络层相隔离，无论它是客户端还是服务器。正如同你将要看到的，所有的框架组件都将会在后台结合在一起并且启用。引导是我们一直以来都在组装的完整拼图[④]中缺失的那一块。当你把它放到正确的位置上时，你的 Netty 应用程序就完整了。

8.1　Bootstrap 类

引导类的层次结构包括一个抽象的父类和两个具体的引导子类，如图 8-1 所示。

---

① Channel 继承了 AttributeMap。——译者注

② 分层抽象。——译者注

③ 应用程序的逻辑或实现。——译者注

④ "拼图"指的是 Netty 的核心概念以及组件，也包括了如何完整正确地组织并且运行一个 Netty 应用程序。——译者注

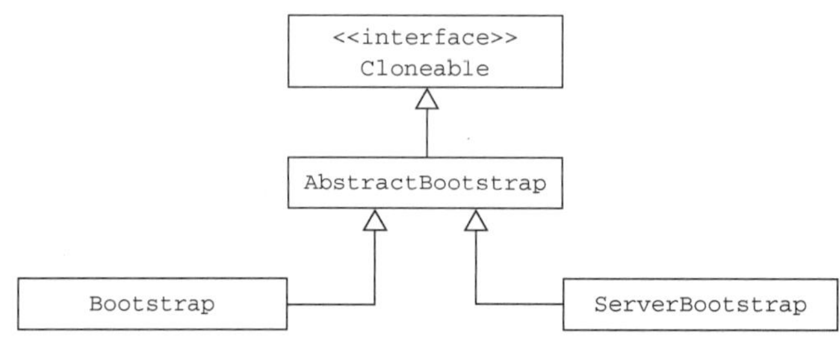

图 8-1 引导类的层次结构

相对于将具体的引导类分别看作用于服务器和客户端的引导来说，记住它们的本意是用来支撑不同的应用程序的功能的将有所裨益。也就是说，服务器致力于使用一个父 Channel 来接受来自客户端的连接，并创建子 Channel 以用于它们之间的通信；而客户端将最可能只需要一个单独的、没有父 Channel 的 Channel 来用于所有的网络交互。（正如同我们将要看到的，这也适用于无连接的传输协议，如 UDP，因为它们并不是每个连接都需要一个单独的 Channel。）

我们在前面的几章中学习的几个 Netty 组件都参与了引导的过程，而且其中一些在客户端和服务器都有用到。两种应用程序类型之间通用的引导步骤由 AbstractBootstrap 处理，而特定于客户端或者服务器的引导步骤则分别由 Bootstrap 或 ServerBootstrap 处理。

在本章中接下来的部分，我们将详细地探讨这两个类，首先从不那么复杂的 Bootstrap 类开始。

为什么引导类是 Cloneable 的

你有时可能会需要创建多个具有类似配置或者完全相同配置的 Channel。为了支持这种模式而又不需要为每个 Channel 都创建并配置一个新的引导类实例，AbstractBootstrap 被标记为了 Cloneable[①]。在一个已经配置完成的引导类实例上调用 clone() 方法将返回另一个可以立即使用的引导类实例。

注意，这种方式只会创建引导类实例的 EventLoopGroup 的一个浅拷贝，所以，后者[②]将在所有克隆的 Channel 实例之间共享。这是可以接受的，因为通常这些克隆的 Channel 的生命周期都很短暂，一个典型的场景是——创建一个 Channel 以进行一次 HTTP 请求。

AbstractBootstrap 类的完整声明是：

```
public abstract class AbstractBootstrap
    <B extends AbstractBootstrap<B,C>,C extends Channel>
```

在这个签名中，子类型 B 是其父类型的一个类型参数，因此可以返回到运行时实例的引用以支持方法的链式调用（也就是所谓的流式语法）。

① Java 平台，标准版第 8 版 API 规范，java.lang，Interface Cloneable：http://docs.oracle.com/javase/8/docs/api/java/lang/Cloneable.html。

② 被浅拷贝的 EventLoopGroup。——译者注

其子类的声明如下：

```
public class Bootstrap
    extends AbstractBootstrap<Bootstrap,Channel>
```

和

```
public class ServerBootstrap
    extends AbstractBootstrap<ServerBootstrap,ServerChannel>
```

8.2 引导客户端和无连接协议

Bootstrap 类被用于客户端或者使用了无连接协议的应用程序中。表 8-1 提供了该类的一个概览，其中许多方法都继承自 AbstractBootstrap 类。

表 8-1 **Bootstrap** 类的 API

名　称	描　述
Bootstrap group(EventLoopGroup)	设置用于处理 Channel 所有事件的 EventLoopGroup
Bootstrap channel(Class<? extends C>) Bootstrap channelFactory(ChannelFactory<? extends C>)	channel()方法指定了 Channel 的实现类。如果该实现类没提供默认的构造函数①，可以通过调用 channel-Factory()方法来指定一个工厂类，它将会被 bind()方法调用
Bootstrap localAddress(SocketAddress)	指定 Channel 应该绑定到的本地地址。如果没有指定，则将由操作系统创建一个随机的地址。或者，也可以通过 bind()或者 connect()方法指定 localAddress
<T> Bootstrap option(ChannelOption<T> option, T value)	设置 ChannelOption，其将被应用到每个新创建的 Channel 的 ChannelConfig。这些选项将会通过 bind()或者 connect()方法设置到 Channel，不管哪个先被调用。这个方法在 Channel 已经被创建后再调用将不会有任何的效果。支持的 ChannelOption 取决于使用的 Channel 类型。 参见 8.6 节以及 ChannelConfig 的 API 文档，了解所使用的 Channel 类型
<T> Bootstrap attr(Attribute<T> key, T value)	指定新创建的 Channel 的属性值。这些属性值是通过 bind()或者 connect()方法设置到 Channel 的，具体取决于谁最先被调用。这个方法在 Channel 被创建后将不会有任何的效果。参见 8.6 节
Bootstrap handler(ChannelHandler)	设置将被添加到 ChannelPipeline 以接收事件通知的 ChannelHandler
Bootstrap clone()	创建一个当前 Bootstrap 的克隆，其具有和原始的 Bootstrap 相同的设置信息

① 这里指默认的无参构造函数，因为内部使用了反射来实现 Channel 的创建。——译者注

续表

名 称	描 述
Bootstrap remoteAddress(SocketAddress)	设置远程地址。或者，也可以通过 connect() 方法来指定它
ChannelFuture connect()	连接到远程节点并返回一个 ChannelFuture，其将会在连接操作完成后接收到通知
ChannelFuture bind()	绑定 Channel 并返回一个 ChannelFuture，其将会在绑定操作完成后接收到通知，在那之后必须调用 Channel.connect() 方法来建立连接

下一节将一步一步地讲解客户端的引导过程。我们也将讨论在选择可用的组件实现时保持兼容性的问题。

8.2.1 引导客户端

Bootstrap 类负责为客户端和使用无连接协议的应用程序创建 Channel，如图 8-2 所示。

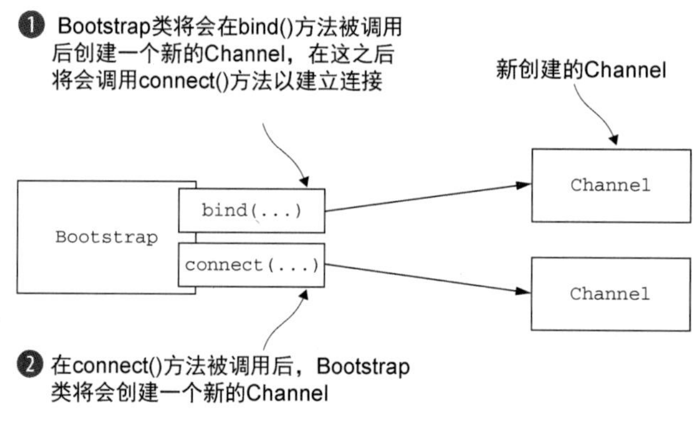

图 8-2 引导过程

代码清单 8-1 中的代码引导了一个使用 NIO TCP 传输的客户端。

代码清单 8-1 引导一个客户端

```
EventLoopGroup group = new NioEventLoopGroup();
Bootstrap bootstrap = new Bootstrap();
bootstrap.group(group)
    .channel(NioSocketChannel.class)
    .handler(new SimpleChannelInboundHandler<ByteBuf>() {
        @Override
        protected void channeRead0(
            ChannelHandlerContext channelHandlerContext,
            ByteBuf byteBuf) throws Exception {
            System.out.println("Received data");
```

创建一个 Bootstrap 类的实例以创建和连接新的客户端 Channel

设置 EventLoopGroup，提供用于处理 Channel 事件的 EventLoop

指定要使用的 Channel 实现

设置用于 Channel 事件和数据的 ChannelInboundHandler

```
            }
        } );
    ChannelFuture future = bootstrap.connect(
        new InetSocketAddress("www.manning.com", 80));    连接到远程主机
    future.addListener(new ChannelFutureListener() {
        @Override
        public void operationComplete(ChannelFuture channelFuture)
            throws Exception {
            if (channelFuture.isSuccess()) {
                System.out.println("Connection established");
            } else {
                System.err.println("Connection attempt failed");
                channelFuture.cause().printStackTrace();
            }
        }
    } );
```

这个示例使用了前面提到的流式语法；这些方法（除了 connect()方法以外）将通过每次方法调用所返回的对 Bootstrap 实例的引用链接在一起。

8.2.2 Channel 和 EventLoopGroup 的兼容性

代码清单 8-2 所示的目录清单来自 io.netty.channel 包。你可以从包名以及与其相对应的类名的前缀看到，对于 NIO 以及 OIO 传输两者来说，都有相关的 EventLoopGroup 和 Channel 实现。

代码清单 8-2 相互兼容的 EventLoopGroup 和 Channel

```
channel
├───nio
│       NioEventLoopGroup
├───oio
│       OioEventLoopGroup
└───socket
    ├───nio
    │       NioDatagramChannel
    │       NioServerSocketChannel
    │       NioSocketChannel
    └───oio
            OioDatagramChannel
            OioServerSocketChannel
            OioSocketChannel
```

必须保持这种兼容性，不能混用具有不同前缀的组件，如 NioEventLoopGroup 和 OioSocketChannel。代码清单 8-3 展示了试图这样做的一个例子。

代码清单 8-3 不兼容的 Channel 和 EventLoopGroup

```
EventLoopGroup group = new NioEventLoopGroup();
Bootstrap bootstrap = new Bootstrap();
bootstrap.group(group)
    .channel(OioSocketChannel.class)
    .handler(new SimpleChannelInboundHandler<ByteBuf>() {
        @Override
        protected void channelRead0(
            ChannelHandlerContext channelHandlerContext,
            ByteBuf byteBuf) throws Exception {
            System.out.println("Received data");
        }
    } );
ChannelFuture future = bootstrap.connect(
    new InetSocketAddress("www.manning.com", 80));
future.syncUninterruptibly();
```

指定一个适用于 NIO 的 EventLoopGroup 实现

创建一个新的 Bootstrap 类的实例，以创建新的客户端 Channel

指定一个适用于 OIO 的 Channel 实现类

设置一个用于处理 Channel 的 I/O 事件和数据的 ChannelInboundHandler

尝试连接到远程节点

这段代码将会导致 IllegalStateException，因为它混用了不兼容的传输。

```
Exception in thread "main" java.lang.IllegalStateException:
incompatible event loop type: io.netty.channel.nio.NioEventLoop at
io.netty.channel.AbstractChannel$AbstractUnsafe.register(
AbstractChannel.java:571)
```

关于 IllegalStateException 的更多讨论

在引导的过程中，在调用 bind()或者 connect()方法之前，必须调用以下方法来设置所需的组件：

- group()；
- channel()或者 channelFactory()；
- handler()。

如果不这样做，则将会导致 IllegalStateException。对 handler()方法的调用尤其重要，因为它需要配置好 ChannelPipeline。

8.3 引导服务器

我们将从 ServerBootstrap API 的概要视图开始我们对服务器引导过程的概述。然后，我们将会探讨引导服务器过程中所涉及的几个步骤，以及几个相关的主题，包含从一个 ServerChannel 的子 Channel 中引导一个客户端这样的特殊情况。

8.3.1 ServerBootstrap 类

表 8-2 列出了 ServerBootstrap 类的方法。

表 8-2 **ServerBootstrap** 类的方法

名　　称	描　　述
group	设置 ServerBootstrap 要用的 EventLoopGroup。这个 EventLoopGroup 将用于 ServerChannel 和被接受的子 Channel 的 I/O 处理
channel	设置将要被实例化的 ServerChannel 类
channelFactory	如果不能通过默认的构造函数[①]创建 Channel，那么可以提供一个 Channel-Factory
localAddress	指定 ServerChannel 应该绑定到的本地地址。如果没有指定，则将由操作系统使用一个随机地址。或者，可以通过 bind() 方法来指定该 localAddress
option	指定要应用到新创建的 ServerChannel 的 ChannelConfig 的 Channel-Option。这些选项将会通过 bind() 方法设置到 Channel。在 bind() 方法被调用之后，设置或者改变 ChannelOption 都不会有任何的效果。所支持的 ChannelOption 取决于所使用的 Channel 类型。参见正在使用的 ChannelConfig 的 API 文档
childOption	指定当子 Channel 被接受时，应用到子 Channel 的 ChannelConfig 的 ChannelOption。所支持的 ChannelOption 取决于所使用的 Channel 的类型。参见正在使用的 ChannelConfig 的 API 文档
attr	指定 ServerChannel 上的属性，属性将会通过 bind() 方法设置给 Channel。在调用 bind() 方法之后改变它们将不会有任何的效果
childAttr	将属性设置给已经被接受的子 Channel。接下来的调用将不会有任何的效果
handler	设置被添加到 ServerChannel 的 ChannelPipeline 中的 ChannelHandler。更加常用的方法参见 childHandler()
childHandler	设置将被添加到已被接受的子 Channel 的 ChannelPipeline 中的 Channel-Handler。handler() 方法和 childHandler() 方法之间的区别是：前者所添加的 ChannelHandler 由接受子 Channel 的 ServerChannel[②]处理，而 childHandler() 方法所添加的 ChannelHandler 将由已被接受的子 Channel 处理，其代表一个绑定到远程节点的套接字
clone	克隆一个设置和原始的 ServerBootstrap 相同的 ServerBootstrap
bind	绑定 ServerChannel 并且返回一个 ChannelFuture，其将会在绑定操作完成后收到通知（带着成功或者失败的结果）

下一节将介绍服务器引导的详细过程。

8.3.2 引导服务器

你可能已经注意到了，表 8-2 中列出了一些在表 8-1 中不存在的方法：childHandler()、childAttr() 和 childOption()。这些调用支持特别用于服务器应用程序的操作。具体来说，ServerChannel 的实现负责创建子 Channel，这些子 Channel 代表了已被接受的连接。因

① 这里指无参数的构造函数。——译者注

② 实际上是指接受来自客户端的连接，在连接被接受之后，该 ServerChannel 将会创建一个对应的子 Channel。——译者注

此，负责引导 ServerChannel 的 ServerBootstrap 提供了这些方法，以简化将设置应用到已被接受的子 Channel 的 ChannelConfig 的任务。

图 8-3 展示了 ServerBootstrap 在 bind() 方法被调用时创建了一个 ServerChannel，并且该 ServerChannel 管理了多个子 Channel。

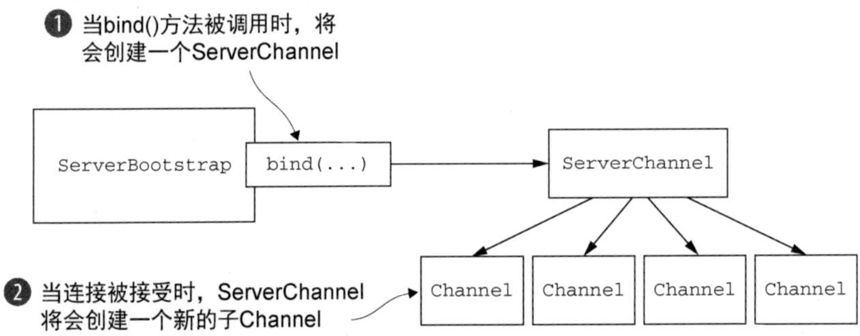

图 8-3 ServerBootstrap 和 ServerChannel

代码清单 8-4 中的代码实现了图 8-3 中所展示的服务器的引导过程。

代码清单 8-4 引导服务器

```
NioEventLoopGroup group = new NioEventLoopGroup();
ServerBootstrap bootstrap = new ServerBootstrap();
bootstrap.group(group)
    .channel(NioServerSocketChannel.class)
    .childHandler(new SimpleChannelInboundHandler<ByteBuf>() {
        @Override
        protected void channelRead0(ChannelHandlerContext ctx,
            ByteBuf byteBuf) throws Exception {
            System.out.println("Received data");
        }
    } );
ChannelFuture future = bootstrap.bind(new InetSocketAddress(8080));
future.addListener(new ChannelFutureListener() {
    @Override
    public void operationComplete(ChannelFuture channelFuture)
        throws Exception {
        if (channelFuture.isSuccess()) {
            System.out.println("Server bound");
        } else {
            System.err.println("Bound attempt failed");
            channelFuture.cause().printStackTrace();
        }
    }
} );
```

创建 ServerBootstrap

设置 EventLoopGroup，其提供了用于处理 Channel 事件的 EventLoop

指定要使用的 Channel 实现

设置用于处理已被接受的子 Channel 的 I/O 及数据的 ChannelInboundHandler

通过配置好的 ServerBootstrap 的实例绑定该 Channel

8.4 从 Channel 引导客户端

假设你的服务器正在处理一个客户端的请求，这个请求需要它充当第三方系统的客户端。当一个应用程序（如一个代理服务器）必须要和组织现有的系统（如 Web 服务或者数据库）集成时，就可能发生这种情况。在这种情况下，将需要从已经被接受的子 Channel 中引导一个客户端 Channel。

你可以按照 8.2.1 节中所描述的方式创建新的 Bootstrap 实例，但是这并不是最高效的解决方案，因为它将要求你为每个新创建的客户端 Channel 定义另一个 EventLoop。这会产生额外的线程，以及在已被接受的子 Channel 和客户端 Channel 之间交换数据时不可避免的上下文切换。

一个更好的解决方案是：通过将已被接受的子 Channel 的 EventLoop 传递给 Bootstrap 的 group() 方法来共享该 EventLoop。因为分配给 EventLoop 的所有 Channel 都使用同一个线程，所以这避免了额外的线程创建，以及前面所提到的相关的上下文切换。这个共享的解决方案如图 8-4 所示。

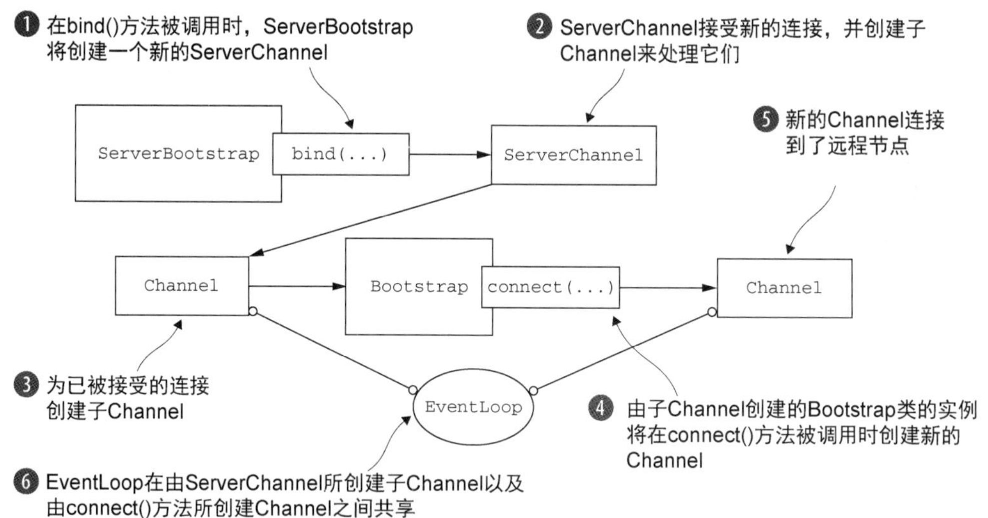

图 8-4 在两个 Channel 之间共享 EventLoop

实现 EventLoop 共享涉及通过调用 group() 方法来设置 EventLoop，如代码清单 8-5 所示。

代码清单 8-5 引导服务器

设置 EventLoopGroup，其将提供用以处理 Channel 事件的 EventLoop

创建 ServerBootstrap 以创建 ServerSocketChannel，并绑定它

```
ServerBootstrap bootstrap = new ServerBootstrap();
bootstrap.group(new NioEventLoopGroup(), new NioEventLoopGroup())
```

```java
        .channel(NioServerSocketChannel.class)
        .childHandler(
            new SimpleChannelInboundHandler<ByteBuf>() {
                ChannelFuture connectFuture;
                @Override
                public void channelActive(ChannelHandlerContext ctx)
                    throws Exception {
                    Bootstrap bootstrap = new Bootstrap();
                    bootstrap.channel(NioSocketChannel.class).handler(
                        new SimpleChannelInboundHandler<ByteBuf>() {
                            @Override
                            protected void channelRead0(
                                ChannelHandlerContext ctx, ByteBuf in)
                                throws Exception {
                                System.out.println("Received data");
                            }
                        } );
                    bootstrap.group(ctx.channel().eventLoop());
                    connectFuture = bootstrap.connect(
                        new InetSocketAddress("www.manning.com", 80));
                }
                @Override
                protected void channelRead0(
                    ChannelHandlerContext channelHandlerContext,
                        ByteBuf byteBuf) throws Exception {
                    if (connectFuture.isDone()) {
                        // do something with the data
                    }
                }
            } );
    ChannelFuture future = bootstrap.bind(new InetSocketAddress(8080));
    future.addListener(new ChannelFutureListener() {
        @Override
        public void operationComplete(ChannelFuture channelFuture)
            throws Exception {
            if (channelFuture.isSuccess()) {
                System.out.println("Server bound");
            } else {
                System.err.println("Bind attempt failed");
                channelFuture.cause().printStackTrace();
            }
        }
    } );
```

指定要使用的 Channel 实现

设置用于处理已被接受的子 Channel 的 I/O 和数据的 ChannelInboundHandler

指定 Channel 的实现

创建一个 Bootstrap 类的实例以连接到远程主机

为入站 I/O 设置 ChannelInboundHandler

使用与分配给已被接受的子 Channel 相同的 EventLoop

连接到远程节点

当连接完成时，执行一些数据操作（如代理）

通过配置好的 ServerBootstrap 绑定该 Server-SocketChannel

我们在这一节中所讨论的主题以及所提出的解决方案都反映了编写 Netty 应用程序的一个一般准则：尽可能地重用 EventLoop，以减少线程创建所带来的开销。

8.5 在引导过程中添加多个 ChannelHandler

在所有我们展示过的代码示例中，我们都在引导的过程中调用了 handler()或者 childHandler()方法来添加单个的 ChannelHandler。这对于简单的应用程序来说可能已经足够了，但是它不能满足更加复杂的需求。例如，一个必须要支持多种协议的应用程序将会有很多的 ChannelHandler，而不会是一个庞大而又笨重的类。

正如你经常所看到的一样，你可以根据需要，通过在 ChannelPipeline 中将它们链接在一起来部署尽可能多的 ChannelHandler。但是，如果在引导的过程中你只能设置一个 ChannelHandler，那么你应该怎么做到这一点呢？

正是针对于这个用例，Netty 提供了一个特殊的 ChannelInboundHandlerAdapter 子类：

```
public abstract class ChannelInitializer<C extends Channel>
    extends ChannelInboundHandlerAdapter
```

它定义了下面的方法：

```
protected abstract void initChannel(C ch) throws Exception;
```

这个方法提供了一种将多个 ChannelHandler 添加到一个 ChannelPipeline 中的简便方法。你只需要简单地向 Bootstrap 或 ServerBootstrap 的实例提供你的 ChannelInitializer 实现即可，并且一旦 Channel 被注册到了它的 EventLoop 之后，就会调用你的 initChannel() 版本。在该方法返回之后，ChannelInitializer 的实例将会从 ChannelPipeline 中移除它自己。

代码清单 8-6 定义了 ChannelInitializerImpl 类，并通过 ServerBootstrap 的 childHandler() 方法注册它[①]。你可以看到，这个看似复杂的操作实际上是相当简单直接的。

代码清单 8-6 引导和使用 ChannelInitializer

```
ServerBootstrap bootstrap = new ServerBootstrap();
bootstrap.group(new NioEventLoopGroup(), new NioEventLoopGroup())
    .channel(NioServerSocketChannel.class)
    .childHandler(new ChannelInitializerImpl());
ChannelFuture future = bootstrap.bind(new InetSocketAddress(8080));
future.sync();
final class ChannelInitializerImpl extends ChannelInitializer<Channel> {②
    @Override
    protected void initChannel(Channel ch) throws Exception {
        ChannelPipeline pipeline = ch.pipeline();
        pipeline.addLast(new HttpClientCodec());
```

创建 ServerBootstrap 以创建和绑定新的 Channel

设置 EventLoopGroup，其将提供用以处理 Channel 事件的 EventLoop

指定 Channel 的实现

注册一个 ChannelInitializerImpl 的实例来设置 ChannelPipeline

绑定到地址

将所需的 ChannelHandler 添加到 ChannelPipeline

用以设置 ChannelPipeline 的自定义 ChannelInitializerImpl 实现

① 注册到 ServerChannel 的子 Channel 的 ChannelPipeline。——译者注

② 在大部分的场景下，如果你不需要使用只存在于 SocketChannel 上的方法，使用 ChannelInitializer<Channel>就可以了，否则你可以使用 ChannelInitializer<SocketChannel>，其中 SocketChannel 扩展了 Channel。——译者注

```
            pipeline.addLast(new HttpObjectAggregator(Integer.MAX_VALUE));
        }
    }
```

如果你的应用程序使用了多个 ChannelHandler，请定义你自己的 ChannelInitializer 实现来将它们安装到 ChannelPipeline 中。

8.6 使用 Netty 的 ChannelOption 和属性

在每个 Channel 创建时都手动配置它可能会变得相当乏味。幸运的是，你不必这样做。相反，你可以使用 option()方法来将 ChannelOption 应用到引导。你所提供的值将会被自动应用到引导所创建的所有 Channel。可用的 ChannelOption 包括了底层连接的详细信息，如 keep-alive 或者超时属性以及缓冲区设置。

Netty 应用程序通常与组织的专有软件集成在一起，而像 Channel 这样的组件可能甚至会在正常的 Netty 生命周期之外被使用。在某些常用的属性和数据不可用时，Netty 提供了 AttributeMap 抽象（一个由 Channel 和引导类提供的集合）以及 AttributeKey<T>（一个用于插入和获取属性值的泛型类）。使用这些工具，便可以安全地将任何类型的数据项与客户端和服务器 Channel（包含 ServerChannel 的子 Channel）相关联了。

例如，考虑一个用于跟踪用户和 Channel 之间的关系的服务器应用程序。这可以通过将用户的 ID 存储为 Channel 的一个属性来完成。类似的技术可以被用来基于用户的 ID 将消息路由给用户，或者关闭活动较少的 Channel。

代码清单 8-7 展示了可以如何使用 ChannelOption 来配置 Channel，以及如果使用属性来存储整型值。

代码清单 8-7 使用属性值

```
final AttributeKey<Integer> id = AttributeKey.newInstance("ID");①
Bootstrap bootstrap = new Bootstrap();
bootstrap.group(new NioEventLoopGroup())
.channel(NioSocketChannel.class)
.handler(
    new SimpleChannelInboundHandler<ByteBuf>() {
        @Override
        public void channelRegistered(ChannelHandlerContext ctx)
            throws Exception {
            Integer idValue = ctx.channel().attr(id).get();
            // do something with the idValue
        }

        @Override
        protected void channelRead0(
```

创建一个 Bootstrap 类的实例以创建客户端 Channel 并连接它们

创建一个 AttributeKey 以标识该属性

设置 EventLoopGroup，其提供了用以处理 Channel 事件的 EventLoop

指定 Channel 的实现

设置用以处理 Channel 的 I/O 以及数据的 Channel-InboundHandler

使用 AttributeKey 检索属性以及它的值

① 需要注意的是，AttributeKey 上同时存在 newInstance(String)和 valueOf(String)方法，它们都可以用来获取具有指定名称的 AttributeKey 实例，不同的是，前者可能会在多线程环境下使用时抛出异常（实际上调用了 createOrThrow(String)方法）——通常适用于初始化静态变量的时候；而后者（实际上调用了 getOrCreate(String)方法）则更加通用（线程安全）。——译者注

```
                ChannelHandlerContext channelHandlerContext,
                ByteBuf byteBuf) throws Exception {
                System.out.println("Received data");
            }
        }
    );
    bootstrap.option(ChannelOption.SO_KEEPALIVE,true)
        .option(ChannelOption.CONNECT_TIMEOUT_MILLIS, 5000);
    bootstrap.attr(id, 123456);
    ChannelFuture future = bootstrap.connect(
        new InetSocketAddress("www.manning.com", 80));
    future.syncUninterruptibly();
```

存储该id属性

设置 ChannelOption，其将在 connect()或者 bind()方法被调用时被设置到已经创建的 Channel 上

使用配置好的 Bootstrap 实例连接到远程主机

8.7 引导 DatagramChannel

前面的引导代码示例使用的都是基于 TCP 协议的 SocketChannel，但是 Bootstrap 类也可以被用于无连接的协议。为此，Netty 提供了各种 DatagramChannel 的实现。唯一区别就是，不再调用 connect()方法，而是只调用 bind()方法，如代码清单 8-8 所示。

代码清单 8-8 使用 Bootstrap 和 DatagramChannel

设置 EventLoopGroup，其提供了用以处理 Channel 事件的 EventLoop

创建一个 Bootstrap 的实例以创建和绑定新的数据报 Channel

```
Bootstrap bootstrap = new Bootstrap();
bootstrap.group(new OioEventLoopGroup()).channel(
    OioDatagramChannel.class).handler(
    new SimpleChannelInboundHandler<DatagramPacket>(){
        @Override
        public void channelRead0(ChannelHandlerContext ctx,
            DatagramPacket msg) throws Exception {
            // Do something with the packet
        }
    }
);
ChannelFuture future = bootstrap.bind(new InetSocketAddress(0));
future.addListener(new ChannelFutureListener() {
    @Override
    public void operationComplete(ChannelFuture channelFuture)
        throws Exception {
        if (channelFuture.isSuccess()) {
            System.out.println("Channel bound");
        } else {
            System.err.println("Bind attempt failed");
            channelFuture.cause().printStackTrace();
        }
    }
});
```

指定 Channel 的实现

设置用以处理 Channel 的 I/O 以及数据的 Channel-InboundHandler

调用 bind()方法，因为该协议是无连接的

8.8 关闭

引导使你的应用程序启动并且运行起来，但是迟早你都需要优雅地将它关闭。当然，你也可以让 JVM 在退出时处理好一切，但是这不符合优雅的定义，优雅是指干净地释放资源。关闭 Netty 应用程序并没有太多的魔法，但是还是有些事情需要记在心上。

最重要的是，你需要关闭 EventLoopGroup，它将处理任何挂起的事件和任务，并且随后释放所有活动的线程。这就是调用 EventLoopGroup.shutdownGracefully()方法的作用。这个方法调用将会返回一个 Future，这个 Future 将在关闭完成时接收到通知。需要注意的是，shutdownGracefully()方法也是一个异步的操作，所以你需要阻塞等待直到它完成，或者向所返回的 Future 注册一个监听器以在关闭完成时获得通知。

代码清单 8-9 符合优雅关闭的定义。

代码清单 8-9 优雅关闭

```
EventLoopGroup group = new NioEventLoopGroup();        <-- 创建处理 I/O 的 EventLoopGroup
Bootstrap bootstrap = new Bootstrap();                 <-- 创建一个 Bootstrap 类的实例并配置它
bootstrap.group(group)
    .channel(NioSocketChannel.class);
...
Future<?> future = group.shutdownGracefully();         <-- shutdownGracefully()方法将释放所有的资源，并且关闭所有的当前正在使用中的 Channel
// block until the group has shutdown
future.syncUninterruptibly();
```

或者，你也可以在调用 EventLoopGroup.shutdownGracefully()方法之前，显式地在所有活动的 Channel 上调用 Channel.close()方法。但是在任何情况下，都请记得关闭 EventLoopGroup 本身。

8.9 小结

在本章中，你学习了如何引导 Netty 服务器和客户端应用程序，包括那些使用无连接协议的应用程序。我们也涵盖了一些特殊情况，包括在服务器应用程序中引导客户端 Channel，以及使用 ChannelInitializer 来处理引导过程中的多个 ChannelHandler 的安装。你看到了如何设置 Channel 的配置选项，以及如何使用属性来将信息附加到 Channel。最后，你学习了如何优雅地关闭应用程序，以有序地释放所有的资源。

在下一章中，我们将研究 Netty 提供的帮助你测试你的 ChannelHandler 实现的工具。

第 9 章　单元测试

本章主要内容

- 单元测试
- EmbeddedChannel 概述
- 使用 EmbeddedChannel 测试 ChannelHandler

ChannelHandler 是 Netty 应用程序的关键元素，所以彻底地测试它们应该是你的开发过程的一个标准部分。最佳实践要求你的测试不仅要能够证明你的实现是正确的，而且还要能够很容易地隔离那些因修改代码而突然出现的问题。这种类型的测试叫作单元测试。

虽然单元测试没有统一的定义，但是大多数的从业者都有基本的共识。其基本思想是，以尽可能小的区块测试你的代码，并且尽可能地和其他的代码模块以及运行时的依赖（如数据库和网络）相隔离。如果你的应用程序能通过测试验证每个单元本身都能够正常地工作，那么在出了问题时将可以更加容易地找出根本原因。

在本章中，我们将学习一种特殊的 Channel 实现——EmbeddedChannel，它是 Netty 专门为改进针对 ChannelHandler 的单元测试而提供的。

因为正在被测试的代码模块或者单元将在它正常的运行时环境之外被执行，所以你需要一个框架或者脚手架以便在其中运行它。在我们的例子中，我们将使用 JUnit 4 作为我们的测试框架，所以你需要对它的用法有一个基本的了解。如果它对你来说比较陌生，不要害怕；虽然它功能强大，但却很简单，你可以在 JUnit 的官方网站（www.junit.org）上找到你所需要的所有信息。

你可能会发现回顾前面关于 ChannelHandler 的章节很有用，因为这将为我们的示例提供素材。

9.1 EmbeddedChannel 概述

你已经知道，可以将 ChannelPipeline 中的 ChannelHandler 实现链接在一起，以构建你的应用程序的业务逻辑。我们已经在前面解释过，这种设计支持将任何潜在的复杂处理过程分解为小的可重用的组件，每个组件都将处理一个明确定义的任务或者步骤。在本章中，我们还将展示它是如何简化测试的。

Netty 提供了它所谓的 Embedded 传输，用于测试 ChannelHandler。这个传输是一种特殊的 Channel 实现——EmbeddedChannel——的功能，这个实现提供了通过 ChannelPipeline 传播事件的简便方法。

这个想法是直截了当的：将入站数据或者出站数据写入到 EmbeddedChannel 中，然后检查是否有任何东西到达了 ChannelPipeline 的尾端。以这种方式，你便可以确定消息是否已经被编码或者被解码过了，以及是否触发了任何的 ChannelHandler 动作。

表 9-1 中列出了 EmbeddedChannel 的相关方法。

表 9-1 特殊的 **EmbeddedChannel** 方法

名称	职责
writeInbound(Object... msgs)	将入站消息写到 EmbeddedChannel 中。如果可以通过 readInbound() 方法从 EmbeddedChannel 中读取数据，则返回 true
readInbound()	从 EmbeddedChannel 中读取一个入站消息。任何返回的东西都穿越了整个 ChannelPipeline。如果没有任何可供读取的，则返回 null
writeOutbound(Object... msgs)	将出站消息写到 EmbeddedChannel 中。如果现在可以通过 readOutbound() 方法从 EmbeddedChannel 中读取到什么东西，则返回 true
readOutbound()	从 EmbeddedChannel 中读取一个出站消息。任何返回的东西都穿越了整个 ChannelPipeline。如果没有任何可供读取的，则返回 null
finish()	将 EmbeddedChannel 标记为完成，并且如果有可被读取的入站数据或者出站数据，则返回 true。这个方法还将会调用 EmbeddedChannel 上的 close() 方法

入站数据由 ChannelInboundHandler 处理，代表从远程节点读取的数据。出站数据由 ChannelOutboundHandler 处理，代表将要写到远程节点的数据。根据你要测试的 ChannelHandler，你将使用*Inbound()或者*Outbound()方法对，或者兼而有之。

图 9-1 展示了使用 EmbeddedChannel 的方法，数据是如何流经 ChannelPipeline 的。你可以使用 writeOutbound()方法将消息写到 Channel 中，并通过 ChannelPipeline 沿着出站的方向传递。随后，你可以使用 readOutbound()方法来读取已被处理过的消息，以确定结果是否和预期一样。类似地，对于入站数据，你需要使用 writeInbound()和 readInbound()方法。

在每种情况下，消息都将会传递过 ChannelPipeline，并且被相关的 ChannelInboundHandler 或者 ChannelOutboundHandler 处理。如果消息没有被消费，那么你可以使用 readInbound()或者 readOutbound()方法来在处理过了这些消息之后，酌情把它们从 Channel 中读出来。

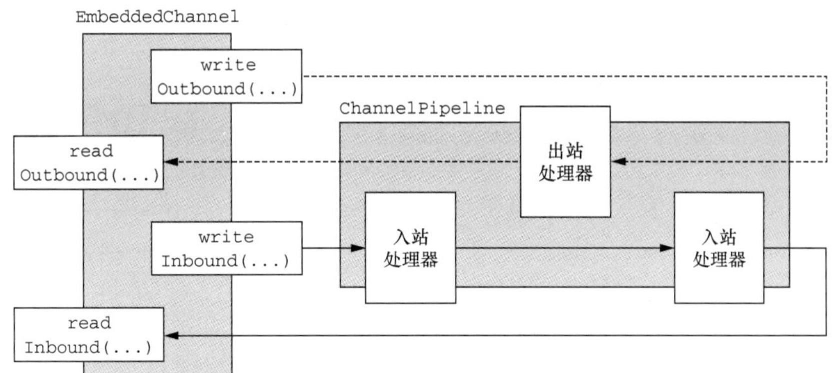

图 9-1　EmbeddedChannel 的数据流

接下来让我们仔细看看这两种场景，以及它们是如何应用于测试你的应用程序逻辑的吧。

9.2　使用 EmbeddedChannel 测试 ChannelHandler

在这一节中，我们将讲解如何使用 EmbeddedChannel 来测试 ChannelHandler。

JUnit 断言

org.junit.Assert 类提供了很多用于测试的静态方法。失败的断言将导致一个异常被抛出，并将终止当前正在执行中的测试。导入这些断言的最高效的方式是通过一个 import static 语句来实现：

```
import static org.junit.Assert.*;
```

一旦这样做了，就可以直接调用 Assert 方法了：

```
assertEquals(buf.readSlice(3), read);
```

9.2.1　测试入站消息

图 9-2 展示了一个简单的 ByteToMessageDecoder 实现。给定足够的数据，这个实现将产生固定大小的帧。如果没有足够的数据可供读取，它将等待下一个数据块的到来，并将再次检查是否能够产生一个新的帧。

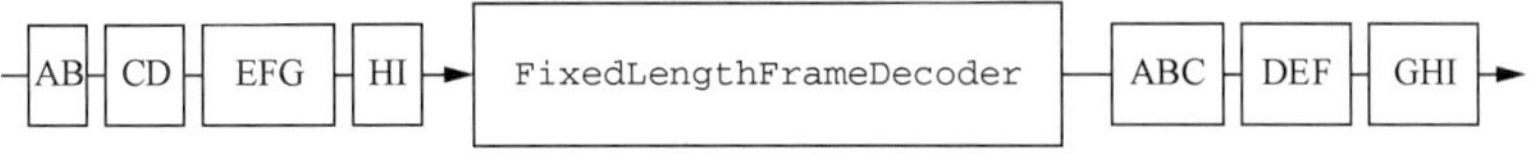

图 9-2　通过 FixedLengthFrameDecoder 解码

正如可以从图 9-2 右侧的帧看到的那样，这个特定的解码器将产生固定为 3 字节大小的帧。因此，它可能会需要多个事件来提供足够的字节数以产生一个帧。

最终，每个帧都会被传递给 ChannelPipeline 中的下一个 ChannelHandler。

该解码器的实现，如代码清单 9-1 所示。

代码清单 9-1 FixedLengthFrameDecoder

指定要生成的帧的长度

扩展 ByteToMessageDecoder 以处理入站字节，并将它们解码为消息

```
public class FixedLengthFrameDecoder extends ByteToMessageDecoder {
    private final int frameLength;

    public FixedLengthFrameDecoder(int frameLength) {
        if (frameLength <= 0) {
            throw new IllegalArgumentException(
                "frameLength must be a positive integer: " + frameLength);
        }
        this.frameLength = frameLength;
    }

    @Override
    protected void decode(ChannelHandlerContext ctx, ByteBuf in,
        List<Object> out) throws Exception {
        while (in.readableBytes() >= frameLength) {
            ByteBuf buf = in.readBytes(frameLength);
            out.add(buf);
        }
    }
}
```

检查是否有足够的字节可以被读取，以生成下一个帧

从 ByteBuf 中读取一个新帧

将该帧添加到已被解码的消息列表中

现在，让我们创建一个单元测试，以确保这段代码将按照预期执行。正如我们前面所指出的，即使是在简单的代码中，单元测试也能帮助我们防止在将来代码重构时可能会导致的问题，并且能在问题发生时帮助我们诊断它们。

代码清单 9-2 展示了一个使用 EmbeddedChannel 的对于前面代码的测试。

代码清单 9-2 测试 FixedLengthFrameDecoder

使用了注解@Test 标注，因此 JUnit 将会执行该方法

```
public class FixedLengthFrameDecoderTest {
    @Test
    public void testFramesDecoded() {
        ByteBuf buf = Unpooled.buffer();
        for (int i = 0; i < 9; i++) {
            buf.writeByte(i);
        }
        ByteBuf input = buf.duplicate();
        EmbeddedChannel channel = new EmbeddedChannel(
            new FixedLengthFrameDecoder(3));
        // write bytes
        assertTrue(channel.writeInbound(input.retain()));
```

第一个测试方法：testFramesDecoded()

创建一个 ByteBuf，并存储 9 字节

创建一个 EmbeddedChannel，并添加一个 FixedLengthFrameDecoder，其将以 3 字节的帧长度被测试

将数据写入 EmbeddedChannel

```
        assertTrue(channel.finish());                          <-- 标记 Channel
                                                                   为已完成状态
        // read messages                                       <-- 读取所生成的消息，并
        ByteBuf read = (ByteBuf) channel.readInbound();            且验证是否有 3 帧（切
        assertEquals(buf.readSlice(3), read);                      片），其中每帧（切片）
        read.release();                                            都为 3 字节

        read = (ByteBuf) channel.readInbound();
        assertEquals(buf.readSlice(3), read);
        read.release();

        read = (ByteBuf) channel.readInbound();
        assertEquals(buf.readSlice(3), read);
        read.release();

        assertNull(channel.readInbound());
        buf.release();
    }

    @Test
    public void testFramesDecoded2() {                         <-- 第二个测试方法：
        ByteBuf buf = Unpooled.buffer();                           testFramesDecoded2()
        for (int i = 0; i < 9; i++) {
            buf.writeByte(i);
        }
        ByteBuf input = buf.duplicate();

        EmbeddedChannel channel = new EmbeddedChannel(
            new FixedLengthFrameDecoder(3));
        assertFalse(channel.writeInbound(input.readBytes(2)));   <-- 返回 false，因为
        assertTrue(channel.writeInbound(input.readBytes(7)));        没有一个完整的
                                                                     可供读取的帧
        assertTrue(channel.finish());
        ByteBuf read = (ByteBuf) channel.readInbound();
        assertEquals(buf.readSlice(3), read);
        read.release();

        read = (ByteBuf) channel.readInbound();
        assertEquals(buf.readSlice(3), read);
        read.release();

        read = (ByteBuf) channel.readInbound();
        assertEquals(buf.readSlice(3), read);
        read.release();

        assertNull(channel.readInbound());
        buf.release();
    }
}
```

该 testFramesDecoded()方法验证了：一个包含 9 个可读字节的 ByteBuf 被解码为 3 个 ByteBuf，每个都包含了 3 字节。需要注意的是，仅通过一次对 writeInbound()方法的调用，ByteBuf 是如何被填充了 9 个可读字节的。在此之后，通过执行 finish()方法，将 EmbeddedChannel 标记为了已完成状态。最后，通过调用 readInbound()方法，从 EmbeddedChannel 中正好读取了 3 个帧和一个 null。

testFramesDecoded2()方法也是类似的，只有一处不同：入站 ByteBuf 是通过两个步骤写入的。当 writeInbound(input.readBytes(2))被调用时，返回了 false。为什么呢？正如同表 9-1 中所描述的，如果对 readInbound()的后续调用将会返回数据，那么 writeInbound()方法将会返回 true。但是只有当有 3 个或者更多的字节可供读取时，FixedLengthFrameDecoder 才会产生输出。该测试剩下的部分和 testFramesDecoded()是相同的。

9.2.2 测试出站消息

测试出站消息的处理过程和刚才所看到的类似。在下面的例子中，我们将会展示如何使用 EmbeddedChannel 来测试一个编码器形式的 ChannelOutboundHandler，编码器是一种将一种消息格式转换为另一种的组件。你将在下一章中非常详细地学习编码器和解码器，所以现在我们只需要简单地提及我们正在测试的处理器——AbsIntegerEncoder，它是 Netty 的 MessageToMessageEncoder 的一个特殊化的实现，用于将负值整数转换为绝对值。

该示例将会按照下列方式工作：

- 持有 AbsIntegerEncoder 的 EmbeddedChannel 将会以 4 字节的负整数的形式写出站数据；
- 编码器将从传入的 ByteBuf 中读取每个负整数，并将会调用 Math.abs()方法来获取其绝对值；
- 编码器将会把每个负整数的绝对值写到 ChannelPipeline 中。

图 9-3 展示了该逻辑。

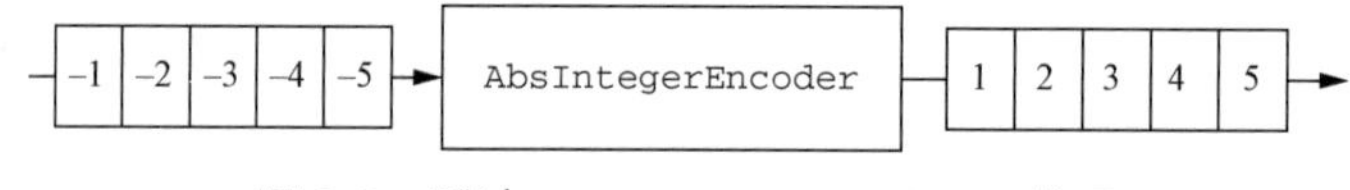

图 9-3 通过 AbsIntegerEncoder 编码

代码清单 9-3 实现了这个逻辑，如图 9-3 所示。encode()方法将把产生的值写到一个 List 中。

代码清单 9-3 AbsIntegerEncoder

```
public class AbsIntegerEncoder extends
    MessageToMessageEncoder<ByteBuf> {
    @Override
    protected void encode(ChannelHandlerContext channelHandlerContext,
```

扩展 MessageToMessageEncoder 以将一个消息编码为另外一种格式

```
        ByteBuf in, List<Object> out) throws Exception {
        while (in.readableBytes() >= 4) {
            int value = Math.abs(in.readInt());
            out.add(value);
        }
    }
}
```

检查是否有足够的字节用来编码

从输入的 ByteBuf 中读取下一个整数，并且计算其绝对值

将该整数写入到编码消息的 List 中

代码清单 9-4 使用了 `EmbeddedChannel` 来测试代码。

代码清单 9-4 测试 `AbsIntegerEncoder`

```
public class AbsIntegerEncoderTest {
    @Test
    public void testEncoded() {
        ByteBuf buf = Unpooled.buffer();
        for (int i = 1; i < 10; i++) {
            buf.writeInt(i * -1);
        }

        EmbeddedChannel channel = new EmbeddedChannel(
            new AbsIntegerEncoder());
        assertTrue(channel.writeOutbound(buf));
        assertTrue(channel.finish());

        // read bytes
        for (int i = 1; i < 10; i++) {
            assertEquals(i, channel.readOutbound());
        }
        assertNull(channel.readOutbound());
    }
}
```

❶ 创建一个 ByteBuf，并且写入 9 个负整数

❷ 创建一个 EmbeddedChannel，并安装一个要测试的 AbsIntegerEncoder

❸ 写入 ByteBuf，并断言调用 readOutbound()方法将会产生数据

❹ 将该 Channel 标记为已完成状态

❺ 读取所产生的消息，并断言它们包含了对应的绝对值

下面是代码中执行的步骤。

❶ 将 4 字节的负整数写到一个新的 `ByteBuf` 中。

❷ 创建一个 `EmbeddedChannel`，并为它分配一个 `AbsIntegerEncoder`。

❸ 调用 `EmbeddedChannel` 上的 `writeOutbound()`方法来写入该 `ByteBuf`。

❹ 标记该 `Channel` 为已完成状态。

❺ 从 `EmbeddedChannel` 的出站端读取所有的整数，并验证是否只产生了绝对值。

9.3 测试异常处理

应用程序通常需要执行比转换数据更加复杂的任务。例如，你可能需要处理格式不正确的输入或者过量的数据。在下一个示例中，如果所读取的字节数超出了某个特定的限制，我们将会抛出一个 `TooLongFrameException`。这是一种经常用来防范资源被耗尽的方法。

在图 9-4 中，最大的帧大小已经被设置为 3 字节。如果一个帧的大小超出了该限制，那么程序将会丢弃它的字节，并抛出一个 TooLongFrameException。位于 ChannelPipeline 中的其他 ChannelHandler 可以选择在 exceptionCaught() 方法中处理该异常或者忽略它。

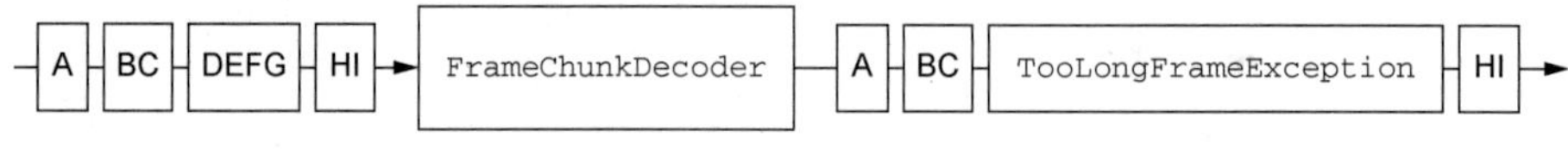

图 9-4 通过 FrameChunkDecoder 解码

其实现如代码清单 9-5 所示。

代码清单 9-5 FrameChunkDecoder

```
public class FrameChunkDecoder extends ByteToMessageDecoder {
    private final int maxFrameSize;

    public FrameChunkDecoder(int maxFrameSize) {
        this.maxFrameSize = maxFrameSize;
    }

    @Override
    protected void decode(ChannelHandlerContext ctx, ByteBuf in,
        List<Object> out) throws Exception {
        int readableBytes = in.readableBytes();
        if (readableBytes > maxFrameSize) {
            // discard the bytes
            in.clear();
            throw new TooLongFrameException();
        }
        ByteBuf buf = in.readBytes(readableBytes);
        out.add(buf);
    }
}
```

扩展 ByteToMessageDecoder 以将入站字节解码为消息

指定将要产生的帧的最大允许大小

如果该帧太大，则丢弃它并抛出一个 TooLongFrameException……

……否则，从 ByteBuf 中读取一个新的帧

将该帧添加到解码消息的 List 中

我们再使用 EmbeddedChannel 来测试一次这段代码，如代码清单 9-6 所示。

代码清单 9-6 测试 FrameChunkDecoder

```
public class FrameChunkDecoderTest {
    @Test
    public void testFramesDecoded() {
        ByteBuf buf = Unpooled.buffer();
        for (int i = 0; i < 9; i++) {
            buf.writeByte(i);
        }
        ByteBuf input = buf.duplicate();

        EmbeddedChannel channel = new EmbeddedChannel(
            new FrameChunkDecoder(3));
```

创建一个 ByteBuf，并向它写入 9 字节

创建一个 EmbeddedChannel，并向其安装一个帧大小为 3 字节的 FixedLengthFrameDecoder

```
        assertTrue(channel.writeInbound(input.readBytes(2)));
        try {
            channel.writeInbound(input.readBytes(4));
            Assert.fail();
        } catch (TooLongFrameException e) {
            // expected exception
        }
        assertTrue(channel.writeInbound(input.readBytes(3)));
        assertTrue(channel.finish());

        // Read frames
        ByteBuf read = (ByteBuf) channel.readInbound();
        assertEquals(buf.readSlice(2), read);
        read.release();

        read = (ByteBuf) channel.readInbound();
        assertEquals(buf.skipBytes(4).readSlice(3), read);
        read.release();
        buf.release();
    }
}
```

向它写入 2 字节，并断言它们将会产生一个新帧

写入一个 4 字节大小的帧，并捕获预期的 TooLongFrameException

如果上面没有抛出异常，那么就会到达这个断言，并且测试失败

写入剩余的 2 字节，并断言将会产生一个有效帧

将该 Channel 标记为已完成状态

读取产生的消息，并且验证值

乍一看，这看起来非常类似于代码清单 9-2 中的测试，但是它有一个有趣的转折点，即对 TooLongFrameException 的处理。这里使用的 try/catch 块是 EmbeddedChannel 的一个特殊功能。如果其中一个 write*方法产生了一个受检查的 Exception，那么它将会被包装在一个 RuntimeException 中并抛出[①]。这使得可以容易地测试出一个 Exception 是否在处理数据的过程中已经被处理了。

这里介绍的测试方法可以用于任何能抛出 Exception 的 ChannelHandler 实现。

9.4 小结

使用 JUnit 这样的测试工具来进行单元测试是一种非常行之有效的方式，它能保证你的代码的正确性并提高它的可维护性。在本章中，你学习了如何使用 Netty 提供的测试工具来测试你自定义的 ChannelHandler。

在接下来的章节中，我们将专注于使用 Netty 编写真实世界的应用程序。我们不会再提供任何进一步的测试代码示例了，所以我们希望你将这里所展示的测试方法的重要性牢记于心。

① 需要注意的是，如果该类实现了 exceptionCaught()方法并处理了该异常，那么它将不会被 catch 块所捕获。

第二部分

编解码器

网络只将数据看作是原始的字节序列。然而，我们的应用程序则会把这些字节组织成有意义的信息。在数据和网络字节流之间做相互转换是最常见的编程任务之一。例如，你可能需要处理标准的格式或者协议（如 FTP 或 Telnet）、实现一种由第三方定义的专有二进制协议，或者扩展一种由自己的组织创建的遗留的消息格式。

将应用程序的数据转换为网络格式，以及将网络格式转换为应用程序的数据的组件分别叫作编码器和解码器，同时具有这两种功能的单一组件叫作编解码器。Netty 提供了一系列用来创建所有这些编码器、解码器以及编解码器的工具，从专门为知名协议（如 HTTP 以及 Base64）预构建的类，到你可以按需定制的通用的消息转换编解码器，应有尽有。

第 10 章介绍了编码器和解码器。通过学习一些典型的用例，你将学习到 Netty 的基本的编解码器类。当学习这些类是如何融入整体框架的时候，你将会发现构建它们的 API 和你学过的那些 API 一样，所以你马上就能使用它们。

在第 11 章中，将探索一些 Netty 为处理一些更加专业的场景所提供的编码器和解码器。关于 WebSocket 的那一节是最有意思的，同时它也将为第三部分中关于高级网络协议的详细讨论做好准备。

第 10 章　编解码器框架

本章主要内容

- 解码器、编码器以及编解码器的概述
- Netty 的编解码器类

就像很多标准的架构模式都被各种专用框架所支持一样，常见的数据处理模式往往也是目标实现的很好的候选对象，它可以节省开发人员大量的时间和精力。

当然这也适应于本章的主题：编码和解码，或者数据从一种特定协议的格式到另一种格式的转换。这些任务将由通常称为编解码器的组件来处理。Netty 提供了多种组件，简化了为了支持广泛的协议而创建自定义的编解码器的过程。例如，如果你正在构建一个基于 Netty 的邮件服务器，那么你将会发现 Netty 对于编解码器的支持对于实现 POP3、IMAP 和 SMTP 协议来说是多么的宝贵。

10.1　什么是编解码器

每个网络应用程序都必须定义如何解析在两个节点之间来回传输的原始字节，以及如何将其和目标应用程序的数据格式做相互转换。这种转换逻辑由*编解码器*处理，编解码器由编码器和解码器组成，它们每种都可以将字节流从一种格式转换为另一种格式。那么它们的区别是什么呢?

如果将消息看作是对于特定的应用程序具有具体含义的结构化的字节序列——它的数据。那么*编码器*是将消息转换为适合于传输的格式（最有可能的就是字节流）；而对应的*解码器*则是将网络字节流转换回应用程序的消息格式。因此，编码器操作*出站*数据，而解码器处理*入站*数据。

记住这些背景信息，接下来让我们研究一下 Netty 所提供的用于实现这两种组件的类。

10.2　解码器

在这一节中，我们将研究 Netty 所提供的解码器类，并提供关于何时以及如何使用它们的具体示例。这些类覆盖了两个不同的用例：

- 将字节解码为消息——ByteToMessageDecoder 和 ReplayingDecoder;
- 将一种消息类型解码为另一种——MessageToMessageDecoder。

因为解码器是负责将入站数据从一种格式转换到另一种格式的，所以知道 Netty 的解码器实现了 ChannelInboundHandler 也不会让你感到意外。

什么时候会用到解码器呢？很简单：每当需要为 ChannelPipeline 中的下一个 Channel-InboundHandler 转换入站数据时会用到。此外，得益于 ChannelPipeline 的设计，可以将多个解码器链接在一起，以实现任意复杂的转换逻辑，这也是 Netty 是如何支持代码的模块化以及复用的一个很好的例子。

10.2.1 抽象类 ByteToMessageDecoder

将字节解码为消息（或者另一个字节序列）是一项如此常见的任务，以至于 Netty 为它提供了一个抽象的基类：ByteToMessageDecoder。由于你不可能知道远程节点是否会一次性地发送一个完整的消息，所以这个类会对入站数据进行缓冲，直到它准备好处理。表 10-1 解释了它最重要的两个方法。

表 10-1 **ByteToMessageDecoder** API

方 法	描 述
decode(ChannelHandlerContext ctx, ByteBuf in, List<Object> out)	这是你必须实现的唯一抽象方法。decode() 方法被调用时将会传入一个包含了传入数据的 ByteBuf，以及一个用来添加解码消息的 List。对这个方法的调用将会重复进行，直到确定没有新的元素被添加到该 List，或者该 ByteBuf 中没有更多可读取的字节时为止。然后，如果该 List 不为空，那么它的内容将会被传递给 ChannelPipeline 中的下一个 ChannelInboundHandler
decodeLast(ChannelHandlerContext ctx, ByteBuf in, List<Object> out)	Netty 提供的这个默认实现只是简单地调用了 decode() 方法。当 Channel 的状态变为非活动时，这个方法将会被调用一次。可以重写该方法以提供特殊的处理[①]

下面举一个如何使用这个类的示例，假设你接收了一个包含简单 int 的字节流，每个 int 都需要被单独处理。在这种情况下，你需要从入站 ByteBuf 中读取每个 int，并将它传递给 ChannelPipeline 中的下一个 ChannelInboundHandler。为了解码这个字节流，你要扩展 ByteToMessageDecoder 类。（需要注意的是，原始类型的 int 在被添加到 List 中时，会被自动装箱为 Integer。）

该设计如图 10-1 所示。

每次从入站 ByteBuf 中读取 4 字节，将其解码为一个 int，然后将它添加到一个 List 中。当没有更多的元素可以被添加到该 List 中时，它的内容将会被发送给下一个 Channel-InboundHandler。

① 比如用来产生一个 LastHttpContent 消息。——译者注

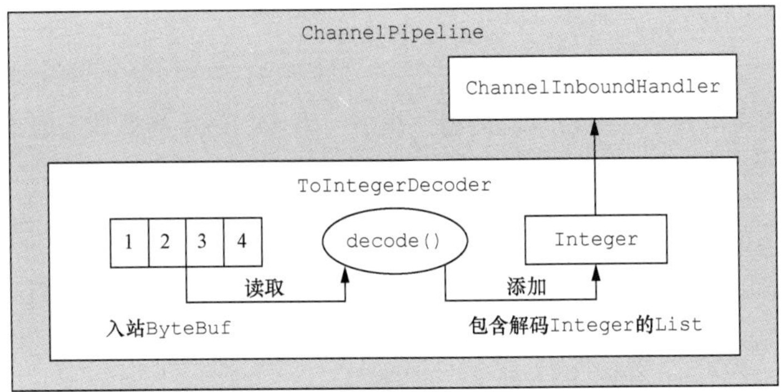

图 10-1 ToIntegerDecoder

代码清单 10-1 展示了 ToIntegerDecoder 的代码。

代码清单 10-1 ToIntegerDecoder 类扩展了 ByteToMessageDecoder

```
public class ToIntegerDecoder extends ByteToMessageDecoder {
    @Override
    public void decode(ChannelHandlerContext ctx, ByteBuf in,
        List<Object> out) throws Exception {
        if (in.readableBytes() >= 4) {
            out.add(in.readInt());
        }
    }
}
```

扩展 ByteToMessage-Decoder 类，以将字节解码为特定的格式

检查是否至少有 4 字节可读（一个 int 的字节长度）

从入站 ByteBuf 中读取一个 int，并将其添加到解码消息的 List 中

虽然 ByteToMessageDecoder 使得可以很简单地实现这种模式，但是你可能会发现，在调用 readInt()方法前不得不验证所输入的 ByteBuf 是否具有足够的数据有点繁琐。在下一节中，我们将讨论 ReplayingDecoder，它是一个特殊的解码器，以少量的开销消除了这个步骤。

编解码器中的引用计数

正如我们在第 5 章和第 6 章中所提到的，引用计数需要特别的注意。对于编码器和解码器来说，其过程也是相当的简单：一旦消息被编码或者解码，它就会被 ReferenceCountUtil.release(message)调用自动释放。如果你需要保留引用以便稍后使用，那么你可以调用 ReferenceCountUtil.retain(message)方法。这将会增加该引用计数，从而防止该消息被释放。

10.2.2 抽象类 ReplayingDecoder

ReplayingDecoder 扩展了 ByteToMessageDecoder 类（如代码清单 10-1 所示），使得我们不必调用 readableBytes()方法。它通过使用一个自定义的 ByteBuf 实现，ReplayingDecoderByteBuf，包装传入的 ByteBuf 实现了这一点，其将在内部执行该调用[①]。

① 指调用 readableBytes()方法。——译者注

这个类的完整声明是：

```
public abstract class ReplayingDecoder<S> extends ByteToMessageDecoder
```

类型参数 S 指定了用于状态管理的类型，其中 Void 代表不需要状态管理。代码清单 10-2 展示了基于 ReplayingDecoder 重新实现的 ToIntegerDecoder。

代码清单 10-2 ToIntegerDecoder2 类扩展了 ReplayingDecoder

```
public class ToIntegerDecoder2 extends ReplayingDecoder<Void> {
    @Override
    public void decode(ChannelHandlerContext ctx, ByteBuf in,
        List<Object> out) throws Exception {
         out.add(in.readInt());
    }
}
```

扩展 ReplayingDecoder<Void>以将字节解码为消息

传入的 ByteBuf 是 ReplayingDecoderByteBuf

从入站 ByteBuf 中读取一个 int，并将其添加到解码消息的 List 中

和之前一样，从 ByteBuf 中提取的 int 将会被添加到 List 中。如果没有足够的字节可用，这个 readInt()方法的实现将会抛出一个 Error[①]，其将在基类中被捕获并处理。当有更多的数据可供读取时，该 decode()方法将会被再次调用。（参见表 10-1 中关于 decode()方法的描述。）

请注意 ReplayingDecoderByteBuf 的下面这些方面：

- 并不是所有的 ByteBuf 操作都被支持，如果调用了一个不被支持的方法，将会抛出一个 UnsupportedOperationException；
- ReplayingDecoder 稍慢于 ByteToMessageDecoder。

如果对比代码清单 10-1 和代码清单 10-2，你会发现后者明显更简单。示例本身是很基本的，所以请记住，在真实的、更加复杂的情况下，使用一种或者另一种作为基类所带来的差异可能是很显著的。这里有一个简单的准则：如果使用 ByteToMessageDecoder 不会引入太多的复杂性，那么请使用它；否则，请使用 ReplayingDecoder。

更多的解码器

下面的这些类处理更加复杂的用例：

- io.netty.handler.codec.LineBasedFrameDecoder——这个类在 Netty 内部也有使用，它使用了行尾控制字符（\n 或者\r\n）来解析消息数据；
- io.netty.handler.codec.http.HttpObjectDecoder——一个 HTTP 数据的解码器。

在 io.netty.handler.codec 子包下面，你将会发现更多用于特定用例的编码器和解码器实现。更多有关信息参见 Netty 的 Javadoc。

10.2.3 抽象类 MessageToMessageDecoder

在这一节中，我们将解释如何使用下面的抽象基类在两个消息格式之间进行转换（例如，从

① 这里实际上抛出的是一个 Signal，详见 io.netty.util.Signal 类。——译者注

一种 POJO 类型转换为另一种）：

```
public abstract class MessageToMessageDecoder<I>
    extends ChannelInboundHandlerAdapter
```

类型参数 I 指定了 decode()方法的输入参数 msg 的类型，它是你必须实现的唯一方法。表 10-2 展示了这个方法的详细信息。

表 10-2 **MessageToMessageDecoder** API

方　法	描　述
decode(ChannelHandlerContext ctx, I msg, List<Object> out)	对于每个需要被解码为另一种格式的入站消息来说，该方法都将会被调用。解码消息随后会被传递给 ChannelPipeline 中的下一个 ChannelInboundHandler

在这个示例中，我们将编写一个 IntegerToStringDecoder 解码器来扩展 MessageToMessageDecoder<Integer>。它的 decode()方法会把 Integer 参数转换为它的 String 表示，并将拥有下列签名：

```
public void decode( ChannelHandlerContext ctx,
    Integer msg, List<Object> out ) throws Exception
```

和之前一样，解码的 String 将被添加到传出的 List 中，并转发给下一个 ChannelInboundHandler。

该设计如图 10-2 所示。

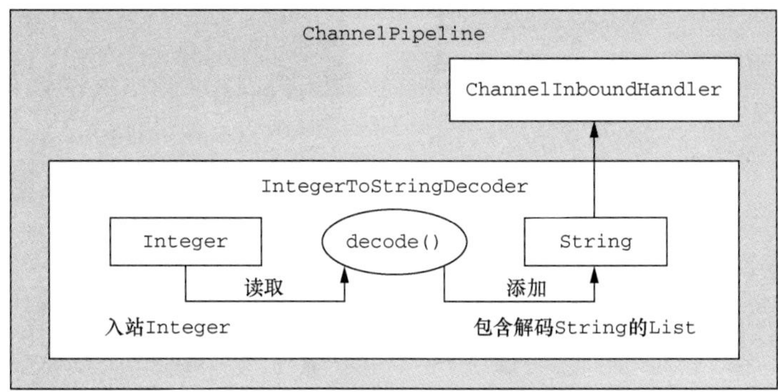

图 10-2　IntegerToStringDecoder

代码清单 10-3 给出了 IntegerToStringDecoder 的实现。

代码清单 10-3　IntegerToStringDecoder 类

```
public class IntegerToStringDecoder extends
    MessageToMessageDecoder<Integer> {        <— 扩展了 MessageToMessageDecoder<Integer>
    @Override
    public void decode(ChannelHandlerContext ctx, Integer msg
        List<Object> out) throws Exception {
```

```
            out.add(String.valueOf(msg));
        }
    }
```

将 Integer 消息转换为它的 String 表示，并将其添加到输出的 List 中

HttpObjectAggregator

有关更加复杂的例子，请研究 io.netty.handler.codec.http.HttpObjectAggregator 类，它扩展了 MessageToMessageDecoder<HttpObject>。

10.2.4　TooLongFrameException 类

由于 Netty 是一个异步框架，所以需要在字节可以解码之前在内存中缓冲它们。因此，不能让解码器缓冲大量的数据以至于耗尽可用的内存。为了解除这个常见的顾虑，Netty 提供了 TooLongFrameException 类，其将由解码器在帧超出指定的大小限制时抛出。

为了避免这种情况，你可以设置一个最大字节数的阈值，如果超出该阈值，则会导致抛出一个 TooLongFrameException（随后会被 ChannelHandler.exceptionCaught() 方法捕获）。然后，如何处理该异常则完全取决于该解码器的用户。某些协议（如 HTTP）可能允许你返回一个特殊的响应。而在其他的情况下，唯一的选择可能就是关闭对应的连接。

代码清单 10-4 展示了 ByteToMessageDecoder 是如何使用 TooLongFrameException 来通知 ChannelPipeline 中的其他 ChannelHandler 发生了帧大小溢出的。需要注意的是，如果你正在使用一个可变帧大小的协议，那么这种保护措施将是尤为重要的。

代码清单 10-4　TooLongFrameException

扩展 ByteToMessageDecoder 以将字节解码为消息

```
public class SafeByteToMessageDecoder extends ByteToMessageDecoder {
    private static final int MAX_FRAME_SIZE = 1024;
    @Override
    public void decode(ChannelHandlerContext ctx, ByteBuf in,
        List<Object> out) throws Exception {
            int readable = in.readableBytes();
            if (readable > MAX_FRAME_SIZE) {
                in.skipBytes(readable);
                throw new TooLongFrameException("Frame too big!");
        }
        // do something
        ...
    }
}
```

检查缓冲区中是否有超过 MAX_FRAME_SIZE 个字节

跳过所有的可读字节，抛出 TooLongFrame-Exception 并通知 ChannelHandler

到目前为止，我们已经探讨了解码器的常规用例，以及 Netty 所提供的用于构建它们的抽象基类。但是解码器只是硬币的一面。硬币的另一面是编码器，它将消息转换为适合于传出传输的格式。这些编码器完备了编解码器 API，它们将是我们的下一个主题。

10.3 编码器

回顾一下我们先前的定义，编码器实现了 ChannelOutboundHandler，并将出站数据从一种格式转换为另一种格式，和我们方才学习的解码器的功能正好相反。Netty 提供了一组类，用于帮助你编写具有以下功能的编码器：

- 将消息编码为字节；
- 将消息编码为消息[①]。

我们将首先从抽象基类 MessageToByteEncoder 开始来对这些类进行考察。

10.3.1 抽象类 MessageToByteEncoder

前面我们看到了如何使用 ByteToMessageDecoder 来将字节转换为消息。现在我们将使用 MessageToByteEncoder 来做逆向的事情。表 10-3 展示了该 API。

表 10-3 **MessageToByteEncoder** API

方 法	描 述
encode(ChannelHandlerContext ctx, I msg, ByteBuf out)	encode()方法是你需要实现的唯一抽象方法。它被调用时将会传入要被该类编码为 ByteBuf 的（类型为 I 的）出站消息。该 ByteBuf 随后将会被转发给 ChannelPipeline 中的下一个 ChannelOutboundHandler

你可能已经注意到了，这个类只有一个方法，而解码器有两个。原因是解码器通常需要在 Channel 关闭之后产生最后一个消息（因此也就有了 decodeLast()方法）。这显然不适用于编码器的场景——在连接被关闭之后仍然产生一个消息是毫无意义的。

图 10-3 展示了 ShortToByteEncoder，其接受一个 Short 类型的实例作为消息，将它编码为 Short 的原始类型值，并将它写入 ByteBuf 中，其将随后被转发给 ChannelPipeline 中的下一个 ChannelOutboundHandler。每个传出的 Short 值都将会占用 ByteBuf 中的 2 字节。

ShortToByteEncoder 的实现如代码清单 10-5 所示。

代码清单 10-5 ShortToByteEncoder 类

```
public class ShortToByteEncoder extends MessageToByteEncoder<Short> {    <-- 扩展了 MessageToByteEncoder
    @Override
    public void encode(ChannelHandlerContext ctx, Short msg, ByteBuf out)
        throws Exception {
        out.writeShort(msg);    <-- 将 Short 写入 ByteBuf 中
    }
}
```

① 另外一种格式的消息。——译者注

Netty 提供了一些专门化的 MessageToByteEncoder，你可以基于它们实现自己的编码器。WebSocket08FrameEncoder 类提供了一个很好的实例。你可以在 io.netty.handler.codec.http.websocketx 包中找到它。

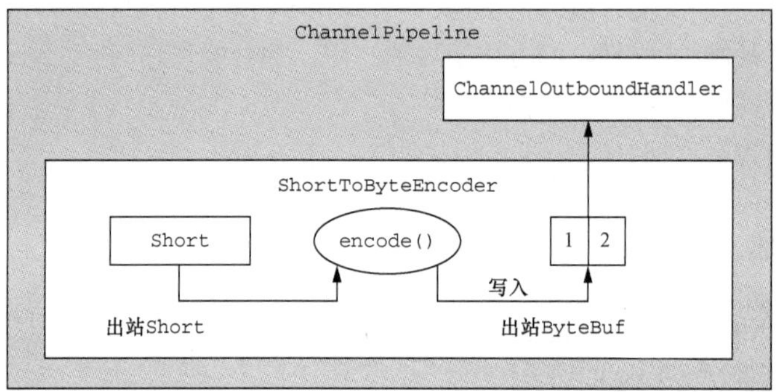

图 10-3　ShortToByteEncoder

10.3.2　抽象类 MessageToMessageEncoder

你已经看到了如何将入站数据从一种消息格式解码为另一种。为了完善这幅图，我们将展示对于出站数据将如何从一种消息编码为另一种。MessageToMessageEncoder 类的 encode() 方法提供了这种能力，如表 10-4 所示。

表 10-4　**MessageToMessageEncoder** API

名　　称	描　　述
encode(ChannelHandlerContext ctx, I msg, List<Object> out)	这是你需要实现的唯一方法。每个通过 write() 方法写入的消息都将会被传递给 encode() 方法，以编码为一个或者多个出站消息。随后，这些出站消息将会被转发给 ChannelPipeline 中的下一个 ChannelOutboundHandler

为了演示，代码清单 10-6 使用 IntegerToStringEncoder 扩展了 MessageToMessageEncoder。其设计如图 10-4 所示。

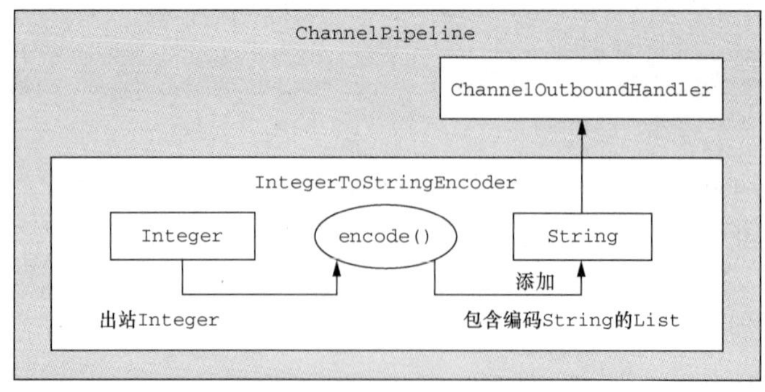

图 10-4　IntegerToStringEncoder

如代码清单 10-6 所示，编码器将每个出站 Integer 的 String 表示添加到了该 List 中。

代码清单 10-6 IntegerToStringEncoder 类

```
public class IntegerToStringEncoder
    extends MessageToMessageEncoder<Integer> {      <-- 扩展了 MessageToMessageEncoder
    @Override
    public void encode(ChannelHandlerContext ctx, Integer msg
        List<Object> out) throws Exception {
        out.add(String.valueOf(msg));               <-- 将 Integer 转换为 String，并将其添加到 List 中
    }
}
```

关于有趣的 MessageToMessageEncoder 的专业用法，请查看 io.netty.handler.codec.protobuf.ProtobufEncoder 类，它处理了由 Google 的 Protocol Buffers 规范所定义的数据格式。

10.4 抽象的编解码器类

虽然我们一直将解码器和编码器作为单独的实体讨论，但是你有时将会发现在同一个类中管理入站和出站数据和消息的转换是很有用的。Netty 的抽象编解码器类正好用于这个目的，因为它们每个都将捆绑一个解码器/编码器对，以处理我们一直在学习的这两种类型的操作。正如同你可能已经猜想到的，这些类同时实现了 ChannelInboundHandler 和 ChannelOutboundHandler 接口。

为什么我们并没有一直优先于单独的解码器和编码器使用这些复合类呢？因为通过尽可能地将这两种功能分开，最大化了代码的可重用性和可扩展性，这是 Netty 设计的一个基本原则。

在我们查看这些抽象的编解码器类时，我们将会把它们与相应的单独的解码器和编码器进行比较和参照。

10.4.1 抽象类 ByteToMessageCodec

让我们来研究这样的一个场景：我们需要将字节解码为某种形式的消息，可能是 POJO，随后再次对它进行编码。ByteToMessageCodec 将为我们处理好这一切，因为它结合了 ByteToMessageDecoder 以及它的逆向——MessageToByteEncoder。表 10-5 列出了其中重要的方法。

任何的请求/响应协议都可以作为使用 ByteToMessageCodec 的理想选择。例如，在某个 SMTP 的实现中，编解码器将读取传入字节，并将它们解码为一个自定义的消息类型，如 SmtpRequest[①]。而在接收端，当一个响应被创建时，将会产生一个 SmtpResponse，其将被编码回字节以便进行传输。

① 位于基于 Netty 的 SMTP/LMTP 客户端项目中（https://github.com/normanmaurer/niosmtp）。——译者注

表 10-5 **ByteToMessageCodec** API

方法名称	描述

decode(
    ChannelHandlerContext ctx,
    ByteBuf in,
    List<Object>)
	只要有字节可以被消费，这个方法就将会被调用。它将入站 ByteBuf 转换为指定的消息格式，并将其转发给 ChannelPipeline 中的下一个 ChannelInboundHandler

decodeLast(
    ChannelHandlerContext ctx,
    ByteBuf in,
    List<Object> out)
	这个方法的默认实现委托给了 decode()方法。它只会在 Channel 的状态变为非活动时被调用一次。它可以被重写以实现特殊的处理

encode(
    ChannelHandlerContext ctx,
    I msg,
    ByteBuf out)
	对于每个将被编码并写入出站 ByteBuf 的（类型为 I 的）消息来说，这个方法都将会被调用

10.4.2 抽象类 MessageToMessageCodec

在 10.3.1 节中，你看到了一个扩展了 MessageToMessageEncoder 以将一种消息格式转换为另外一种消息格式的例子。通过使用 MessageToMessageCodec，我们可以在一个单个的类中实现该转换的往返过程。MessageToMessageCodec 是一个参数化的类，定义如下：

```
public abstract class MessageToMessageCodec<INBOUND_IN,OUTBOUND_IN>
```

表 10-6 列出了其中重要的方法。

表 10-6 **MessageToMessageCodec** 的方法

方法名称	描述

protected abstract decode(
    ChannelHandlerContext ctx,
    INBOUND_IN msg,
    List<Object> out)
	这个方法被调用时会被传入 INBOUND_IN 类型的消息。它将把它们解码为 OUTBOUND_IN 类型的消息，这些消息将被转发给 ChannelPipeline 中的下一个 Channel-InboundHandler

protected abstract encode(
    ChannelHandlerContext ctx,
    OUTBOUND_IN msg,
    List<Object> out)
	对于每个 OUTBOUND_IN 类型的消息，这个方法都将会被调用。这些消息将会被编码为 INBOUND_IN 类型的消息，然后被转发给 ChannelPipeline 中的下一个 ChannelOutboundHandler

decode()方法是将 INBOUND_IN 类型的消息转换为 OUTBOUND_IN 类型的消息，而 encode()方法则进行它的逆向操作。将 INBOUND_IN 类型的消息看作是通过网络发送的类型，而将 OUTBOUND_IN 类型的消息看作是应用程序所处理的类型，将可能有所裨益[①]。

① 即有助于理解这两个类型签名的实际意义。——译者注

虽然这个编解码器可能看起来有点高深，但是它所处理的用例却是相当常见的：在两种不同的消息 API 之间来回转换数据。当我们不得不和使用遗留或者专有消息格式的 API 进行互操作时，我们经常会遇到这种模式。

WebSocket 协议

下面关于 MessageToMessageCodec 的示例引用了一个新出的 WebSocket 协议，这个协议能实现 Web 浏览器和服务器之间的全双向通信。我们将在第 12 章中详细地讨论 Netty 对于 WebSocket 的支持。

代码清单 10-7 展示了这样的对话[①]可能的实现方式。我们的 WebSocketConvertHandler 在参数化 MessageToMessageCodec 时将使用 INBOUND_IN 类型的 WebSocketFrame，以及 OUTBOUND_IN 类型的 MyWebSocketFrame，后者是 WebSocketConvertHandler 本身的一个静态嵌套类。

代码清单 10-7 使用 MessageToMessageCodec

```
public class WebSocketConvertHandler extends
    MessageToMessageCodec<WebSocketFrame,
    WebSocketConvertHandler.MyWebSocketFrame> {
    @Override
    protected void encode(ChannelHandlerContext ctx,
        WebSocketConvertHandler.MyWebSocketFrame msg,
        List<Object> out) throws Exception {
        ByteBuf payload = msg.getData().duplicate().retain();
        switch (msg.getType()) {
            case BINARY:
                out.add(new BinaryWebSocketFrame(payload));
                break;
            case TEXT:
                out.add(new TextWebSocketFrame(payload));
                break;
            case CLOSE:
                out.add(new CloseWebSocketFrame(true, 0, payload));
                break;
            case CONTINUATION:
                out.add(new ContinuationWebSocketFrame(payload));
                break;
            case PONG:
                out.add(new PongWebSocketFrame(payload));
                break;
            case PING:
                out.add(new PingWebSocketFrame(payload));
                break;
            default:
                throw new IllegalStateException(
                    "Unsupported websocket msg " + msg);
        }
```

将 MyWebSocketFrame 编码为指定的 WebSocketFrame 子类型

实例化一个指定子类型的 WebSocketFrame

① 指 Web 浏览器和服务器之间的双向通信。——译者注

```
    }

                                            将 WebSocketFrame 解码为
    @Override                         MyWebSocketFrame，并设置 FrameType
    protected void decode(ChannelHandlerContext ctx, WebSocketFrame msg,
        List<Object> out) throws Exception {
            ByteBuf payload = msg.content().duplicate().retain();
            if (msg instanceof BinaryWebSocketFrame) {
                out.add(new MyWebSocketFrame(
                    MyWebSocketFrame.FrameType.BINARY, payload));
            } else
            if (msg instanceof CloseWebSocketFrame) {
                out.add(new MyWebSocketFrame (
                    MyWebSocketFrame.FrameType.CLOSE, payload));
            } else
            if (msg instanceof PingWebSocketFrame) {
                out.add(new MyWebSocketFrame (
                    MyWebSocketFrame.FrameType.PING, payload));
            } else
            if (msg instanceof PongWebSocketFrame) {
                out.add(new MyWebSocketFrame (
                    MyWebSocketFrame.FrameType.PONG, payload));
            } else
            if (msg instanceof TextWebSocketFrame) {
                out.add(new MyWebSocketFrame (
                    MyWebSocketFrame.FrameType.TEXT, payload));
            } else
            if (msg instanceof ContinuationWebSocketFrame) {
                out.add(new MyWebSocketFrame (
                    MyWebSocketFrame.FrameType.CONTINUATION, payload));
            } else
            {
                throw new IllegalStateException(
                    "Unsupported websocket msg " + msg);
        }
    }

                                                  声明 WebSocketConvertHandler
    public static final class MyWebSocketFrame {  所使用的 OUTBOUND_IN 类型
        public enum FrameType {
            BINARY,                               定义拥有被包装的有效
            CLOSE,                                负载的 WebSocketFrame
            PING,                                 的类型
            PONG,
            TEXT,
            CONTINUATION
        }
        private final FrameType type;
        private final ByteBuf data;

        public MyWebSocketFrame(FrameType type, ByteBuf data) {
            this.type = type;
            this.data = data;
        }
```

```
        public FrameType getType() {
            return type;
        }

        public ByteBuf getData() {
            return data;
        }
    }
}
```

10.4.3 CombinedChannelDuplexHandler 类

正如我们前面所提到的，结合一个解码器和编码器可能会对可重用性造成影响。但是，有一种方法既能够避免这种惩罚，又不会牺牲将一个解码器和一个编码器作为一个单独的单元部署所带来的便利性。CombinedChannelDuplexHandler 提供了这个解决方案，其声明为：

```
public class CombinedChannelDuplexHandler
    <I extends ChannelInboundHandler,
    O extends ChannelOutboundHandler>
```

这个类充当了 ChannelInboundHandler 和 ChannelOutboundHandler（该类的类型参数 I 和 O）的容器。通过提供分别继承了解码器类和编码器类的类型，我们可以实现一个编解码器，而又不必直接扩展抽象的编解码器类。我们将在下面的示例中说明这一点。

首先，让我们研究代码清单 10-8 中的 ByteToCharDecoder。注意，该实现扩展了 ByteToMessageDecoder，因为它要从 ByteBuf 中读取字符。

代码清单 10-8 ByteToCharDecoder 类

```
public class ByteToCharDecoder extends ByteToMessageDecoder {   <-- 扩展了 ByteToMessageDecoder
    @Override
    public void decode(ChannelHandlerContext ctx, ByteBuf in,
        List<Object> out) throws Exception {
            while (in.readableBytes() >= 2) {
                out.add(in.readChar());           <-- 将一个或者多个 Character 对象添加到传出的 List 中
        }
    }
}
```

这里的 decode()方法一次将从 ByteBuf 中提取 2 字节，并将它们作为 char 写入到 List 中，其将会被自动装箱为 Character 对象。

代码清单 10-9 包含了 CharToByteEncoder，它能将 Character 转换回字节。这个类扩展了 MessageToByteEncoder，因为它需要将 char 消息编码到 ByteBuf 中。这是通过直接写入 ByteBuf 做到的。

代码清单 10-9 **CharToByteEncoder** 类

```
public class CharToByteEncoder extends
    MessageToByteEncoder<Character> {           <-- 扩展了 MessageToByteEncoder
    @Override
    public void encode(ChannelHandlerContext ctx, Character msg,
        ByteBuf out) throws Exception {
        out.writeChar(msg);                     <-- 将 Character 解码为 char，并将其写入到出站 ByteBuf 中
    }
}
```

既然我们有了解码器和编码器，我们将会结合它们来构建一个编解码器。代码清单 10-10 展示了这是如何做到的。

代码清单 10-10 **CombinedChannelDuplexHandler<I,O>**

```
public class CombinedByteCharCodec extends
    CombinedChannelDuplexHandler<ByteToCharDecoder, CharToByteEncoder> {   <-- 通过该解码器和编码器实现参数化 CombinedByteCharCodec
    public CombinedByteCharCodec() {
        super(new ByteToCharDecoder(), new CharToByteEncoder());          <-- 将委托实例传递给父类
    }
}
```

正如你所能看到的，在某些情况下，通过这种方式结合实现相对于使用编解码器类的方式来说可能更加的简单也更加的灵活。当然，这可能也归结于个人的偏好问题。

10.5 小结

在本章中，我们学习了如何使用 Netty 的编解码器 API 来编写解码器和编码器。你也了解了为什么使用这个 API 相对于直接使用 `ChannelHandler` API 更好。

你看到了抽象的编解码器类是如何为在一个实现中处理解码和编码提供支持的。如果你需要更大的灵活性，或者希望重用现有的实现，那么你还可以选择结合他们，而无需扩展任何抽象的编解码器类。

在下一章中，我们将讨论作为 Netty 框架本身的一部分的 `ChannelHandler` 实现和编解码器，你可以利用它们来处理特定的协议和任务。

第 11 章　预置的 ChannelHandler 和编解码器

本章主要内容

- 通过 SSL/TLS 保护 Netty 应用程序
- 构建基于 Netty 的 HTTP/HTTPS 应用程序
- 处理空闲的连接和超时
- 解码基于分隔符的协议和基于长度的协议
- 写大型数据

Netty 为许多通用协议提供了编解码器和处理器，几乎可以开箱即用，这减少了你在那些相当繁琐的事务上本来会花费的时间与精力。在本章中，我们将探讨这些工具以及它们所带来的好处，其中包括 Netty 对于 SSL/TLS 和 WebSocket 的支持，以及如何简单地通过数据压缩来压榨 HTTP，以获取更好的性能。

11.1 通过 SSL/TLS 保护 Netty 应用程序

如今，数据隐私是一个非常值得关注的问题，作为开发人员，我们需要准备好应对它。至少，我们应该熟悉像 SSL 和 TLS[①]这样的安全协议，它们层叠在其他协议之上，用以实现数据安全。我们在访问安全网站时遇到过这些协议，但是它们也可用于其他不是基于 HTTP 的应用程序，如安全 SMTP（SMTPS）邮件服务器甚至是关系型数据库系统。

为了支持 SSL/TLS，Java 提供了 `javax.net.ssl` 包，它的 `SSLContext` 和 `SSLEngine` 类使得实现解密和加密相当简单直接。Netty 通过一个名为 `SslHandler` 的 `ChannelHandler` 实现利用了这个 API，其中 `SslHandler` 在内部使用 `SSLEngine` 来完成实际的工作。

图 11-1 展示了使用 `SslHandler` 的数据流。

① 传输层安全（TLS）协议，1.2 版：http://tools.ietf.org/html/rfc5246。

Netty 的 OpenSSL/SSLEngine 实现

Netty 还提供了使用 OpenSSL 工具包（www.openssl.org）的 SSLEngine 实现。这个 OpenSslEngine 类提供了比 JDK 提供的 SSLEngine 实现更好的性能。

如果 OpenSSL 库可用，可以将 Netty 应用程序（客户端和服务器）配置为默认使用 OpenSslEngine。如果不可用，Netty 将会回退到 JDK 实现。有关配置 OpenSSL 支持的详细说明，参见 Netty 文档：http://netty.io/wiki/forked-tomcat-native.html#wikih2-1。

注意，无论你使用 JDK 的 SSLEngine 还是使用 Netty 的 OpenSslEngine，SSL API 和数据流都是一致的。

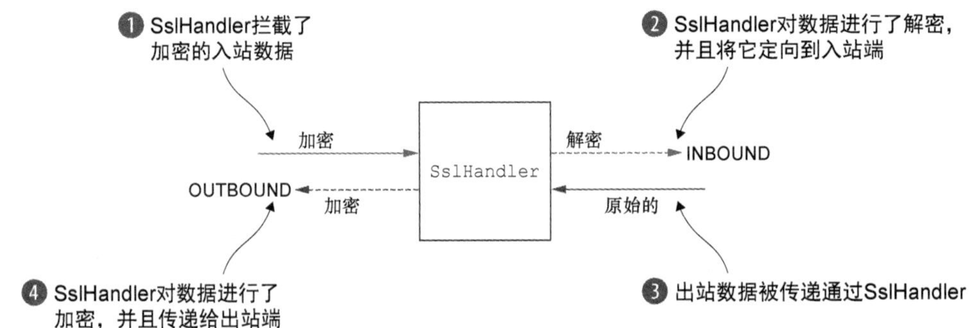

图 11-1 通过 SslHandler 进行解密和加密的数据流

代码清单 11-1 展示了如何使用 ChannelInitializer 来将 SslHandler 添加到 ChannelPipeline 中。回想一下，ChannelInitializer 用于在 Channel 注册好时设置 ChannelPipeline。

代码清单 11-1 添加 SSL/TLS 支持

```
public class SslChannelInitializer extends ChannelInitializer<Channel>{
    private final SslContext context;
    private final boolean startTls;

    public SslChannelInitializer(SslContext context,    // 传入要使用的 SslContext
        boolean startTls) {                             // 如果设置为 true，第一个写入的消息将不会被加密（客户端应该设置为 true）
        this.context = context;
        this.startTls = startTls;
    }

    @Override
    protected void initChannel(Channel ch) throws Exception {
        SSLEngine engine = context.newEngine(ch.alloc());   // 对于每个 SslHandler 实例，都使用 Channel 的 ByteBufAllocator 从 SslContext 获取一个新的 SSLEngine
        ch.pipeline().addFirst("ssl",
            new SslHandler(engine, startTls));              // 将 SslHandler 作为第一个 ChannelHandler 添加到 ChannelPipeline 中
    }
}
```

在大多数情况下，SslHandler 将是 ChannelPipeline 中的第一个 ChannelHandler。这确保了只有在所有其他的 ChannelHandler 将它们的逻辑应用到数据之后，才会进行加密。

SslHandler 具有一些有用的方法，如表 11-1 所示。例如，在握手阶段，两个节点将相互验证并且商定一种加密方式。你可以通过配置 SslHandler 来修改它的行为，或者在 SSL/TLS 握手一旦完成之后提供通知，握手阶段完成之后，所有的数据都将会被加密。SSL/TLS 握手将会被自动执行。

表 11-1　**SslHandler** 的方法

方 法 名 称	描　　述
setHandshakeTimeout (long,TimeUnit) setHandshakeTimeoutMillis (long) getHandshakeTimeoutMillis()	设置和获取超时时间，超时之后，握手 ChannelFuture 将会被通知失败
setCloseNotifyTimeout (long,TimeUnit) setCloseNotifyTimeoutMillis (long) getCloseNotifyTimeoutMillis()	设置和获取超时时间，超时之后，将会触发一个关闭通知并关闭连接。这也将会导致通知该 ChannelFuture 失败
handshakeFuture()	返回一个在握手完成后将会得到通知的 ChannelFuture。如果握手先前已经执行过了，则返回一个包含了先前的握手结果的 ChannelFuture
close() close(ChannelPromise) close(ChannelHandlerContext,ChannelPromise)	发送 close_notify 以请求关闭并销毁底层的 SslEngine

11.2　构建基于 Netty 的 HTTP/HTTPS 应用程序

HTTP/HTTPS 是最常见的协议套件之一，并且随着智能手机的成功，它的应用也日益广泛，因为对于任何公司来说，拥有一个可以被移动设备访问的网站几乎是必须的。这些协议也被用于其他方面。许多组织导出的用于和他们的商业合作伙伴通信的 WebService API 一般也是基于 HTTP（S）的。

接下来，我们来看看 Netty 提供的 ChannelHandler，你可以用它来处理 HTTP 和 HTTPS 协议，而不必编写自定义的编解码器。

11.2.1　HTTP 解码器、编码器和编解码器

HTTP 是基于请求/响应模式的：客户端向服务器发送一个 HTTP 请求，然后服务器将会返回一个 HTTP 响应。Netty 提供了多种编码器和解码器以简化对这个协议的使用。图 11-2 和图 11-3 分别展示了生产和消费 HTTP 请求和 HTTP 响应的方法。

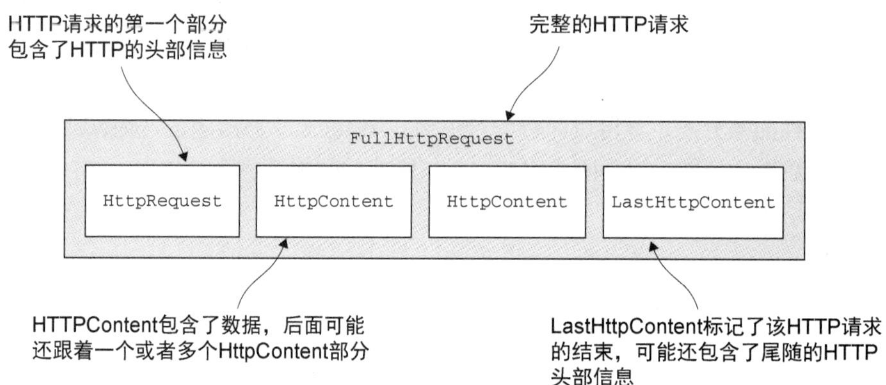

图 11-2　HTTP 请求的组成部分

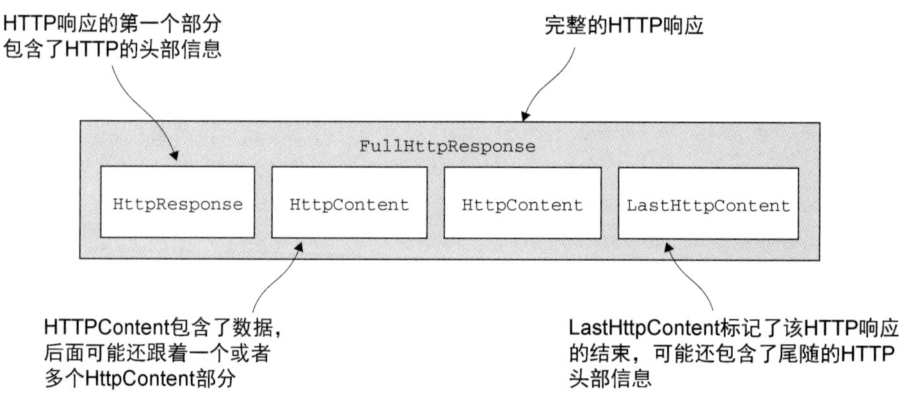

图 11-3　HTTP 响应的组成部分

如图 11-2 和图 11-3 所示，一个 HTTP 请求/响应可能由多个数据部分组成，并且它总是以一个 LastHttpContent 部分作为结束。FullHttpRequest 和 FullHttpResponse 消息是特殊的子类型，分别代表了完整的请求和响应。所有类型的 HTTP 消息（FullHttpRequest、LastHttpContent 以及代码清单 11-2 中展示的那些）都实现了 HttpObject 接口。

表 11-2 概要地介绍了处理和生成这些消息的 HTTP 解码器和编码器。

表 11-2　HTTP 解码器和编码器

名　　称	描　　述
HttpRequestEncoder	将 HttpRequest、HttpContent 和 LastHttpContent 消息编码为字节
HttpResponseEncoder	将 HttpResponse、HttpContent 和 LastHttpContent 消息编码为字节
HttpRequestDecoder	将字节解码为 HttpRequest、HttpContent 和 LastHttpContent 消息
HttpResponseDecoder	将字节解码为 HttpResponse、HttpContent 和 LastHttpContent 消息

代码清单 11-2 中的 HttpPipelineInitializer 类展示了将 HTTP 支持添加到你的应用程序是多么简单——几乎只需要将正确的 ChannelHandler 添加到 ChannelPipeline 中。

代码清单 11-2 添加 HTTP 支持

```
public class HttpPipelineInitializer extends ChannelInitializer<Channel> {
    private final boolean client;

    public HttpPipelineInitializer(boolean client) {
        this.client = client;
    }

    @Override
    protected void initChannel(Channel ch) throws Exception {
        ChannelPipeline pipeline = ch.pipeline();
        if (client) {
            pipeline.addLast("decoder", new HttpResponseDecoder());
            pipeline.addLast("encoder", new HttpRequestEncoder());
        } else {
            pipeline.addLast("decoder", new HttpRequestDecoder());
            pipeline.addLast("encoder", new HttpResponseEncoder());
        }
    }
}
```

如果是客户端，则添加 HttpResponseDecoder 以处理来自服务器的响应

如果是服务器，则添加 HttpResponseEncoder 以向客户端发送响应

如果是服务器，则添加 HttpRequestDecoder 以接收来自客户端的请求

如果是客户端，则添加 HttpRequestEncoder 以向服务器发送请求

11.2.2 聚合 HTTP 消息

在 ChannelInitializer 将 ChannelHandler 安装到 ChannelPipeline 中之后，你便可以处理不同类型的 HttpObject 消息了。但是由于 HTTP 的请求和响应可能由许多部分组成，因此你需要聚合它们以形成完整的消息。为了消除这项繁琐的任务，Netty 提供了一个聚合器，它可以将多个消息部分合并为 FullHttpRequest 或者 FullHttpResponse 消息。通过这样的方式，你将总是看到完整的消息内容。

由于消息分段需要被缓冲，直到可以转发一个完整的消息给下一个 ChannelInboundHandler，所以这个操作有轻微的开销。其所带来的好处便是你不必关心消息碎片了。

引入这种自动聚合机制只不过是向 ChannelPipeline 中添加另外一个 ChannelHandler 罢了。代码清单 11-3 展示了如何做到这一点。

代码清单 11-3 自动聚合 HTTP 的消息片段

```
public class HttpAggregatorInitializer extends ChannelInitializer<Channel> {
    private final boolean isClient;

    public HttpAggregatorInitializer(boolean isClient) {
        this.isClient = isClient;
    }

    @Override
    protected void initChannel(Channel ch) throws Exception {
        ChannelPipeline pipeline = ch.pipeline();
        if (isClient) {
            pipeline.addLast("codec", new HttpClientCodec());   <-- 如果是客户端，则添加 HttpClientCodec
        } else {
            pipeline.addLast("codec", new HttpServerCodec());   <-- 如果是服务器，则添加 HttpServerCodec
        }
        pipeline.addLast("aggregator",
            new HttpObjectAggregator(512 * 1024));   <-- 将最大的消息大小为 512 KB 的 HttpObjectAggregator 添加到 ChannelPipeline
    }
}
```

11.2.3 HTTP 压缩

当使用 HTTP 时，建议开启压缩功能以尽可能多地减小传输数据的大小。虽然压缩会带来一些 CPU 时钟周期上的开销，但是通常来说它都是一个好主意，特别是对于文本数据来说。

Netty 为压缩和解压缩提供了 `ChannelHandler` 实现，它们同时支持 `gzip` 和 `deflate` 编码。

HTTP 请求的头部信息

客户端可以通过提供以下头部信息来指示服务器它所支持的压缩格式：

```
GET /encrypted-area HTTP/1.1
Host: www.example.com
Accept-Encoding: gzip, deflate
```

然而，需要注意的是，服务器没有义务压缩它所发送的数据。

代码清单 11-4 展示了一个例子。

代码清单 11-4 自动压缩 HTTP 消息

```
public class HttpCompressionInitializer extends ChannelInitializer<Channel> {
    private final boolean isClient;

    public HttpCompressionInitializer(boolean isClient) {
        this.isClient = isClient;
    }
```

```
    @Override
    protected void initChannel(Channel ch) throws Exception {
        ChannelPipeline pipeline = ch.pipeline();
        if (isClient) {
            pipeline.addLast("codec", new HttpClientCodec());
            pipeline.addLast("decompressor",
                new HttpContentDecompressor());
        } else {
            pipeline.addLast("codec", new HttpServerCodec());
            pipeline.addLast("compressor",
            new HttpContentCompressor());
        }
    }
}
```

如果是客户端，则添加 HttpClientCodec

如果是客户端，则添加 HttpContentDecompressor 以处理来自服务器的压缩内容

如果是服务器，则添加 HttpServerCodec

如果是服务器，则添加 HttpContentCompressor 来压缩数据（如果客户端支持它）

压缩及其依赖

如果你正在使用的是 JDK 6 或者更早的版本，那么你需要将 JZlib（www.jcraft.com/jzlib/）添加到 CLASSPATH 中以支持压缩功能。

对于 Maven，请添加以下依赖项：

```
<dependency>
    <groupId>com.jcraft</groupId>
    <artifactId>jzlib</artifactId>
    <version>1.1.3</version>
</dependency>
```

11.2.4　使用 HTTPS

代码清单 11-5 显示，启用 HTTPS 只需要将 SslHandler 添加到 ChannelPipeline 的 ChannelHandler 组合中。

代码清单 11-5　使用 HTTPS

```
public class HttpsCodecInitializer extends ChannelInitializer<Channel> {
    private final SslContext context;
    private final boolean isClient;

    public HttpsCodecInitializer(SslContext context, boolean isClient) {
        this.context = context;
        this.isClient = isClient;
    }

    @Override
```

```
    protected void initChannel(Channel ch) throws Exception {
        ChannelPipeline pipeline = ch.pipeline();
        SSLEngine engine = context.newEngine(ch.alloc());
        pipeline.addFirst("ssl", new SslHandler(engine));   <-- 将 SslHandler 添加到 ChannelPipeline 中以使用 HTTPS

        if (isClient) {
            pipeline.addLast("codec", new HttpClientCodec());   <-- 如果是客户端，则添加 HttpClientCodec
        } else {
            pipeline.addLast("codec", new HttpServerCodec());   <-- 如果是服务器，则添加 HttpServerCodec
        }
    }
}
```

前面的代码是一个很好的例子，说明了 Netty 的架构方式是如何将代码重用变为杠杆作用的。只需要简单地将一个 ChannelHandler 添加到 ChannelPipeline 中，便可以提供一项新功能，甚至像加密这样重要的功能都能提供。

11.2.5 WebSocket

Netty 针对基于 HTTP 的应用程序的广泛工具包中包括了对它的一些最先进的特性的支持。在这一节中，我们将探讨 WebSocket——一种在 2011 年被互联网工程任务组（IETF）标准化的协议。

WebSocket 解决了一个长期存在的问题：既然底层的协议（HTTP）是一个请求/响应模式的交互序列，那么如何实时地发布信息呢？AJAX 提供了一定程度上的改善，但是数据流仍然是由客户端所发送的请求驱动的。还有其他的一些或多或少的取巧方式①，但是最终它们仍然属于扩展性受限的变通之法。

WebSocket 规范以及它的实现代表了对一种更加有效的解决方案的尝试。简单地说，WebSocket 提供了"在一个单个的 TCP 连接上提供双向的通信……结合 WebSocket API……它为网页和远程服务器之间的双向通信提供了一种替代 HTTP 轮询的方案。"②

也就是说，WebSocket 在客户端和服务器之间提供了真正的双向数据交换。我们不会深入地描述太多的内部细节，但是我们还是应该提到，尽管最早的实现仅限于文本数据，但是现在已经不是问题了；WebSocket 现在可以用于传输任意类型的数据，很像普通的套接字。

图 11-4 给出了 WebSocket 协议的一般概念。在这个场景下，通信将作为普通的 HTTP 协议开始，随后升级到双向的 WebSocket 协议。

要想向你的应用程序中添加对于 WebSocket 的支持，你需要将适当的客户端或者服务器 WebSocket ChannelHandler 添加到 ChannelPipeline 中。这个类将处理由 WebSocket 定义的称为帧的特殊消息类型。如表 11-3 所示，WebSocketFrame 可以被归类为数据帧或者控制帧。

---

① Comet 就是一个例子：http://en.wikipedia.org/wiki/Comet_%28programming%29。

② RFC 6455，WebSocket 协议，http://tools.ietf.org/html/rfc6455。

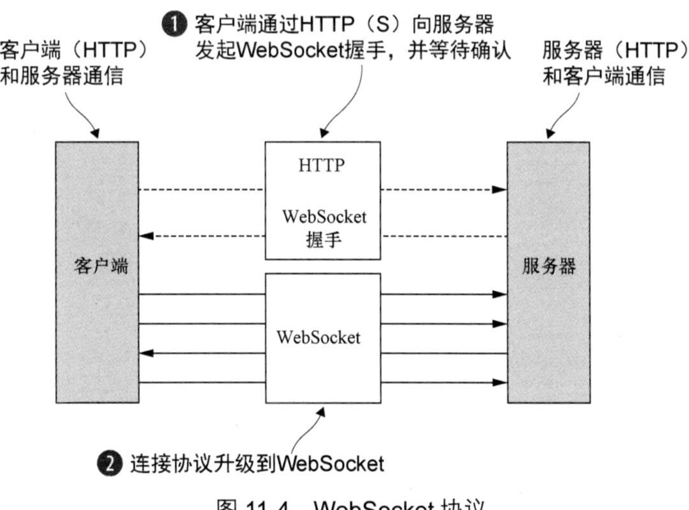

图 11-4 WebSocket 协议

表 11-3 **WebSocketFrame** 类型

名　称	描　述
BinaryWebSocketFrame	数据帧：二进制数据
TextWebSocketFrame	数据帧：文本数据
ContinuationWebSocketFrame	数据帧：属于上一个 BinaryWebSocketFrame 或者 TextWebSocketFrame 的文本的或者二进制数据
CloseWebSocketFrame	控制帧：一个 CLOSE 请求、关闭的状态码以及关闭的原因
PingWebSocketFrame	控制帧：请求一个 PongWebSocketFrame
PongWebSocketFrame	控制帧：对 PingWebSocketFrame 请求的响应

因为 Netty 主要是一种服务器端的技术，所以在这里我们重点创建 WebSocket 服务器[①]。代码清单 11-6 展示了一个使用 WebSocketServerProtocolHandler 的简单示例，这个类处理协议升级握手，以及 3 种控制帧——Close、Ping 和 Pong。Text 和 Binary 数据帧将会被传递给下一个（由你实现的）ChannelHandler 进行处理。

代码清单 11-6　在服务器端支持 WebSocket

```
public class WebSocketServerInitializer extends ChannelInitializer<Channel>{
    @Override
    protected void initChannel(Channel ch) throws Exception {
```

① 关于 WebSocket 的客户端示例，请参考 Netty 源代码中所包含的例子：https://github.com/netty/netty/tree/4.1/example/src/main/java/io/netty/example/http/websocketx/client。

```
        ch.pipeline().addLast(
            new HttpServerCodec(),
            new HttpObjectAggregator(65536),
            new WebSocketServerProtocolHandler("/websocket"),
            new TextFrameHandler(),
            new BinaryFrameHandler(),
            new ContinuationFrameHandler());
    }

    public static final class TextFrameHandler extends
        SimpleChannelInboundHandler<TextWebSocketFrame> {
        @Override
        public void channelRead0(ChannelHandlerContext ctx,
            TextWebSocketFrame msg) throws Exception {
            // Handle text frame
        }
    }

    public static final class BinaryFrameHandler extends
        SimpleChannelInboundHandler<BinaryWebSocketFrame> {
        @Override
        public void channelRead0(ChannelHandlerContext ctx,
            BinaryWebSocketFrame msg) throws Exception {
            // Handle binary frame
        }
    }

    public static final class ContinuationFrameHandler extends
        SimpleChannelInboundHandler<ContinuationWebSocketFrame> {
        @Override
        public void channelRead0(ChannelHandlerContext ctx,
            ContinuationWebSocketFrame msg) throws Exception {
            // Handle continuation frame
        }
    }
}
```

为握手提供聚合的 HttpRequest

如果被请求的端点是 "/websocket"，则处理该升级握手

TextFrameHandler 处理 TextWebSocketFrame

BinaryFrameHandler 处理 BinaryWebSocketFrame

ContinuationFrameHandler 处理 ContinuationWebSocketFrame

保护 WebSocket

要想为 WebSocket 添加安全性，只需要将 `SslHandler` 作为第一个 `ChannelHandler` 添加到 `ChannelPipeline` 中。

更加全面的示例参见第 12 章，那一章会深入探讨实时 WebSocket 应用程序的设计。

11.3 空闲的连接和超时

到目前为止，我们的讨论都集中在 Netty 通过专门的编解码器和处理器对 HTTP 的变型 HTTPS 和 WebSocket 的支持上。只要你有效地管理你的网络资源，这些技术就可以使得你的应用程序更加高效、易用和安全。所以，让我们一起来探讨下首先需要关注的——连接管理吧。

检测空闲连接以及超时对于及时释放资源来说是至关重要的。由于这是一项常见的任务，Netty 特地为它提供了几个 ChannelHandler 实现。表 11-4 给出了它们的概述。

表 11-4 用于空闲连接以及超时的 **ChannelHandler**

名　称	描　述
IdleStateHandler	当连接空闲时间太长时，将会触发一个 IdleStateEvent 事件。然后，你可以通过在你的 ChannelInboundHandler 中重写 userEventTriggered()方法来处理该 IdleStateEvent 事件
ReadTimeoutHandler	如果在指定的时间间隔内没有收到任何的入站数据，则抛出一个 ReadTimeoutException 并关闭对应的 Channel。可以通过重写你的 ChannelHandler 中的 exceptionCaught()方法来检测该 ReadTimeoutException
WriteTimeoutHandler	如果在指定的时间间隔内没有任何出站数据写入，则抛出一个 WriteTimeoutException 并关闭对应的 Channel。可以通过重写你的 ChannelHandler 的 exceptionCaught()方法检测该 WriteTimeoutException

让我们仔细看看在实践中使用得最多的 IdleStateHandler 吧。代码清单 11-7 展示了当使用通常的发送心跳消息到远程节点的方法时，如果在 60 秒之内没有接收或者发送任何的数据，我们将如何得到通知；如果没有响应，则连接会被关闭。

代码清单 11-7 发送心跳

```
public class IdleStateHandlerInitializer extends ChannelInitializer<Channel>
    {
    @Override
    protected void initChannel(Channel ch) throws Exception {
        ChannelPipeline pipeline = ch.pipeline();
        pipeline.addLast(
            new IdleStateHandler(0, 0, 60, TimeUnit.SECONDS));
        pipeline.addLast(new HeartbeatHandler());


    public static final class HeartbeatHandler
        extends ChannelInboundHandlerAdapter {
        private static final ByteBuf HEARTBEAT_SEQUENCE =
            Unpooled.unreleasableBuffer(Unpooled.copiedBuffer(
            "HEARTBEAT", CharsetUtil.ISO_8859_1));

        @Override
        public void userEventTriggered(ChannelHandlerContext ctx,
            Object evt) throws Exception {
            if (evt instanceof IdleStateEvent) {
                ctx.writeAndFlush(HEARTBEAT_SEQUENCE.duplicate())
```

❶ IdleStateHandler 将在被触发时发送一个 IdleStateEvent 事件

将一个 HeartbeatHandler 添加到 ChannelPipeline 中

实现 userEventTriggered()方法以发送心跳消息

发送到远程节点的心跳消息

❷ 发送心跳消息，并在发送失败时关闭该连接

```
                    .addListener(
                        ChannelFutureListener.CLOSE_ON_FAILURE);
            } else {
                super.userEventTriggered(ctx, evt);
            }
        }
    }
}
```

不是 IdleStateEvent 事件，所以将它传递给下一个 Channel-InboundHandler

这个示例演示了如何使用 IdleStateHandler 来测试远程节点是否仍然还活着，并且在它失活时通过关闭连接来释放资源。

如果连接超过 60 秒没有接收或者发送任何的数据，那么 IdleStateHandler❶将会使用一个 IdleStateEvent 事件来调用 fireUserEventTriggered()方法。HeartbeatHandler 实现了 userEventTriggered()方法，如果这个方法检测到 IdleStateEvent 事件，它将会发送心跳消息，并且添加一个将在发送操作失败时关闭该连接的 ChannelFutureListener❷。

11.4 解码基于分隔符的协议和基于长度的协议

在使用 Netty 的过程中，你将会遇到需要解码器的基于分隔符和帧长度的协议。下一节将解释 Netty 所提供的用于处理这些场景的实现。

11.4.1 基于分隔符的协议

基于分隔符的（delimited）消息协议使用定义的字符来标记的消息或者消息段（通常被称为帧）的开头或者结尾。由 RFC 文档正式定义的许多协议（如 SMTP、POP3、IMAP 以及 Telnet[①]）都是这样的。此外，当然，私有组织通常也拥有他们自己的专有格式。无论你使用什么样的协议，表 11-5 中列出的解码器都能帮助你定义可以提取由任意标记（token）序列分隔的帧的自定义解码器。

表 11-5 用于处理基于分隔符的协议和基于长度的协议的解码器

名　称	描　述
DelimiterBasedFrameDecoder	使用任何由用户提供的分隔符来提取帧的通用解码器
LineBasedFrameDecoder	提取由行尾符（\n 或者\r\n）分隔的帧的解码器。这个解码器比 DelimiterBasedFrameDecoder 更快

图 11-5 展示了当帧由行尾序列\r\n（回车符+换行符）分隔时是如何被处理的。

① 有关这些协议的 RFC 可以在 IETF 的网站上找到：SMTP 在 www.ietf.org/rfc/rfc2821.txt，POP3 在 www.ietf.org/rfc/rfc1939.txt，IMAP 在 http://tools.ietf.org/html/rfc3501，而 Telnet 在 http://tools.ietf.org/search/rfc854。

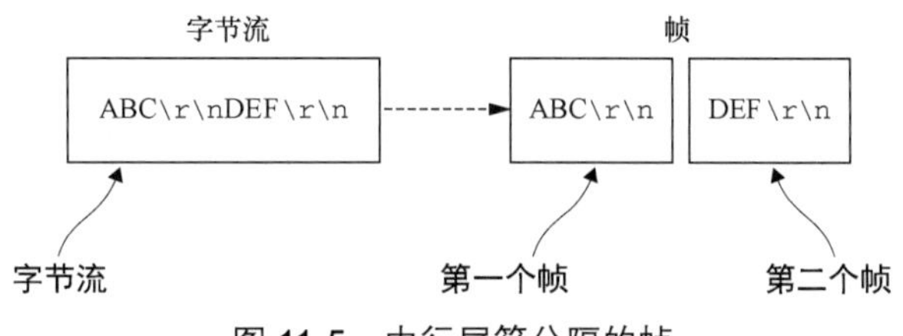

图 11-5　由行尾符分隔的帧

代码清单 11-8 展示了如何使用 LineBasedFrameDecoder 来处理图 11-5 所示的场景。

代码清单 11-8　处理由行尾符分隔的帧

```
public class LineBasedHandlerInitializer extends ChannelInitializer<Channel>
    {
    @Override
    protected void initChannel(Channel ch) throws Exception {
        ChannelPipeline pipeline = ch.pipeline();
        pipeline.addLast(new LineBasedFrameDecoder(64 * 1024));    // 该 LineBasedFrameDecoder 将提取的帧转发给下一个 ChannelInboundHandler
        pipeline.addLast(new FrameHandler());    // 添加 FrameHandler 以接收帧
    }

    public static final class FrameHandler
        extends SimpleChannelInboundHandler<ByteBuf> {
        @Override
         public void channelRead0(ChannelHandlerContext ctx,    // 传入了单个帧的内容
            ByteBuf msg) throws Exception {
            // Do something with the data extracted from the frame
        }
    }
}
```

如果你正在使用除了行尾符之外的分隔符分隔的帧，那么你可以以类似的方式使用 DelimiterBasedFrameDecoder，只需要将特定的分隔符序列指定到其构造函数即可。

这些解码器是实现你自己的基于分隔符的协议的工具。作为示例，我们将使用下面的协议规范：

- 传入数据流是一系列的帧，每个帧都由换行符（\n）分隔；
- 每个帧都由一系列的元素组成，每个元素都由单个空格字符分隔；
- 一个帧的内容代表一个命令，定义为一个命令名称后跟着数目可变的参数。

我们用于这个协议的自定义解码器将定义以下类：

- Cmd——将帧（命令）的内容存储在 ByteBuf 中，一个 ByteBuf 用于名称，另一个用于参数；
- CmdDecoder——从被重写了的 decode() 方法中获取一行字符串，并从它的内容构建一个 Cmd 的实例；

■ CmdHandler——从 CmdDecoder 获取解码的 Cmd 对象，并对它进行一些处理；
■ CmdHandlerInitializer——为了简便起见，我们将会把前面的这些类定义为专门的 ChannelInitializer 的嵌套类，其将会把这些 ChannelInboundHandler 安装到 ChannelPipeline 中。

正如将在代码清单 11-9 中所能看到的那样，这个解码器的关键是扩展 LineBasedFrame-Decoder。

代码清单 11-9　使用 ChannelInitializer 安装解码器

```
public class CmdHandlerInitializer extends ChannelInitializer<Channel> {
    final byte SPACE = (byte)' ';
    @Override
    protected void initChannel(Channel ch) throws Exception {
        ChannelPipeline pipeline = ch.pipeline();
        pipeline.addLast(new CmdDecoder(64 * 1024));
        pipeline.addLast(new CmdHandler());
    }

    public static final class Cmd {
        private final ByteBuf name;
        private final ByteBuf args;

        public Cmd(ByteBuf name, ByteBuf args) {
            this.name = name;
            this.args = args;
        }

        public ByteBuf name() {
            return name;
        }

        public ByteBuf args() {
            return args;
        }
    }

    public static final class CmdDecoder extends LineBasedFrameDecoder {
        public CmdDecoder(int maxLength) {
            super(maxLength);
        }

        @Override
        protected Object decode(ChannelHandlerContext ctx, ByteBuf buffer)
            throws Exception {
            ByteBuf frame = (ByteBuf) super.decode(ctx, buffer);
            if (frame == null) {
                return null;
            }
            int index = frame.indexOf(frame.readerIndex(),
                frame.writerIndex(), SPACE);
            return new Cmd(frame.slice(frame.readerIndex(), index),
                frame.slice(index + 1, frame.writerIndex()));
        }
```

添加 CmdDecoder 以提取 Cmd 对象，并将它转发给下一个 ChannelInboundHandler

添加 CmdHandler 以接收和处理 Cmd 对象

Cmd POJO

从 ByteBuf 中提取由行尾符序列分隔的帧

如果输入中没有帧，则返回 null

查找第一个空格字符的索引。前面是命令名称，接着是参数

使用包含有命令名称和参数的切片创建新的 Cmd 对象

```
    }

    public static final class CmdHandler
        extends SimpleChannelInboundHandler<Cmd> {
        @Override
        public void channelRead0(ChannelHandlerContext ctx, Cmd msg)
            throws Exception {
            // Do something with the command        <┐ 处理传经 ChannelPipeline
        }                                               │ 的 Cmd 对象
    }
}
```

11.4.2 基于长度的协议

基于长度的协议通过将它的长度编码到帧的头部来定义帧，而不是使用特殊的分隔符来标记它的结束。[①]表 11-6 列出了 Netty 提供的用于处理这种类型的协议的两种解码器。

表 11-6 用于基于长度的协议的解码器

名　称	描　述
FixedLengthFrameDecoder	提取在调用构造函数时指定的定长帧
LengthFieldBasedFrameDecoder	根据编码进帧头部中的长度值提取帧；该字段的偏移量以及长度在构造函数中指定

图 11-6 展示了 FixedLengthFrameDecoder 的功能，其在构造时已经指定了帧长度为 8 字节。

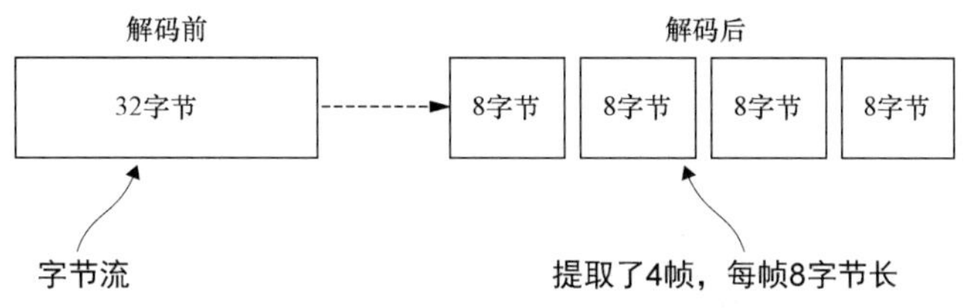

图 11-6 解码长度为 8 字节的帧

你将经常会遇到被编码到消息头部的帧大小不是固定值的协议。为了处理这种变长帧，你可以使用 LengthFieldBasedFrameDecoder，它将从头部字段确定帧长，然后从数据流中提取指定的字节数。

图 11-7 展示了一个示例，其中长度字段在帧中的偏移量为 0，并且长度为 2 字节。

① 对于固定帧大小的协议来说，不需要将帧长度编码到头部。——译者注

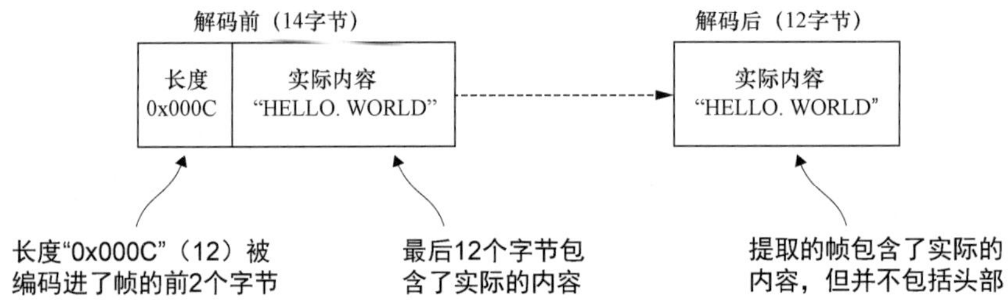

图 11-7 将变长帧大小编码进头部的消息

LengthFieldBasedFrameDecoder 提供了几个构造函数来支持各种各样的头部配置情况。代码清单 11-10 展示了如何使用其 3 个构造参数分别为 maxFrameLength、lengthField-Offset 和 lengthFieldLength 的构造函数。在这个场景中，帧的长度被编码到了帧起始的前 8 个字节中。

代码清单 11-10 使用 LengthFieldBasedFrameDecoder 解码器基于长度的协议

```
public class LengthBasedInitializer extends ChannelInitializer<Channel> {
    @Override
    protected void initChannel(Channel ch) throws Exception {
        ChannelPipeline pipeline = ch.pipeline();
        pipeline.addLast(
            new LengthFieldBasedFrameDecoder(64 * 1024, 0, 8));
        pipeline.addLast(new FrameHandler());
    }

    public static final class FrameHandler
        extends SimpleChannelInboundHandler<ByteBuf> {
        @Override
        public void channelRead0(ChannelHandlerContext ctx,
            ByteBuf msg) throws Exception {
            // Do something with the frame
        }
    }
}
```

使用 LengthFieldBasedFrameDecoder 解码将帧长度编码到帧起始的前 8 个字节中的消息

添加 FrameHandler 以处理每个帧

处理帧的数据

你现在已经看到了 Netty 提供的，用于支持那些通过指定协议帧的分隔符或者长度（固定的或者可变的）以定义字节流的结构的协议的编解码器。你将会发现这些编解码器的许多用途，因为许多的常见协议都落到了这些分类之一中。

11.5　写大型数据

因为网络饱和的可能性，如何在异步框架中高效地写大块的数据是一个特殊的问题。由于写操作是非阻塞的，所以即使没有写出所有的数据，写操作也会在完成时返回并通知 ChannelFuture。当这种情况发生时，如果仍然不停地写入，就有内存耗尽的风险。所以在写大型数据时，需要准备好处理到远程节点的连接是慢速连接的情况，这种情况会导致内存释放的延迟。让我们考虑下将一个文件内容写出到网络的情况。

在我们讨论传输（见 4.2 节）的过程中，提到了 NIO 的零拷贝特性，这种特性消除了将文件的内容从文件系统移动到网络栈的复制过程。所有的这一切都发生在 Netty 的核心中，所以应用程序所有需要做的就是使用一个 FileRegion 接口的实现，其在 Netty 的 API 文档中的定义是："通过支持零拷贝的文件传输的 Channel 来发送的文件区域。"

代码清单 11-11 展示了如何通过从 FileInputStream 创建一个 DefaultFileRegion，并将其写入 Channel[①]，从而利用零拷贝特性来传输一个文件的内容。

代码清单 11-11　使用 FileRegion 传输文件的内容

```
FileInputStream in = new FileInputStream(file);
FileRegion region = new DefaultFileRegion(
    in.getChannel(), 0, file.length());
channel.writeAndFlush(region).addListener(
    new ChannelFutureListener() {
    @Override
    public void operationComplete(ChannelFuture future)
        throws Exception {
        if (!future.isSuccess()) {
            Throwable cause = future.cause();
            // Do something
        }
    }
});
```

创建一个 FileInputStream

以该文件的完整长度创建一个新的 DefaultFileRegion

发送该 DefaultFileRegion，并注册一个 ChannelFutureListener

处理失败

这个示例只适用于文件内容的直接传输，不包括应用程序对数据的任何处理。在需要将数据从文件系统复制到用户内存中时，可以使用 ChunkedWriteHandler，它支持异步写大型数据流，而又不会导致大量的内存消耗。

关键是 interface ChunkedInput<B>，其中类型参数 B 是 readChunk() 方法返回的类型。Netty 预置了该接口的 4 个实现，如表 11-7 中所列出的。每个都代表了一个将由 ChunkedWriteHandler 处理的不定长度的数据流。

代码清单 11-12 说明了 ChunkedStream 的用法，它是实践中最常用的实现。所示的类使用了一个 File 以及一个 SslContext 进行实例化。当 initChannel() 方法被调用时，它将使

① 我们甚至可以利用 io.netty.channel.ChannelProgressivePromise 来实时获取传输的进度。——译者注

用所示的 ChannelHandler 链初始化该 Channel。

表 11-7 **ChunkedInput** 的实现

名 称	描 述
ChunkedFile	从文件中逐块获取数据，当你的平台不支持零拷贝或者你需要转换数据时使用
ChunkedNioFile	和 ChunkedFile 类似，只是它使用了 FileChannel
ChunkedStream	从 InputStream 中逐块传输内容
ChunkedNioStream	从 ReadableByteChannel 中逐块传输内容

当 Channel 的状态变为活动的时，WriteStreamHandler 将会逐块地把来自文件中的数据作为 ChunkedStream 写入。数据在传输之前将会由 SslHandler 加密。

代码清单 11-12 使用 **ChunkedStream** 传输文件内容

```
public class ChunkedWriteHandlerInitializer
    extends ChannelInitializer<Channel> {
    private final File file;
    private final SslContext sslCtx;

    public ChunkedWriteHandlerInitializer(File file, SslContext sslCtx) {
        this.file = file;
        this.sslCtx = sslCtx;
    }

    @Override
    protected void initChannel(Channel ch) throws Exception {
        ChannelPipeline pipeline = ch.pipeline();
        pipeline.addLast(new SslHandler(sslCtx.newEngine(ch.alloc()));
        pipeline.addLast(new ChunkedWriteHandler());
        pipeline.addLast(new WriteStreamHandler());
    }

    public final class WriteStreamHandler
        extends ChannelInboundHandlerAdapter {

        @Override
        public void channelActive(ChannelHandlerContext ctx)
            throws Exception {
            super.channelActive(ctx);
            ctx.writeAndFlush(
            new ChunkedStream(new FileInputStream(file)));
        }
    }
}
```

将 SslHandler 添加到 ChannelPipeline 中

添加 ChunkedWriteHandler 以处理作为 ChunkedInput 传入的数据

一旦连接建立，WriteStreamHandler 就开始写文件数据

当连接建立时，channelActive() 方法将使用 ChunkedInput 写文件数据

逐块输入 要使用你自己的 ChunkedInput 实现，请在 ChannelPipeline 中安装一个 ChunkedWriteHandler。

在本节中，我们讨论了如何通过使用零拷贝特性来高效地传输文件，以及如何通过使用 ChunkedWriteHandler 来写大型数据而又不必冒着导致 OutOfMemoryError 的风险。在下

一节中，我们将仔细研究几种序列化 POJO 的方法。

11.6 序列化数据

JDK 提供了 ObjectOutputStream 和 ObjectInputStream，用于通过网络对 POJO 的基本数据类型和图进行序列化和反序列化。该 API 并不复杂，而且可以被应用于任何实现了 java.io.Serializable 接口的对象。但是它的性能也不是非常高效的。在这一节中，我们将看到 Netty 必须为此提供什么。

11.6.1 JDK 序列化

如果你的应用程序必须要和使用了 ObjectOutputStream 和 ObjectInputStream 的远程节点交互，并且兼容性也是你最关心的，那么 JDK 序列化将是正确的选择[①]。表 11-8 中列出了 Netty 提供的用于和 JDK 进行互操作的序列化类。

表 11-8 JDK 序列化编解码器

名 称	描 述
CompatibleObjectDecoder[②]	和使用 JDK 序列化的非基于 Netty 的远程节点进行互操作的解码器
CompatibleObjectEncoder	和使用 JDK 序列化的非基于 Netty 的远程节点进行互操作的编码器
ObjectDecoder	构建于 JDK 序列化之上的使用自定义的序列化来解码的解码器；当没有其他的外部依赖时，它提供了速度上的改进。否则其他的序列化实现更加可取
ObjectEncoder	构建于 JDK 序列化之上的使用自定义的序列化来编码的编码器；当没有其他的外部依赖时，它提供了速度上的改进。否则其他的序列化实现更加可取

11.6.2 使用 JBoss Marshalling 进行序列化

如果你可以自由地使用外部依赖，那么 JBoss Marshalling 将是个理想的选择：它比 JDK 序列化最多快 3 倍，而且也更加紧凑。在 JBoss Marshalling 官方网站主页[③]上的概述中对它是这么定义的：

① 参见 Oracle 的 Java SE 文档中的“JavaObject Serialization”部分：http://docs.oracle.com/javase/8/docs/technotes/guides/serialization/。

② 这个类已经在 Netty 3.1 中废弃，并不存在于 Netty 4.x 中：https://issues.jboss.org/browse/NETTY-136。——译者注

③ “About JBoss Marshalling”：www.jboss.org/jbossmarshalling。

JBoss Marshalling 是一种可选的序列化 API，它修复了在 JDK 序列化 API 中所发现的许多问题，同时保留了与 java.io.Serializable 及其相关类的兼容性，并添加了几个新的可调优参数以及额外的特性，所有的这些都是可以通过工厂配置（如外部序列化器、类/实例查找表、类解析以及对象替换等）实现可插拔的。

Netty 通过表 11-9 所示的两组解码器/编码器对为 Boss Marshalling 提供了支持。第一组兼容只使用 JDK 序列化的远程节点。第二组提供了最大的性能，适用于和使用 JBoss Marshalling 的远程节点一起使用。

表 11-9　JBoss Marshalling 编解码器

名　　称	描　　述
CompatibleMarshallingDecoder CompatibleMarshallingEncoder	与只使用 JDK 序列化的远程节点兼容
MarshallingDecoder MarshallingEncoder	适用于使用 JBoss Marshalling 的节点。这些类必须一起使用

代码清单 11-13 展示了如何使用 MarshallingDecoder 和 MarshallingEncoder。同样，几乎只是适当地配置 ChannelPipeline 罢了。

代码清单 11-13　使用 JBoss Marshalling

```
public class MarshallingInitializer extends ChannelInitializer<Channel> {
    private final MarshallerProvider marshallerProvider;
    private final UnmarshallerProvider unmarshallerProvider;

    public MarshallingInitializer(
        UnmarshallerProvider unmarshallerProvider,
        MarshallerProvider marshallerProvider) {
        this.marshallerProvider = marshallerProvider;
        this.unmarshallerProvider = unmarshallerProvider;
    }

    @Override
    protected void initChannel(Channel channel) throws Exception {
        ChannelPipeline pipeline = channel.pipeline();
        pipeline.addLast(new MarshallingDecoder(unmarshallerProvider));
        pipeline.addLast(new MarshallingEncoder(marshallerProvider));
        pipeline.addLast(new ObjectHandler());
    }

    public static final class ObjectHandler
        extends SimpleChannelInboundHandler<Serializable> {
        @Override
        public void channelRead0(
```

添加 MarshallingDecoder 以将 ByteBuf 转换为 POJO

添加 MarshallingEncoder 以将 POJO 转换为 ByteBuf

添加 ObjectHandler，以处理普通的实现了 Serializable 接口的 POJO

```
            ChannelHandlerContext channelHandlerContext,
            Serializable serializable) throws Exception {
            // Do something
        }
    }
}
```

11.6.3 通过 Protocol Buffers 序列化

Netty 序列化的最后一个解决方案是利用 Protocol Buffers[①]的编解码器，它是一种由 Google 公司开发的、现在已经开源的数据交换格式。可以在 https://github.com/google/protobuf 找到源代码。

Protocol Buffers 以一种紧凑而高效的方式对结构化的数据进行编码以及解码。它具有许多的编程语言绑定，使得它很适合跨语言的项目。表 11-10 展示了 Netty 为支持 protobuf 所提供的 ChannelHandler 实现。

表 11-10 Protobuf 编解码器

名　称	描　述
ProtobufDecoder	使用 protobuf 对消息进行解码
ProtobufEncoder	使用 protobuf 对消息进行编码
ProtobufVarint32FrameDecoder	根据消息中的 Google Protocol Buffers 的 "Base 128 Varints"[a] 整型长度字段值动态地分割所接收到的 ByteBuf
ProtobufVarint32LengthFieldPrepender	向 ByteBuf 前追加一个 Google Protocal Buffers 的"Base 128 Varints" 整型的长度字段值

a.参见 Google 的 Protocol Buffers 编码的开发者指南：https://developers.google.com/protocol-buffers/docs/encoding。

在这里我们又看到了，使用 protobuf 只不过是将正确的 ChannelHandler 添加到 Channel-Pipeline 中，如代码清单 11-14 所示。

代码清单 11-14 使用 protobuf

```
public class ProtoBufInitializer extends ChannelInitializer<Channel> {
    private final MessageLite lite;

    public ProtoBufInitializer(MessageLite lite) {
        this.lite = lite;
    }

    @Override
    protected void initChannel(Channel ch) throws Exception {
        ChannelPipeline pipeline = ch.pipeline();
        pipeline.addLast(new ProtobufVarint32FrameDecoder());
```

添加 ProtobufVarint32FrameDecoder 以分隔帧

① 有关 Protocol Buffers 的描述请参考 https://developers.google.com/protocol-buffers/?hl=zh。

```
        pipeline.addLast(new ProtobufEncoder()); ①   <- 添加 ProtobufEncoder 以处理消息的编码
        pipeline.addLast(new ProtobufDecoder(lite));  <- 添加 ProtobufDecoder 以解码消息
        pipeline.addLast(new ObjectHandler());  <- 添加 ObjectHandler 以处理解码消息
    }

    public static final class ObjectHandler
        extends SimpleChannelInboundHandler<Object> {
            @Override
            public void channelRead0(ChannelHandlerContext ctx, Object msg)
            throws Exception {
            // Do something with the object
            }
    }
}
```

在这一节中，我们探讨了由 Netty 专门的解码器和编码器所支持的不同的序列化选项：标准 JDK 序列化、JBoss Marshalling 以及 Google 的 Protocol Buffers。

11.7 小结

Netty 提供的编解码器以及各种 ChannelHandler 可以被组合和扩展，以实现非常广泛的处理方案。此外，它们也是被论证的、健壮的组件，已经被许多的大型系统所使用。

需要注意的是，我们只涵盖了最常见的示例；Netty 的 API 文档提供了更加全面的覆盖。

在下一章中，我们将学习另一种先进的协议——WebSocket，它被开发用以改进 Web 应用程序的性能以及响应性。Netty 提供了你将会需要的工具，以便你快速、轻松地利用它强大的功能。

① 还需要在当前的 ProtobufEncoder 之前添加一个相应的 ProtobufVarint32LengthFieldPrepender 以编码进帧长度信息。——译者注

第三部分

网络协议

WebSocket 是一种为了提高 Web 应用程序的性能以及响应性而开发的先进的网络协议。我们将通过编写一个简单的示例应用程序来探索 Netty 对它们的支持。

在第 12 章中，通过构建一个可以在多个浏览器客户端之间进行实时通信的聊天室，你将学习到如何使用 WebSocket 来实现双向数据传输。你还将会看到如何在你的应用程序中通过检测客户端是否支持 WebSocket 协议，从而从 HTTP 协议切换到 WebSocket 协议。

通过对第 13 章中 Netty 对于用户数据报协议（UDP）的支持的学习，我们将结束第三部分。在这一章中，你将会构建可适用于多种实际用途的广播服务器和监视器客户端。

第 12 章　WebSocket

本章主要内容

- 实时 Web 的概念
- WebSocket 协议
- 使用 Netty 构建一个基于 WebSocket 的聊天室服务器

如果你有跟进 Web 技术的最新进展，你很可能就遇到过“实时 Web”这个短语，而如果你在工程领域中有实时应用程序的实战经验，那么你可能有点怀疑这个术语到底意味着什么。

因此，让我们首先澄清，这里并不是指所谓的硬实时服务质量（QoS），硬实时服务质量是保证计算结果将在指定的时间间隔内被递交。仅 HTTP 的请求/响应模式设计就使得其很难被支持，从过去所设计的各种方案中都没有提供一种能够提供令人满意的解决方案的事实中便可见一斑。

虽然已经有了一些关于正式定义实时 Web 服务[①]语义的学术讨论，但是被普遍接受的定义似乎还未出现。因此现在我们将采纳下面来自维基百科的非权威性描述：

> 实时 Web 利用技术和实践，使用户在信息的作者发布信息之后就能够立即收到信息，而不需要他们或者他们的软件周期性地检查信息源以获取更新。

简而言之，虽然全面的实时 Web 可能并不会马上到来，但是它背后的想法却助长了对于几乎瞬时获得信息的期望。我们将在本章中讨论的 WebSocket[②]协议便是在这个方向上迈出的坚实的一步。

12.1　WebSocket 简介

WebSocket 协议是完全重新设计的协议，旨在为 Web 上的双向数据传输问题提供一个切

① “Real-time Web Services Orchestration and Choreography”：http://ceur-ws.org/Vol-601/EOMAS10_paper13.pdf。

② IETF RFC 6455, The WebSocket Protocol: http://tools.ietf.org/html/rfc6455。

实可行的解决方案，使得客户端和服务器之间可以在任意时刻传输消息，因此，这也就要求它们异步地处理消息回执。（作为 HTML5 客户端 API 的一部分，大部分最新的浏览器都已经支持了 WebSocket。）

Netty 对于 WebSocket 的支持包含了所有正在使用中的主要实现，因此在你的下一个应用程序中采用它将是简单直接的。和往常使用 Netty 一样，你可以完全使用该协议，而无需关心它内部的实现细节。我们将通过创建一个基于 WebSocket 的实时聊天应用程序来演示这一点。

12.2 我们的 WebSocket 示例应用程序

为了让示例应用程序展示它的实时功能，我们将通过使用 WebSocket 协议来实现一个基于浏览器的聊天应用程序，就像你可能在 Facebook 的文本消息功能中见到过的那样。我们将通过使得多个用户之间可以同时进行相互通信，从而更进一步。

图 12-1 说明了该应用程序的逻辑：

（1）客户端发送一个消息；

（2）该消息将被广播到所有其他连接的客户端。

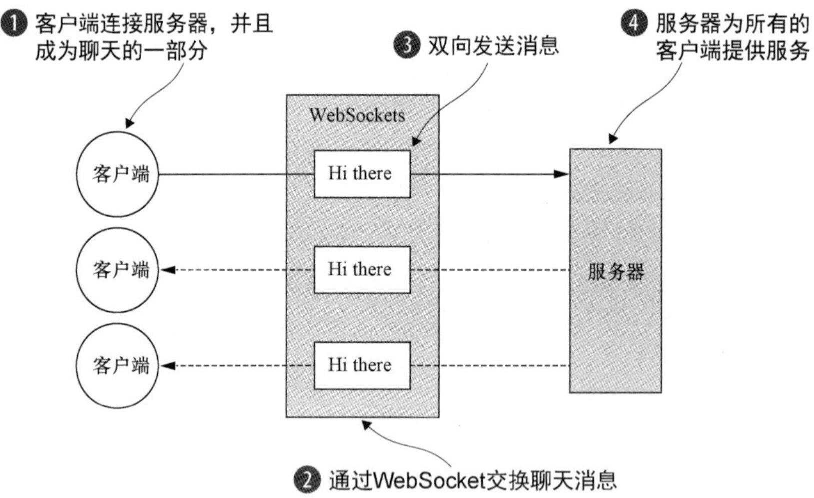

图 12-1 WebSocket 应用程序逻辑

这正如你可能会预期的一个聊天室应当的工作方式：所有的人都可以和其他的人聊天。在示例中，我们将只实现服务器端，而客户端则是通过 Web 页面访问该聊天室的浏览器。正如同你将在接下来的几页中所看到的，WebSocket 简化了编写这样的服务器的过程。

12.3　添加 WebSocket 支持

在从标准的 HTTP 或者 HTTPS 协议切换到 WebSocket 时，将会使用一种称为升级握手[①]的机制。因此，使用 WebSocket 的应用程序将始终以 HTTP/S 作为开始，然后再执行升级。这个升级动作发生的确切时刻特定于应用程序；它可能会发生在启动时，也可能会发生在请求了某个特定的 URL 之后。

我们的应用程序将采用下面的约定：如果被请求的 URL 以`/ws`结尾，那么我们将会把该协议升级为 WebSocket；否则，服务器将使用基本的 HTTP/S。在连接已经升级完成之后，所有数据都将会使用 WebSocket 进行传输。图 12-2 说明了该服务器逻辑，一如在 Netty 中一样，它由一组 `ChannelHandler` 实现。我们将会在下一节中，解释用于处理 HTTP 以及 WebSocket 协议的技术时，描述它们。

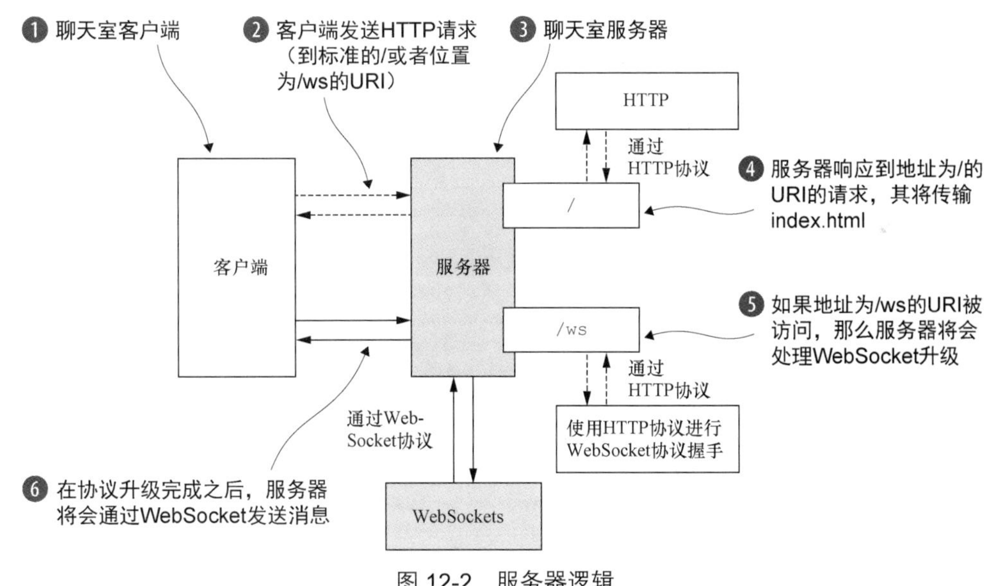

图 12-2　服务器逻辑

12.3.1　处理 HTTP 请求

首先，我们将实现该处理 HTTP 请求的组件。这个组件将提供用于访问聊天室并显示由连接的客户端发送的消息的网页。代码清单 12-1 给出了这个 `HttpRequestHandler` 对应的代码，其扩展了 `SimpleChannelInboundHandler` 以处理 `FullHttpRequest` 消息。需要注意的

① Mozilla 开发者网络，“Protocol upgrade mechanism”：https://developer.mozilla.org/en-US/docs/HTTP/Protocol_upgrade_mechanism。

是，channelRead0()方法的实现是如何转发任何目标 URI 为/ws 的请求的。

代码清单 12-1 HTTPRequestHandler

```
public class HttpRequestHandler
    extends SimpleChannelInboundHandler<FullHttpRequest> {
    private final String wsUri;
    private static final File INDEX;

    static {
        URL location = HttpRequestHandler.class
            .getProtectionDomain()
            .getCodeSource().getLocation();
        try {
            String path = location.toURI() + "index.html";
            path = !path.contains("file:") ? path : path.substring(5);
            INDEX = new File(path);
        } catch (URISyntaxException e) {
            throw new IllegalStateException(
                "Unable to locate index.html", e);
        }
    }

    public HttpRequestHandler(String wsUri) {
        this.wsUri = wsUri;
    }

    @Override
    public void channelRead0(ChannelHandlerContext ctx,
        FullHttpRequest request) throws Exception {
        if (wsUri.equalsIgnoreCase(request.getUri())) {
            ctx.fireChannelRead(request.retain());
        } else {
            if (HttpHeaders.is100ContinueExpected(request)) {
                send100Continue(ctx);
            }
            RandomAccessFile file = new RandomAccessFile(INDEX, "r");
            HttpResponse response = new DefaultHttpResponse(
                request.getProtocolVersion(), HttpResponseStatus.OK);
            response.headers().set(
                HttpHeaders.Names.CONTENT_TYPE,
                "text/html; charset=UTF-8");
            boolean keepAlive = HttpHeaders.isKeepAlive(request);
            if (keepAlive) {
                response.headers().set(
                    HttpHeaders.Names.CONTENT_LENGTH, file.length());
                response.headers().set( HttpHeaders.Names.CONNECTION,
                    HttpHeaders.Values.KEEP_ALIVE);
            }
            ctx.write(response);
            if (ctx.pipeline().get(SslHandler.class) == null) {
                ctx.write(new DefaultFileRegion(
                    file.getChannel(), 0, file.length()));
            } else {
```

扩展 SimpleChannelInboundHandler 以处理 FullHttpRequest 消息

❶ 如果请求了 WebSocket 协议升级，则增加引用计数(调用 retain()方法)，并将它传递给下一个 ChannelInboundHandler

❷ 处理 100 Continue 请求以符合 HTTP 1.1 规范

读取 index.html

如果请求了 keep-alive，则添加所需要的 HTTP 头信息

❸ 将 HttpResponse 写到客户端

❹ 将 index.html 写到客户端

```
                ctx.write(new ChunkedNioFile(file.getChannel()));
            }
            ChannelFuture future = ctx.writeAndFlush(
                LastHttpContent.EMPTY_LAST_CONTENT);
            if (!keepAlive) {
                future.addListener(ChannelFutureListener.CLOSE);
            }
        }
    }

    private static void send100Continue(ChannelHandlerContext ctx) {
        FullHttpResponse response = new DefaultFullHttpResponse(
            HttpVersion.HTTP_1_1, HttpResponseStatus.CONTINUE);
        ctx.writeAndFlush(response);
    }

    @Override
    public void exceptionCaught(ChannelHandlerContext ctx, Throwable cause)
        throws Exception {
        cause.printStackTrace();
        ctx.close();
    }
}
```

❺ 写 LastHttpContent 并冲刷至客户端

❻ 如果没有请求 keep-alive，则在写操作完成后关闭 Channel

如果该 HTTP 请求指向了地址为/ws 的 URI，那么 HttpRequestHandler 将调用 FullHttpRequest 对象上的 retain()方法，并通过调用 fireChannelRead(msg)方法将它转发给下一个 ChannelInboundHandler❶。之所以需要调用 retain()方法，是因为调用 channelRead()方法完成之后，它将调用 FullHttpRequest 对象上的 release()方法以释放它的资源。（参见我们在第 6 章中对于 SimpleChannelInboundHandler 的讨论。）

如果客户端发送了 HTTP 1.1 的 HTTP 头信息 Expect: 100-continue，那么 HttpRequestHandler 将会发送一个 100 Continue❷响应。在该 HTTP 头信息被设置之后，HttpRequestHandler 将会写回一个 HttpResponse❸给客户端。这不是一个 FullHttpResponse，因为它只是响应的第一个部分。此外，这里也不会调用 writeAndFlush()方法，在结束的时候才会调用。

如果不需要加密和压缩，那么可以通过将 index.html❹的内容存储到 DefaultFileRegion 中来达到最佳效率。这将会利用零拷贝特性来进行内容的传输。为此，你可以检查一下，是否有 SslHandler 存在于在 ChannelPipeline 中。否则，你可以使用 ChunkedNioFile。

HttpRequestHandler 将写一个 LastHttpContent❺来标记响应的结束。如果没有请求 keep-alive❻，那么 HttpRequestHandler 将会添加一个 ChannelFutureListener 到最后一次写出动作的 ChannelFuture，并关闭该连接。在这里，你将调用 writeAndFlush()方法以冲刷所有之前写入的消息。

这部分代码代表了聊天服务器的第一个部分，它管理纯粹的 HTTP 请求和响应。接下来，我们将处理传输实际聊天消息的 WebSocket 帧。

WEBSOCKET 帧 WebSocket 以帧的方式传输数据，每一帧代表消息的一部分。一个完整的消息可能会包含许多帧。

12.3.2 处理 WebSocket 帧

由 IETF 发布的 WebSocket RFC，定义了 6 种帧，Netty 为它们每种都提供了一个 POJO 实现。表 12-1 列出了这些帧类型，并描述了它们的用法。

表 12-1 **WebSocketFrame** 的类型

帧 类 型	描 述
BinaryWebSocketFrame	包含了二进制数据
TextWebSocketFrame	包含了文本数据
ContinuationWebSocketFrame	包含属于上一个 BinaryWebSocketFrame 或 TextWebSocket-Frame 的文本数据或者二进制数据
CloseWebSocketFrame	表示一个 CLOSE 请求，包含一个关闭的状态码和关闭的原因
PingWebSocketFrame	请求传输一个 PongWebSocketFrame
PongWebSocketFrame	作为一个对于 PingWebSocketFrame 的响应被发送

我们的聊天应用程序将使用下面几种帧类型：

- CloseWebSocketFrame；
- PingWebSocketFrame；
- PongWebSocketFrame；
- TextWebSocketFrame。

TextWebSocketFrame 是我们唯一真正需要处理的帧类型。为了符合 WebSocket RFC，Netty 提供了 WebSocketServerProtocolHandler 来处理其他类型的帧。

代码清单 12-2 展示了我们用于处理 TextWebSocketFrame 的 ChannelInboundHandler，其还将在它的 ChannelGroup 中跟踪所有活动的 WebSocket 连接。

代码清单 12-2 处理文本帧

扩展 SimpleChannelInboundHandler，并处理 TextWebSocketFrame 消息

```
public class TextWebSocketFrameHandler
    extends SimpleChannelInboundHandler<TextWebSocketFrame> {
    private final ChannelGroup group;

    public TextWebSocketFrameHandler(ChannelGroup group) {
        this.group = group;
```

```
    }

    @Override
    public void userEventTriggered(ChannelHandlerContext ctx,
        Object evt) throws Exception {
        if (evt == WebSocketServerProtocolHandler
            .ServerHandshakeStateEvent.HANDSHAKE_COMPLETE) {
            ctx.pipeline().remove(HttpRequestHandler.class);
            group.writeAndFlush(new TextWebSocketFrame(
                "Client " + ctx.channel() + " joined"));
            group.add(ctx.channel());
        } else {
            super.userEventTriggered(ctx, evt);
        }
    }

    @Override
    public void channelRead0(ChannelHandlerContext ctx,
        TextWebSocketFrame msg) throws Exception {
        group.writeAndFlush(msg.retain());
    }
}
```

重写 userEventTriggered()方法以处理自定义事件

如果该事件表示握手成功，则从该 Channelipeline 中移除 Http-RequestHandler，因为将不会接收到任何 HTTP 消息了

❶通知所有已经连接的 WebSocket 客户端新的客户端已经连接上了

将新的 WebSocket Channel 添加到 ChannelGroup 中，以便它可以接收到所有的消息❷

❸增加消息的引用计数，并将它写到 ChannelGroup 中所有已经连接的客户端

TextWebSocketFrameHandler 只有一组非常少量的责任。当和新客户端的 WebSocket 握手成功完成之后❶，它将通过把通知消息写到 ChannelGroup 中的所有 Channel 来通知所有已经连接的客户端，然后它将把这个新 Channel 加入到该 ChannelGroup 中❷。

如果接收到了 TextWebSocketFrame 消息❸，TextWebSocketFrameHandler 将调用 TextWebSocketFrame 消息上的 retain()方法，并使用 writeAndFlush()方法来将它传输给 ChannelGroup，以便所有已经连接的 WebSocket Channel 都将接收到它。

和之前一样，对于 retain()方法的调用是必需的，因为当 channelRead0()方法返回时，TextWebSocketFrame 的引用计数将会被减少。由于所有的操作都是异步的，因此，writeAndFlush()方法可能会在 channelRead0()方法返回之后完成，而且它绝对不能访问一个已经失效的引用。

因为 Netty 在内部处理了大部分剩下的功能，所以现在剩下唯一需要做的事情就是为每个新创建的 Channel 初始化其 ChannelPipeline。为此，我们将需要一个 ChannelInitializer。

12.3.3 初始化 ChannelPipeline

正如你已经学习到的，为了将 ChannelHandler 安装到 ChannelPipeline 中，你扩展了 ChannelInitializer，并实现了 initChannel()方法。代码清单 12-3 展示了由此生成的 ChatServerInitializer 的代码。

代码清单 12-3 初始化 ChannelPipeline

```
public class ChatServerInitializer extends ChannelInitializer<Channel> {    ← 扩展了 ChannelInitializer
    private final ChannelGroup group;

    public ChatServerInitializer(ChannelGroup group) {
        this.group = group;
    }

    @Override
    protected void initChannel(Channel ch) throws Exception {    ← 将所有需要的 ChannelHandler 添加到 ChannelPipeline 中
        ChannelPipeline pipeline = ch.pipeline();
        pipeline.addLast(new HttpServerCodec());
        pipeline.addLast(new ChunkedWriteHandler());
        pipeline.addLast(new HttpObjectAggregator(64 * 1024));
        pipeline.addLast(new HttpRequestHandler("/ws"));
        pipeline.addLast(new WebSocketServerProtocolHandler("/ws"));
        pipeline.addLast(new TextWebSocketFrameHandler(group));
    }
}
```

对于 initChannel()方法的调用，通过安装所有必需的 ChannelHandler 来设置该新注册的 Channel 的 ChannelPipeline。这些 ChannelHandler 以及它们各自的职责都被总结在了表 12-2 中。

表 12-2 基于 WebSocket 聊天服务器的 **ChannelHandler**

ChannelHandler	职　　责
HttpServerCodec	将字节解码为 HttpRequest、HttpContent 和 LastHttpContent。并将 HttpRequest、HttpContent 和 LastHttpContent 编码为字节
ChunkedWriteHandler	写入一个文件的内容
HttpObjectAggregator	将一个 HttpMessage 和跟随它的多个 HttpContent 聚合为单个 FullHttpRequest 或者 FullHttpResponse(取决于它是被用来处理请求还是响应)。安装了这个之后，ChannelPipeline 中的下一个 ChannelHandler 将只会收到完整的 HTTP 请求或响应
HttpRequestHandler	处理 FullHttpRequest（那些不发送到/ws URI 的请求）
WebSocketServerProtocolHandler	按照 WebSocket 规范的要求，处理 WebSocket 升级握手、PingWebSocketFrame 、 PongWebSocketFrame 和 CloseWebSocketFrame
TextWebSocketFrameHandler	处理 TextWebSocketFrame 和握手完成事件

Netty 的 WebSocketServerProtocolHandler 处理了所有委托管理的 WebSocket 帧类型以及升级握手本身。如果握手成功，那么所需的 ChannelHandler 将会被添加到 ChannelPipeline 中，而那些不再需要的 ChannelHandler 则将会被移除。

WebSocket 协议升级之前的 ChannelPipeline 的状态如图 12-3 所示。这代表了刚刚被 ChatServerInitializer 初始化之后的 ChannelPipeline。

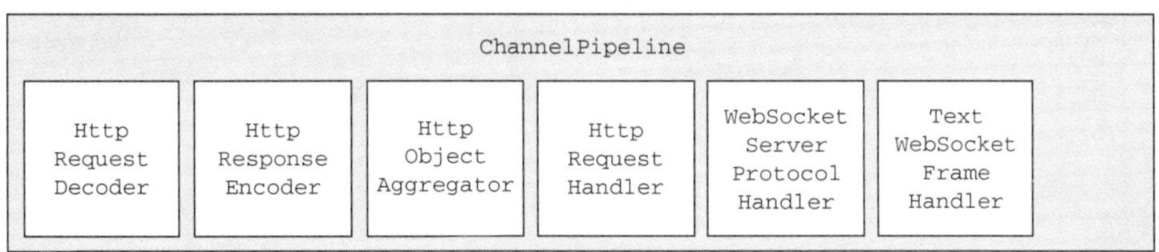

图 12-3 WebSocket 协议升级之前的 ChannelPipeline

当 WebSocket 协议升级完成之后，WebSocketServerProtocolHandler 将会把 HttpRequestDecoder 替换为 WebSocketFrameDecoder，把 HttpResponseEncoder 替换为 WebSocketFrameEncoder。为了性能最大化，它将移除任何不再被 WebSocket 连接所需要的 ChannelHandler。这也包括了图 12-3 所示的 HttpObjectAggregator 和 HttpRequestHandler。

图 12-4 展示了这些操作完成之后的 ChannelPipeline。需要注意的是，Netty 目前支持 4 个版本的 WebSocket 协议，它们每个都具有自己的实现类。Netty 将会根据客户端（这里指浏览器）所支持的版本[①]，自动地选择正确版本的 WebSocketFrameDecoder 和 WebSocketFrameEncoder。

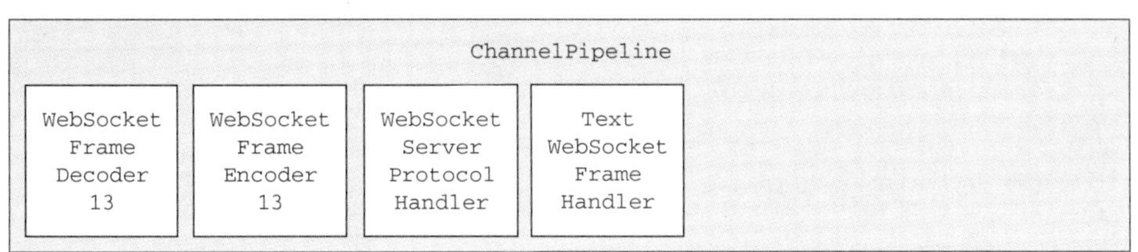

图 12-4 WebSocket 协议升级完成之后的 ChannelPipeline

12.3.4 引导

这幅拼图最后的一部分是引导该服务器，并安装 ChatServerInitializer 的代码。这将由 ChatServer 类处理，如代码清单 12-4 所示。

代码清单 12-4 引导服务器

```
public class ChatServer {
```

① 在这个例子中，我们假设使用了 13 版的 WebSocket 协议，所以图中展示的是 WebSocketFrameDecoder13 和 WebSocketFrameEncoder13。

```
private final ChannelGroup channelGroup =
    new DefaultChannelGroup(ImmediateEventExecutor.INSTANCE);
private final EventLoopGroup group = new NioEventLoopGroup();
private Channel channel;

public ChannelFuture start(InetSocketAddress address) {
    ServerBootstrap bootstrap = new ServerBootstrap();
    bootstrap.group(group)
        .channel(NioServerSocketChannel.class)
        .childHandler(createInitializer(channelGroup));
    ChannelFuture future = bootstrap.bind(address);
    future.syncUninterruptibly();
    channel = future.channel();
    return future;
}

protected ChannelInitializer<Channel> createInitializer(
    ChannelGroup group) {
    return new ChatServerInitializer(group);
}

public void destroy() {
    if (channel != null) {
        channel.close();
    }
    channelGroup.close();
    group.shutdownGracefully();
}

public static void main(String[] args) throws Exception {
    if (args.length != 1) {
        System.err.println("Please give port as argument");
        System.exit(1);
    }
    int port = Integer.parseInt(args[0]);
    final ChatServer endpoint = new ChatServer();
    ChannelFuture future = endpoint.start(
        new InetSocketAddress(port));
    Runtime.getRuntime().addShutdownHook(new Thread() {
        @Override
        public void run() {
            endpoint.destroy();
        }
    });
    future.channel().closeFuture().syncUninterruptibly();
```

创建 DefaultChannelGroup，其将保存所有已经连接的 WebSocket Channel

引导服务器

创建 ChatServerInitializer

处理服务器关闭，并释放所有的资源

```
    }
}
```

这也就完成了该应用程序本身。现在让我们来测试它吧。

12.4 测试该应用程序

目录 chapter12 中的示例代码包含了你需要用来构建并运行该服务器的所有资源。(如果你还没有设置好你的包括 Apache Maven 在内的开发环境，参见第 2 章中的操作说明。)

我们将使用下面的 Maven 命令来构建和启动服务器：

```
mvn -PChatServer clean package exec:exec
```

项目文件 pom.xml 被配置为在端口 9999 上启动服务器。如果要使用不同的端口，可以通过编辑文件中对应的值，或者使用一个 System 属性来对它进行重写：

```
mvn -PChatServer -Dport=1111 clean package exec:exec
```

代码清单 12-5 展示了该命令主要的输出（无关紧要的行已经被删除了）。

代码清单 12-5 编译并运行 ChatServer

```
$ mvn -PChatServer clean package exec:exec

[INFO] Scanning for projects...
[INFO]
[INFO] ----------------------------------------------------------------
[INFO] Building ChatServer 1.0-SNAPSHOT
[INFO] ----------------------------------------------------------------
...
[INFO]
[INFO] --- maven-jar-plugin:2.4:jar (default-jar) @ netty-in-action ---
[INFO] Building jar: target/chat-server-1.0-SNAPSHOT.jar
[INFO]
[INFO] --- exec-maven-plugin:1.2.1:exec (default-cli) @ chat-server ---
Starting ChatServer on port 9999
```

你通过将自己的浏览器指向 http://localhost:9999 来访问该应用程序。图 12-5 展示了其在 Chrome 浏览器中的 UI。

图中展示了两个已经连接的客户端。第一个客户端是使用上面的界面连接的，第二个客户端则是通过底部的 Chrome 浏览器的命令行工具连接的[①]。你会注意到，两个客户端都发送了消息，并且每个消息都显示在两个客户端中。

这是一个非常简单的演示，演示了 WebSocket 如何在浏览器中实现实时通信。

① 也可以通过在一个新的浏览器中访问 http://localhost:9999 来达到同样的目的，从而代替 Chrome 浏览器的开发者工具。——译者注

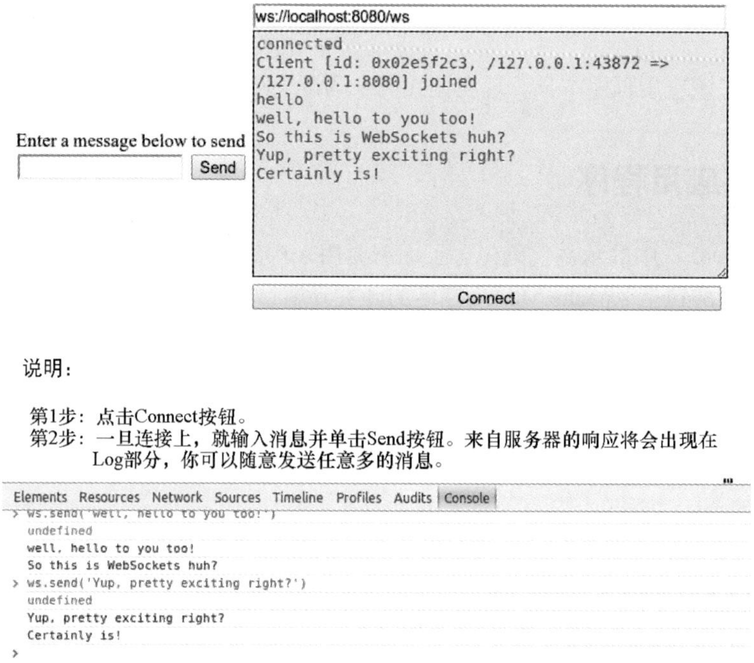

ws://localhost:8080/ws

connected
Client [id: 0x02e5f2c3, /127.0.0.1:43872 =>
/127.0.0.1:8080] joined
hello
well, hello to you too!
So this is WebSockets huh?
Yup, pretty exciting right?
Certainly is!

Enter a message below to send

Send

Connect

说明：

第1步：点击Connect按钮。
第2步：一旦连接上，就输入消息并单击Send按钮。来自服务器的响应将会出现在Log部分，你可以随意发送任意多的消息。

Elements Resources Network Sources Timeline Profiles Audits Console

```
> ws.send('well, hello to you too!')
  undefined
  well, hello to you too!
  So this is WebSockets huh?
> ws.send('Yup, pretty exciting right?')
  undefined
  Yup, pretty exciting right?
  Certainly is!
>
```

图 12-5 基于 WebSocket 的 ChatServer 的演示

如何进行加密

在真实世界的场景中，你将很快就会被要求向该服务器添加加密。使用 Netty，这不过是将一个 SslHandler 添加到 ChannelPipeline 中，并配置它的问题。代码清单 12-6 展示了如何通过扩展我们的 ChatServerInitializer 来创建一个 SecureChatServerInitializer 以完成这个需求。

代码清单 12-6 为 ChannelPipeline 添加加密

```
public class SecureChatServerInitializer extends ChatServerInitializer {
    private final SslContext context;

    public SecureChatServerInitializer(ChannelGroup group,
        SslContext context) {
        super(group);
        this.context = context;
    }

    @Override
    protected void initChannel(Channel ch) throws Exception {
        super.initChannel(ch);
        SSLEng.ine engine = context.newEngine(ch.alloc());
        engine.setUseClientMode(false);
```

扩展 ChatServerInitializer 以添加加密

调用父类的 initChannel()方法

```
        ch.pipeline().addFirst(new SslHandler(engine));
    }
}
```

将 SslHandler 添加到 ChannelPipeline 中

最后一步是调整 ChatServer 以使用 SecureChatServerInitializer，以便在 ChannelPipeline 中安装 SslHandler。这给了我们代码清单 12-7 中所展示的 SecureChatServer。

代码清单 12-7 向 ChatServer 添加加密

```
public class SecureChatServer extends ChatServer {
    private final SslContext context;

    public SecureChatServer(SslContext context) {
        this.context = context;
    }

    @Override
    protected ChannelInitializer<Channel> createInitializer(
        ChannelGroup group) {
        return new SecureChatServerInitializer(group, context);
    }

    public static void main(String[] args) throws Exception {
        if (args.length != 1) {
            System.err.println("Please give port as argument");
            System.exit(1);
        }
        int port = Integer.parseInt(args[0]);
        SelfSignedCertificate cert = new SelfSignedCertificate();
        SslContext context = SslContext.newServerContext(
        cert.certificate(), cert.privateKey());

        final SecureChatServer endpoint = new SecureChatServer(context);
        ChannelFuture future = endpoint.start(new InetSocketAddress(port));
        Runtime.getRuntime().addShutdownHook(new Thread() {
            @Override
            public void run() {
                endpoint.destroy();
            }
        });
        future.channel().closeFuture().syncUninterruptibly();
    }
}
```

SecureChatServer 扩展 ChatServer 以支持加密

返回之前创建的 SecureChatServerInitializer 以启用加密

这就是为所有的通信启用 SSL/TLS 加密需要做的全部。和之前一样，可以使用 Apache Maven 来运行该应用程序，如代码清单 12-8 所示。它还将检索任何所需的依赖。

代码清单 12-8 启动 SecureChatServer

```
$ mvn -PSecureChatServer clean package exec:exec
[INFO] Scanning for projects...
[INFO]
[INFO] ----------------------------------------------------------------
```

```
[INFO] Building ChatServer 1.0-SNAPSHOT
[INFO] ----------------------------------------------------------------
...
[INFO]
[INFO] --- maven-jar-plugin:2.4:jar (default-jar) @ netty-in-action ---
[INFO] Building jar: target/chat-server-1.0-SNAPSHOT.jar
[INFO]
[INFO] --- exec-maven-plugin:1.2.1:exec (default-cli) @ chat-server ---
Starting SecureChatServer on port 9999
```

现在,你便可以从 SecureChatServer 的 HTTPS URL 地址 https://localhost:9999 访问它了。

12.5 小结

在本章中，你学习了如何使用 Netty 的 WebSocket 实现来管理 Web 应用程序中的实时数据。我们覆盖了其所支持的数据类型，并讨论了你可能会遇到的一些限制。尽管不可能在所有的情况下都使用 WebSocket，但是仍然需要清晰地认识到，它代表了 Web 技术的一个重要进展。

第 13 章　使用 UDP 广播事件

本章主要内容

- UDP 概述
- 一个示例广播应用程序

到目前为止，你所见过的绝大多数的例子都使用了基于连接的协议，如 TCP。在本章中，我们将会把重点放在一个无连接协议即用户数据报协议（UDP）上，它通常用在性能至关重要并且能够容忍一定的数据包丢失的情况下①。

我们将会首先概述 UDP 的特性以及它的局限性。在这之后，我们将描述本章的示例应用程序，其将演示如何使用 UDP 的广播能力。我们还会使用一个编码器和一个解码器来处理作为广播消息格式的 POJO。在本章的结束时候，你将能够在自己的应用程序中使用 UDP。

13.1　UDP 的基础知识

面向连接的传输（如 TCP）管理了两个网络端点之间的连接的建立，在连接的生命周期内的有序和可靠的消息传输，以及最后，连接的有序终止。相比之下，在类似于 UDP 这样的无连接协议中，并没有持久化连接这样的概念，并且每个消息（一个 UDP 数据报）都是一个单独的传输单元。

此外，UDP 也没有 TCP 的纠错机制，其中每个节点都将确认它们所接收到的包，而没有被确认的包将会被发送方重新传输。

通过类比，TCP 连接就像打电话，其中一系列的有序消息将会在两个方向上流动。相反，UDP 则类似于往邮箱中投入一叠明信片。你无法知道它们将以何种顺序到达它们的目的地，或者它们是否所有的都能够到达它们的目的地。

UDP 的这些方面可能会让你感觉到严重的局限性，但是它们也解释了为何它会比 TCP 快那

① 最有名的基于 UDP 的协议之一便是域名服务（DNS），其将完全限定的名称映射为数字的 IP 地址。

么多：所有的握手以及消息管理机制的开销都已经被消除了。显然，UDP 很适合那些能够处理或者容忍消息丢失的应用程序，但可能不适合那些处理金融交易的应用程序[①]。

13.2 UDP 广播

到目前为止，我们所有的例子采用的都是一种叫作单播[②]的传输模式，定义为发送消息给一个由唯一的地址所标识的单一的网络目的地。面向连接的协议和无连接协议都支持这种模式。

UDP 提供了向多个接收者发送消息的额外传输模式：

- 多播——传输到一个预定义的主机组；
- 广播——传输到网络（或者子网）上的所有主机。

本章中的示例应用程序将通过发送能够被同一个网络中的所有主机所接收的消息来演示 UDP 广播的使用。为此，我们将使用特殊的受限广播地址或者零网络地址 `255.255.255.255`。发送到这个地址的消息都将会被定向给本地网络（`0.0.0.0`）上的所有主机，而不会被路由器转发给其他的网络。

接下来，我们将讨论该应用程序的设计。

13.3 UDP 示例应用程序

我们的示例程序将打开一个文件，随后将会通过 UDP 把每一行都作为一个消息广播到一个指定的端口。如果你熟悉类 UNIX 操作系统，你可能会认识到这是标准的 *syslog* 实用程序的一个非常简化的版本。UDP 非常适合于这样的应用程序，因为考虑到日志文件本身已经被存储在了文件系统中，因此，偶尔丢失日志文件中的一两行是可以容忍的。此外，该应用程序还提供了极具价值的高效处理大量数据的能力。

接收方是怎么样的呢？通过 UDP 广播，只需简单地通过在指定的端口上启动一个监听程序，便可以创建一个事件监视器来接收日志消息。需要注意的是，这样的轻松访问性也带来了潜在的安全隐患，这也就是为何在不安全的环境中并不倾向于使用 UDP 广播的原因之一。出于同样的原因，路由器通常也会阻止广播消息，并将它们限制在它们的来源网络上。

发布/订阅模式 类似于 *syslog* 这样的应用程序通常会被归类为发布/订阅模式：一个生产者或者服务发布事件，而多个客户端进行订阅以接收它们。

图 13-1 展示了整个系统的一个高级别视图，其由一个广播者以及一个或者多个事件监视器所组成。广播者将监听新内容的出现，当它出现时，则通过 UDP 将它作为一个广播消息进行传输。

① 基于 UDP 协议实现的一些可靠传输协议可能不在此范畴内，如 Quic、Aeron 和 UDT。——译者注

② 参见 http://en.wikipedia.org/wiki/Unicast。

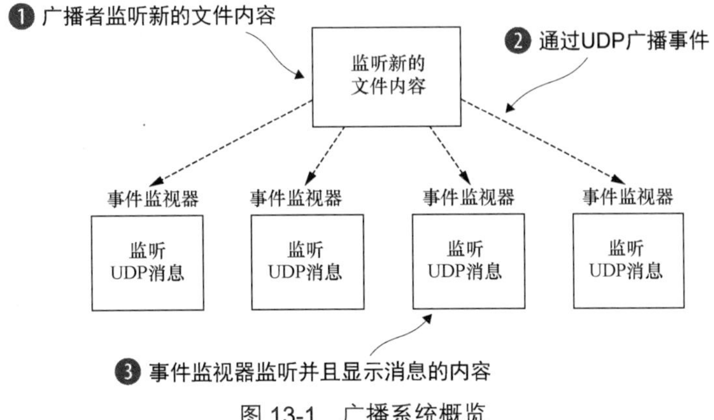

图 13-1 广播系统概览

所有的在该 UDP 端口上监听的事件监视器都将会接收到广播消息。

为了简单起见，我们将不会为我们的示例程序添加身份认证、验证或者加密。但是，要加入这些功能并使得其成为一个健壮的、可用的实用程序应该也不难。

在下一节中，我们将开始探讨该广播者组件的设计以及实现细节。

13.4 消息 POJO: LogEvent

在消息处理应用程序中，数据通常由 POJO 表示，除了实际上的消息内容，其还可以包含配置或处理信息。在这个应用程序中，我们将会把消息作为事件处理，并且由于该数据来自于日志文件，所以我们将它称为 LogEvent。代码清单 13-1 展示了这个简单的 POJO 的详细信息。

代码清单 13-1 LogEvent 消息

```
public final class LogEvent {
    public static final byte SEPARATOR = (byte) ':';
    private final InetSocketAddress source;
    private final String logfile;
    private final String msg;
    private final long received;

    public LogEvent(String logfile, String msg) {      ← 用于传出消息的构造函数
        this(null, -1, logfile, msg);
    }

    public LogEvent(InetSocketAddress source, long received,      ← 用于传入消息的构造函数
        String logfile, String msg) {
        this.source = source;
        this.logfile = logfile;
        this.msg = msg;
        this.received = received;
```

```
    }

    public InetSocketAddress getSource() {
        return source;
    }

    public String getLogfile() {
        return logfile;
    }

    public String getMsg() {
        return msg;
    }

    public long getReceivedTimestamp() {
        return received;
    }
}
```

返回发送 LogEvent 的源的 InetSocketAddress

返回所发送的 LogEvent 的日志文件的名称

返回消息内容

返回接收 LogEvent 的时间

定义好了消息组件，我们便可以实现该应用程序的广播逻辑了。在下一节中，我们将研究用于编码和传输 LogEvent 消息的 Netty 框架类。

13.5 编写广播者

Netty 提供了大量的类来支持 UDP 应用程序的编写。表 13-1 列出了我们将要使用的主要的消息容器以及 Channel 类型。

表 13-1 在广播者中使用的 Netty 的 UDP 相关类

名　　称	描　　述
interface AddressedEnvelope <M, A extends SocketAddress> extends ReferenceCounted	定义一个消息，其包装了另一个消息并带有发送者和接收者地址。其中 M 是消息类型；A 是地址类型
class DefaultAddressedEnvelope <M, A extends SocketAddress> implements AddressedEnvelope<M,A>	提供了 interface AddressedEnvelope 的默认实现
class DatagramPacket extends DefaultAddressedEnvelope <ByteBuf, InetSocketAddress> implements ByteBufHolder	扩展了 DefaultAddressedEnvelope 以使用 ByteBuf 作为消息数据容器
interface DatagramChannel extends Channel	扩展了 Netty 的 Channel 抽象以支持 UDP 的多播组管理
class NioDatagramChannnel extends AbstractNioMessageChannel implements DatagramChannel	定义了一个能够发送和接收 Addressed-Envelope 消息的 Channel 类型

Netty 的 DatagramPacket 是一个简单的消息容器，DatagramChannel 实现用它来和远程节点通信。类似于在我们先前的类比中的明信片，它包含了接收者（和可选的发送者）的地址以及消息的有效负载本身。

要将 LogEvent 消息转换为 DatagramPacket，我们将需要一个编码器。但是没有必要从头开始编写我们自己的。我们将扩展 Netty 的 MessageToMessageEncoder，在第 10 章和第 11 章中我们已经使用过了。

图 13-2 展示了正在广播的 3 个日志条目，每一个都将通过一个专门的 DatagramPacket 进行广播。

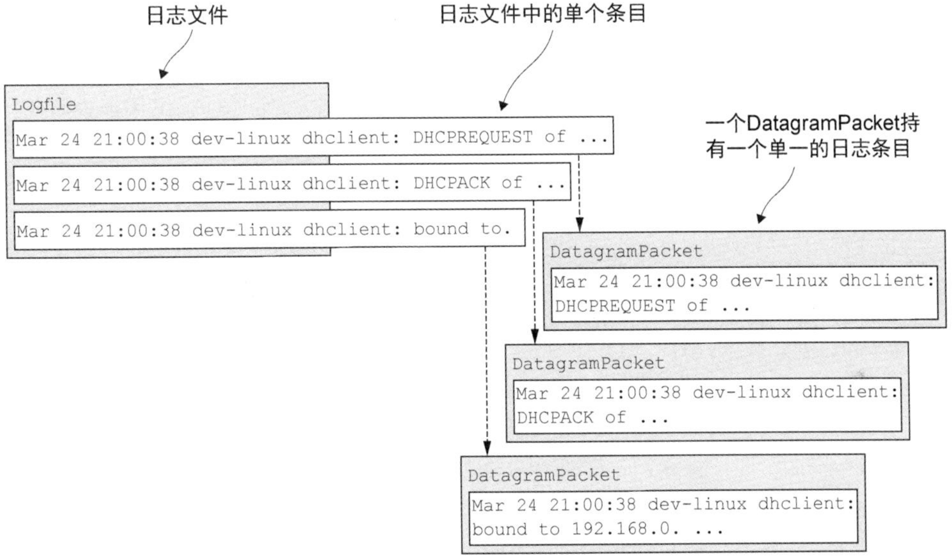

图 13-2　通过 DatagramPacket 发送的日志条目

图 13-3 呈现了该 LogEventBroadcaster 的 ChannelPipeline 的一个高级别视图，展示了 LogEvent 消息是如何流经它的。

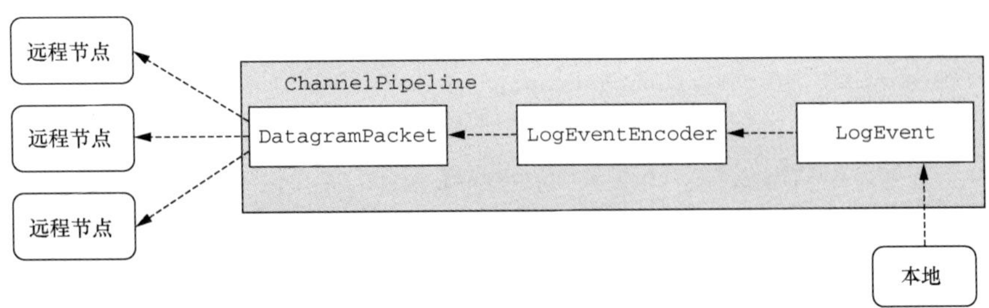

图 13-3　LogEventBroadcaster：ChannelPipeline 和 LogEvent 事件流

正如你所看到的，所有的将要被传输的数据都被封装在了 LogEvent 消息中。LogEventBroadcaster 将把这些写入到 Channel 中，并通过 ChannelPipeline 发送它们，在那里它们将会被转换（编码）为 DatagramPacket 消息。最后，他们都将通过 UDP 被广播，并由远程节点（监视器）所捕获。

代码清单 13-2 展示了我们自定义版本的 MessageToMessageEncoder，其将执行刚才所描述的转换。

代码清单 13-2 LogEventEncoder

```
public class LogEventEncoder extends MessageToMessageEncoder<LogEvent> {
    private final InetSocketAddress remoteAddress;

    public LogEventEncoder(InetSocketAddress remoteAddress) {    <-- LogEventEncoder 创建了即将被发送到指定的 InetSocketAddress 的 DatagramPacket 消息
        this.remoteAddress = remoteAddress;
    }

    @Override
    protected void encode(ChannelHandlerContext channelHandlerContext,
        LogEvent logEvent, List<Object> out) throws Exception {
        byte[] file = logEvent.getLogfile().getBytes(CharsetUtil.UTF_8);
        byte[] msg = logEvent.getMsg().getBytes(CharsetUtil.UTF_8);
        ByteBuf buf = channelHandlerContext.alloc()
            .buffer(file.length + msg.length + 1);
        buf.writeBytes(file);    <-- 将文件名写入到 ByteBuf 中
        buf.writeByte(LogEvent.SEPARATOR);    <-- 添加一个 SEPARATOR
        buf.writeBytes(msg);    <-- 将日志消息写入 ByteBuf 中
        out.add(new DatagramPacket(buf, remoteAddress));    <-- 将一个拥有数据和目的地地址的新 DatagramPacket 添加到出站的消息列表中
    }
}
```

在 LogEventEncoder 被实现之后，我们已经准备好了引导该服务器，其包括设置各种各样的 ChannelOption，以及在 ChannelPipeline 中安装所需要的 ChannelHandler。这将通过主类 LogEventBroadcaster 完成，如代码清单 13-3 所示。

代码清单 13-3 LogEventBroadcaster

```
public class LogEventBroadcaster {
    private final EventLoopGroup group;
    private final Bootstrap bootstrap;
    private final File file;

    public LogEventBroadcaster(InetSocketAddress address, File file) {
        group = new NioEventLoopGroup();
        bootstrap = new Bootstrap();
        bootstrap.group(group).channel(NioDatagramChannel.class)    <-- 引导该 NioDatagramChannel（无连接的）
            .option(ChannelOption.SO_BROADCAST, true)    <-- 设置 SO_BROADCAST 套接字选项
            .handler(new LogEventEncoder(address));
        this.file = file;
    }
```

```
    public void run() throws Exception {
        Channel ch = bootstrap.bind(0).sync().channel();      ◁ 绑定 Channel
        long pointer = 0;
        for (;;) {                                             ◁ 启动主处理循环
            long len = file.length();
            if (len < pointer) {
                // file was reset
                pointer = len;                                 ◁ 如果有必要，将文件指针设置到该文件的最后一个字节
            } else if (len > pointer) {
                // Content was added
                RandomAccessFile raf = new RandomAccessFile(file, "r");
                raf.seek(pointer);                             ◁ 设置当前的文件指针，以确保没有任何的旧日志被发送
                String line;
                while ((line = raf.readLine()) != null) {
                    ch.writeAndFlush(new LogEvent(null, -1,    ◁ 对于每个日志条目，写入一个 LogEvent 到 Channel 中
                    file.getAbsolutePath(), line));
                }
                pointer = raf.getFilePointer();                ◁ 存储其在文件中的当前位置
                raf.close();
            }
            try {
                Thread.sleep(1000);                            ◁ 休眠 1 秒，如果被中断，则退出循环；否则重新处理它
            } catch (InterruptedException e) {
                Thread.interrupted();
                break;
            }
        }
    }
    public void stop() {
        group.shutdownGracefully();
    }

    public static void main(String[] args) throws Exception {
        if (args.length != 2) {
            throw new IllegalArgumentException();
        }

        LogEventBroadcaster broadcaster = new LogEventBroadcaster(   ◁ 创建并启动一个新的 LogEventBroadcaster 的实例
            new InetSocketAddress("255.255.255.255",
                Integer.parseInt(args[0])), new File(args[1]));
        try {
            broadcaster.run();
        }
        finally {
            broadcaster.stop();
        }
    }
}
```

这样就完成了该应用程序的广播者组件。对于初始测试，你可以使用 *netcat* 程序。在

UNIX/Linux 系统中，你能发现它已经作为 *nc* 被预装了。用于 Windows 的版本可以从 http://nmap.org/ncat 获取[①]。

netcat 非常适合于对这个应用程序进行基本的测试；它只是监听某个指定的端口，并且将所有接收到的数据打印到标准输出。可以通过下面所示的方式，将其设置为监听 UDP 端口 9999 上的数据：

```
$ nc -l -u -p 9999
```

现在我们需要启动我们的 `LogEventBroadcaster`。代码清单 13-4 展示了如何使用 `mvn` 来编译和运行该广播者应用程序。`pom.xml` 文件中的配置指向了一个将被频繁更新的文件，`/var/log/messages`（假设是一个 UNIX/Linux 环境），并将端口设置为了 9999。该文件中的条目将会通过 UDP 广播到那个端口，并在你启动了 netcat 的终端上打印出来。

代码清单 13-4　编译和启动 LogEventBroadcaster

```
$ chapter13> mvn clean package exec:exec LogEventBroadcaster
[INFO] Scanning for projects...
[INFO]
[INFO] --------------------------------------------------------------------
[INFO] Building UDP Broadcast 1.0-SNAPSHOT
[INFO] --------------------------------------------------------------------
...
...
[INFO]
[INFO] --- maven-jar-plugin:2.4:jar (default-jar) @ netty-in-action ---
[INFO] Building jar: target/chapter13-1.0-SNAPSHOT.jar
[INFO]
[INFO] --- exec-maven-plugin:1.2.1:exec (default-cli) @ netty-in-action -
 LogEventBroadcaster running
```

要改变该日志文件和端口值，可以在启动 `mvn` 的时候通过 `System` 属性来指定它们。代码清单 13-5 展示了如何将日志文件设置为`/var/log/mail.log`，并将端口设置为 `8888`。

代码清单 13-5　编译和启动 LogEventBroadcaster

```
$ chapter13> mvn clean package exec:exec -PLogEventBroadcaster /
-Dlogfile=/var/log/mail.log -Dport=8888 -....
....
[INFO]
[INFO] --- exec-maven-plugin:1.2.1:exec (default-cli) @ netty-in-action -
LogEventBroadcaster running
```

当你看到 `LogEventBroadcaster running` 时，你便知道它已经成功地启动了。如果有错误发生，将会打印一个异常消息。一旦这个进程运行起来，它就会广播任何新被添加到该日志文件中的日志消息。

使用 *netcat* 对于测试来说是足够了，但是它并不适合于生产系统。这也就有了我们的应用程序的第二个部分——我们将在下一节中实现的广播监视器。

---

① 也可以使用 `scoop install netcat`。——译者注

13.6 编写监视器

我们的目标是将 *netcat* 替换为一个更加完整的事件消费者，我们称之为 LogEventMonitor。这个程序将：

（1）接收由 LogEventBroadcaster 广播的 UDP DatagramPacket；

（2）将它们解码为 LogEvent 消息；

（3）将 LogEvent 消息写出到 System.out。

和之前一样，该逻辑由一组自定义的 ChannelHandler 实现——对于我们的解码器来说，我们将扩展 MessageToMessageDecoder。图 13-4 描绘了 LogEventMonitor 的 Channel-Pipeline，并且展示了 LogEvent 是如何流经它的。

图 13-4 LogEventMonitor

ChannelPipeline 中的第一个解码器 LogEventDecoder 负责将传入的 DatagramPacket 解码为 LogEvent 消息（一个用于转换入站数据的任何 Netty 应用程序的典型设置）。代码清单 13-6 展示了该实现。

代码清单 13-6 LogEventDecoder

```
public class LogEventDecoder extends MessageToMessageDecoder<DatagramPacket> {

    @Override
    protected void decode(ChannelHandlerContext ctx,
        DatagramPacket datagramPacket, List<Object> out) throws Exception {
        ByteBuf data = datagramPacket.content();
        int idx = data.indexOf(0, data.readableBytes(),
            LogEvent.SEPARATOR);
        String filename = data.slice(0, idx)
            .toString(CharsetUtil.UTF_8);
        String logMsg = data.slice(idx + 1,
            data.readableBytes()).toString(CharsetUtil.UTF_8);

        LogEvent event = new LogEvent(datagramPacket.sender(),
            System.currentTimeMillis(), filename, logMsg);
        out.add(event);
    }
}
```

获取对 DatagramPacket 中的数据（ByteBuf）的引用

获取该 SEPARATOR 的索引

提取文件名

提取日志消息

构建一个新的 LogEvent 对象，并且将它添加到（已经解码的消息的）列表中

第二个 ChannelHandler 的工作是对第一个 ChannelHandler 所创建的 LogEvent 消息执行一些处理。在这个场景下，它只是简单地将它们写出到 System.out。在真实世界的应用程序中，你可能需要聚合来源于不同日志文件的事件，或者将它们发布到数据库中。代码清单 13-7 展示了 LogEventHandler，其说明了需要遵循的基本步骤。

代码清单 13-7 LogEventHandler

```
public class LogEventHandler
    extends SimpleChannelInboundHandler<LogEvent> {    扩展 SimpleChannelInbound-
                                                       Handler 以处理 LogEvent 消息
    @Override
    public void exceptionCaught(ChannelHandlerContext ctx,
        Throwable cause) throws Exception {
        cause.printStackTrace();                  当异常发生时，打印栈跟踪信息，
        ctx.close();                              并关闭对应的 Channel
    }

    @Override
    public void channelRead0(ChannelHandlerContext ctx,
        LogEvent event) throws Exception {
        StringBuilder builder = new StringBuilder();      创建 StringBuilder，并且
        builder.append(event.getReceivedTimestamp());     构建输出的字符串
        builder.append(" [");
        builder.append(event.getSource().toString());
        builder.append("] [");
        builder.append(event.getLogfile());
        builder.append("] : ");
        builder.append(event.getMsg());
        System.out.println(builder.toString());           打印 LogEvent
    }                                                     的数据
}
```

LogEventHandler 将以一种简单易读的格式打印 LogEvent 消息，包括以下的各项：

- 以毫秒为单位的被接收的时间戳；
- 发送方的 InetSocketAddress，其由 IP 地址和端口组成；
- 生成 LogEvent 消息的日志文件的绝对路径名；
- 实际上的日志消息，其代表日志文件中的一行。

现在我们需要将我们的 LogEventDecoder 和 LogEventHandler 安装到 ChannelPipeline 中，如图 13-4 所示。代码清单 13-8 展示了如何通过 LogEventMonitor 主类来做到这一点。

代码清单 13-8 LogEventMonitor

```
public class LogEventMonitor {
    private final EventLoopGroup group;
    private final Bootstrap bootstrap;

    public LogEventMonitor(InetSocketAddress address) {
        group = new NioEventLoopGroup();
```

```
        bootstrap = new Bootstrap();
        bootstrap.group(group)
            .channel(NioDatagramChannel.class)
            .option(ChannelOption.SO_BROADCAST, true)
            .handler( new ChannelInitializer<Channel>() {
                @Override
                protected void initChannel(Channel channel)
                    throws Exception {
                    ChannelPipeline pipeline = channel.pipeline();
                    pipeline.addLast(new LogEventDecoder());
                    pipeline.addLast(new LogEventHandler());
                }
            } )
            .localAddress(address);
    }

    public Channel bind() {
        return bootstrap.bind().syncUninterruptibly().channel();
    }

    public void stop() {
        group.shutdownGracefully();
    }

    public static void main(String[] main) throws Exception {
        if (args.length != 1) {
            throw new IllegalArgumentException(
            "Usage: LogEventMonitor <port>");
        }
        LogEventMonitor monitor = new LogEventMonitor(
            new InetSocketAddress(Integer.parseInt(args[0])));
        try {
            Channel channel = monitor.bind();
            System.out.println("LogEventMonitor running");
            channel.closeFuture().sync();
        } finally {
            monitor.stop();
        }
    }
}
```

引导该 NioDatagramChannel

设置套接字选项 SO_BROADCAST

将 LogEventDecoder 和 LogEventHandler 添加到 ChannelPipeline 中

绑定 Channel。注意，DatagramChannel 是无连接的

构造一个新的 LogEventMonitor

13.7 运行 LogEventBroadcaster 和 LogEventMonitor

和之前一样，我们将使用 Maven 来运行该应用程序。这一次你将需要打开两个控制台窗口，每个都将运行一个应用程序。每个应用程序都将会在直到你按下了 Ctrl+C 组合键来停止它之前一直保持运行。

首先，你需要启动 `LogEventBroadcaster`，因为你已经构建了该工程，所以下面的命令应该就足够了（使用默认值）：

```
$ chapter13> mvn exec:exec -PLogEventBroadcaster
```

和之前一样，这将通过 UDP 协议广播日志消息。

现在，在一个新窗口中，构建并且启动 LogEventMonitor 以接收和显示广播消息，如代码清单 13-9 所示。

代码清单 13-9 编译并启动 LogEventBroadcaster

```
$ chapter13> mvn clean package exec:exec -PLogEventMonitor
[INFO] Scanning for projects...
[INFO]
[INFO] --------------------------------------------------------------------
[INFO] Building UDP Broadcast 1.0-SNAPSHOT
[INFO] --------------------------------------------------------------------
[INFO]
[INFO] --- maven-jar-plugin:2.4:jar (default-jar) @ netty-in-action ---
[INFO] Building jar: target/chapter14-1.0-SNAPSHOT.jar
[INFO]
[INFO] --- exec-maven-plugin:1.2.1:exec (default-cli) @ netty-in-action ---
LogEventMonitor running
```

当你看到 LogEventMonitor running 时，你将知道它已经成功地启动了。如果有错误发生，则将会打印异常信息。

如代码清单 13-10 所示，当任何新的日志事件被添加到该日志文件中时，该终端都会显示它们。消息的格式则是由 LogEventHandler 创建的。

代码清单 13-10 LogEventMonitor 的输出

```
1364217299382 [/192.168.0.38:63182] [/var/log/messages] : Mar 25 13:55:08
     dev-linux dhclient: DHCPREQUEST of 192.168.0.50 on eth2 to 192.168.0.254
     port 67
1364217299382 [/192.168.0.38:63182] [/var/log/messages] : Mar 25 13:55:08
     dev-linux dhclient: DHCPACK of 192.168.0.50 from 192.168.0.254
1364217299382 [/192.168.0.38:63182] [/var/log/messages] : Mar 25 13:55:08
     dev-linux dhclient: bound to 192.168.0.50 -- renewal in 270 seconds.
1364217299382 [/192.168.0.38:63182] [[/var/log/messages] : Mar 25 13:59:38
     dev-linux dhclient: DHCPREQUEST of 192.168.0.50 on eth2 to 192.168.0.254
      port 67
1364217299382 [/192.168.0.38:63182] [/[/var/log/messages] : Mar 25 13:59:38
     dev-linux dhclient: DHCPACK of 192.168.0.50 from 192.168.0.254
1364217299382 [/192.168.0.38:63182] [/var/log/messages] : Mar 25 13:59:38
     dev-linux dhclient: bound to 192.168.0.50 -- renewal in 259 seconds.
1364217299383 [/192.168.0.38:63182] [/var/log/messages] : Mar 25 14:03:57
     dev-linux dhclient: DHCPREQUEST of 192.168.0.50 on eth2 to 192.168.0.254
     port 67
1364217299383 [/192.168.0.38:63182] [/var/log/messages] : Mar 25 14:03:57
     dev-linux dhclient: DHCPACK of 192.168.0.50 from 192.168.0.254
1364217299383 [/192.168.0.38:63182] [/var/log/messages] : Mar 25 14:03:57
     dev-linux dhclient: bound to 192.168.0.50 -- renewal in 285 seconds.
```

如果你不能访问 UNIX 的 syslog，那么你可以创建一个自定义的文件，并手动提供内容以观测该应用程序的反应。以使用 `touch` 命令来创建一个空文件作为开始，下面所展示的步骤使用了 UNIX 命令。

```
$ touch ~/mylog.log
```

现在再次启动 `LogEventBroadcaster`，并通过设置系统属性来将其指向该文件：

```
$ chapter13> mvn exec:exec -PLogEventBroadcaster -Dlogfile=~/mylog.log
```

一旦 `LogEventBroadcaster` 运行，你就可以手动将消息添加到该文件中，以在 `LogEventMonitor` 终端中查看广播输出。使用 `echo` 命令并将输出重定向到该文件，如下所示：

```
$ echo 'Test log entry' >> ~/mylog.log
```

你可以根据需要启动任意多的监视器实例，它们每一个都将接收并显示相同的消息。

13.8　小结

在本章中，我们使用 UDP 作为例子介绍了无连接协议。我们构建了一个示例应用程序，其将日志条目转换为 UDP 数据报并广播它们，随后这些被广播出去的消息将被订阅的监视器客户端所捕获。我们的实现使用了一个 POJO 来表示日志数据，并通过一个自定义的编码器来将这个消息格式转换为 Netty 的 `DatagramPacket`。这个例子说明了 Netty 的 UDP 应用程序可以很轻松地被开发和扩展用以支持专业化的用途。

在接下来的两章中，我们将把目光投向由知名公司的用户所提供的案例研究上，他们已使用 Netty 构建了工业级别的应用程序。

第四部分

案例研究

本书的最后一部分介绍的是 5 家知名公司使用 Netty 实现的任务关键型的系统的案例研究。第 14 章是关于 Droplr、Firebase 和 Urban Airship 的项目。第 15 章讨论了在 Facebook 和 Twitter 所完成的工作。

这些项目所描述的范围从核心的基础架构组件到移动服务以及新的网络协议，同时还包括了两个用于执行远程过程调用（RPC）的项目。在所有的这些案例中，你都将会看到这些组织已经通过 Netty 实现了你在本书中学到的相同的性能以及架构方面的优势。

第 14 章　案例研究，第一部分

14

本章主要内容

- Droplr
- Firebase
- Urban Airship

在本章中，我们将介绍两部分案例研究中的第一部分，它们是由已经在内部基础设施中广泛使用了 Netty 的公司贡献的。我们希望这些其他人如何利用 Netty 框架来解决现实世界问题的例子，能够拓展你对于 Netty 能够做到什么事情的理解。

注意　*每个案例分析的作者都直接参与了他们所讨论的项目。*

14.1　Droplr——构建移动服务

Bruno de Carvalho，首席架构师

在 Droplr，我们在我们的基础设施的核心部分、从我们的 API 服务器到辅助服务的各个部分都使用了 Netty。

这是一个关于我们是如何从一个单片的、运行缓慢的 LAMP[①]应用程序迁移到基于 Netty 实现的现代的、高性能的以及水平扩展的分布式架构的案例研究。

14.1.1　这一切的起因

当我加入这个团队时，我们运行的是一个 LAMP 应用程序，其作为前端页面服务于用户，同时还作为 API 服务于客户端应用程序，其中，也包括我的逆向工程的、第三方的 Windows 客户端 windroplr。

① 一个典型的应用程序技术栈的首字母缩写；由 Linux、Apache Web Server、MySQL 以及 PHP 的首字母组成。

后来 Windroplr 变成了 Droplr for Windows，而我则开始主要负责基础设施的建设，并且最终得到了一个新的挑战：完全重新考虑 Droplr 的基础设施。

在那时，Droplr 本身已经确立成为了一种工作的理念，因此 2.0 版本的目标也是相当的标准：

- 将单片的技术栈拆分为多个可横向扩展的组件；
- 添加冗余，以避免宕机；
- 为客户端创建一个简洁的 API；
- 使其全部运行在 HTTPS 上。

创始人 Josh 和 Levi 对我说："要不惜一切代价，让它飞起来。"

我知道这句话意味的可不只是变快一点或者变快很多。"要不惜一切代价"意味着一个完全数量级上的更快。而且我也知道，Netty 最终将会在这样的努力中发挥重要作用。

14.1.2 Droplr 是怎样工作的

Droplr 拥有一个非常简单的工作流：将一个文件拖动到应用程序的菜单栏图标，然后 Droplr 将会上传该文件。当上传完成之后，Droplr 将复制一个短 URL——也就是所谓的拖乐（drop）——到剪贴板。

就是这样。欢畅地、实时地分享。

而在幕后，拖乐元数据将会被存储到数据库中（包括创建日期、名称以及下载次数等信息），而文件本身则被存储在 Amazon S3 上。

14.1.3 创造一个更加快速的上传体验

Droplr 的第一个版本的上传流程是相当地天真可爱：

（1）接收上传；

（2）上传到 S3；

（3）如果是图片，则创建略缩图；

（4）应答客户端应用程序。

更加仔细地看看这个流程，你很快便会发现在第 2 步和第 3 步上有两个瓶颈。不管从客户端上传到我们的服务器有多快，在实际的上传完成之后，直到成功地接收到响应之间，对于拖乐的创建总是会有恼人的间隔——因为对应的文件仍然需要被上传到 S3 中，并为其生成略缩图。

文件越大，间隔的时间也越长。对于非常大的文件来说，连接[①]最终将会在等待来自服务器的响应时超时。由于这个严重的问题，当时 Droplr 只可以提供单个文件最大 32MB 的上传能力。

有两种截然不同的方案来减少上传时间。

- 方案 A，乐观且看似更加简单（见图 14-1）：

① 指客户端和服务器之间的连接。——译者注

- ◆ 完整地接收文件；
- ◆ 将文件保存到本地的文件系统，并立即返回成功到客户端；
- ◆ 计划在将来的某个时间点将其上传到 S3。

■ 方案 B，安全但复杂（见图 14-2）：

- ◆ 实时地（流式地）将从客户端上传的数据直接管道给 S3。

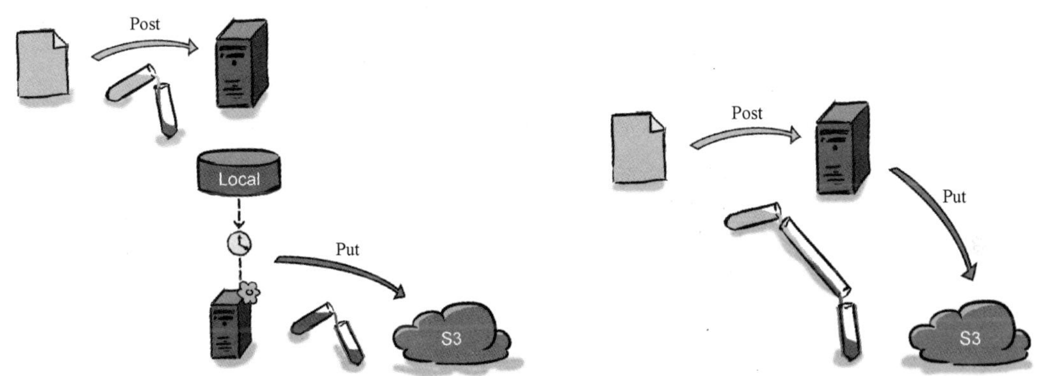

图 14-1 方案 A，乐观且看似更加简单

图 14-2 方案 B，安全但复杂

1. 乐观且看似更加简单的方案

在收到文件之后便返回一个短 URL 创造了一个空想（也可以将其称为隐式的契约），即该文件立即在该 URL 地址上可用。但是并不能够保证，上传的第二阶段（实际将文件推送到 S3）也将最终会成功，那么用户可能会得到一个坏掉的链接，其可能已经被张贴到了 Twitter 或者发送给了一个重要的客户。这是不可接受的，即使是每十万次上传也只会发生一次。

我们当前的数据显示，我们的上传失败率略低于 0.01%（万分之一），绝大多数都是在上传实际完成之前，客户端和服务器之间的连接就超时了。

我们也可以尝试通过在文件被最终推送到 S3 之前，从接收它的机器提供该文件的服务来绕开它，然而这种做法本身就是一堆麻烦：

- ■ 如果在一批文件被完整地上传到 S3 之前，机器出现了故障，那么这些文件将会永久丢失；
- ■ 也将会有跨集群的同步问题（“这个拖乐所对应的文件在哪里呢？”）；
- ■ 将会需要额外的复杂的逻辑来处理各种边界情况，继而不断产生更多的边界情况；

在思考过每种变通方案和其陷阱之后，我很快认识到，这是一个经典的九头蛇问题——对于每个砍下的头，它的位置上都会再长出两个头。

2. 安全但复杂的方案

另一个选项需要对整体过程进行底层的控制。从本质上说，我们必须要能够做到以下几点。

- ■ 在接收客户端上传文件的同时，打开一个到 S3 的连接。

- 将从客户端连接上收到的数据管道给到 S3 的连接。
- 缓冲并节流这两个连接：
  - 需要进行缓冲，以在客户端到服务器，以及服务器到 S3 这两个分支之间保持一条的稳定的流；
  - 需要进行节流，以防止当服务器到 S3 的分支上的速度变得慢于客户端到服务器的分支时，内存被消耗殆尽。
- 当出现错误时，需要能够在两端进行彻底的回滚。

看起来概念上很简单，但是它并不是你的通常的 Web 服务器能够提供的能力。尤其是当你考虑节流一个 TCP 连接时，你需要对它的套接字进行底层的访问。

它同时也引入了一个新的挑战，其将最终塑造我们的终极架构：推迟略缩图的创建。

这也意味着，无论该平台最终构建于哪种技术栈之上，它都必须要不仅能够提供一些基本的特性，如难以置信的性能和稳定性，而且在必要时还要能够提供操作底层（即字节级别的控制）的灵活性。

14.1.4 技术栈

当开始一个新的 Web 服务器项目时，最终你将会问自己："好吧，这些酷小子们这段时间都在用什么框架呢？"我也是这样的。

选择 Netty 并不是一件无需动脑的事；我研究了大量的框架，并谨记我认为的 3 个至关重要的要素。

（1）它必须是快速的。我可不打算用一个低性能的技术栈替换另一个低性能的技术栈。

（2）它必须能够伸缩。不管它是有 1 个连接还是 10 000 个连接，每个服务器实例都必须要能够保持吞吐量，并且随着时间推移不能出现崩溃或者内存泄露。

（3）它必须提供对底层数据的控制。字节级别的读取、TCP 拥塞控制等，这些都是难点。

要素 1 和要素 2 基本上排除了任何非编译型的语言。我是 Ruby 语言的拥趸，并且热爱 Sinatra 和 Padrino 这样的轻量级框架，但是我知道我所追寻的性能是不可能通过这些构件块实现的。

要素 2 本身就意味着：无论是什么样的解决方案，它都不能依赖于阻塞 I/O。看到了本书这里，你肯定已经明白为什么非阻塞 I/O 是唯一的选择了。

要素 3 比较绕弯儿。它意味着必须要在一个框架中找到完美的平衡，它必须在提供了对于它所接收到的数据的底层控制的同时，也支持快速的开发，并且值得信赖。这便是语言、文档、社区以及其他的成功案例开始起作用的时候了。

在那时我有一种强烈的感觉：Netty 便是我的首选武器。

1．基本要素：服务器和流水线

服务器基本上只是一个 `ServerBootstrap`，其内置了 `NioServerSocketChannelFactory`，配置了几个常见的 `ChannelHandler` 以及在末尾的 HTTP `RequestController`，如代码清单 14-1 所示。

代码清单 14-1 设置 ChannelPipeline

```
pipelineFactory = new ChannelPipelineFactory() {
    @Override
    public ChannelPipeline getPipeline() throws Exception {
        ChannelPipeline pipeline = Channels.pipeline();
        pipeline.addLast("idleStateHandler", new IdleStateHandler(...));
        pipeline.addLast("httpServerCodec", new HttpServerCodec());
        pipeline.addLast("requestController",
            new RequestController(...));
        return pipeline;
    }
};
```

IdleStateHandler 将关闭不活动的连接

HttpServerCodec 将传入的字节转换为 HttpRequest，并将传出的 HttpResponse 转换为字节

将 RequestController 添加到 ChannelPipeline 中

RequestController 是 ChannelPipeline 中唯一自定义的 Droplr 代码，同时也可能是整个 Web 服务器中最复杂的部分。它的作用是处理初始请求的验证，并且如果一切都没问题，那么将会把请求路由到适当的请求处理器。对于每个已经建立的客户端连接，都会创建一个新的实例，并且只要连接保持活动就一直存在。

请求控制器负责：

- 处理负载洪峰；
- HTTP ChannelPipeline 的管理；
- 设置请求处理的上下文；
- 派生新的请求处理器；
- 向请求处理器供给数据；
- 处理内部和外部的错误。

代码清单 14-2 给出的是 RequestController 相关部分的一个纲要。

代码清单 14-2 RequestController

```
public class RequestController
    extends IdleStateAwareChannelUpstreamHandler {

    @Override
    public void channelIdle(ChannelHandlerContext ctx,
        IdleStateEvent e) throws Exception {
        // Shut down connection to client and roll everything back.
    }

    @Override public void channelConnected(ChannelHandlerContext ctx,
        ChannelStateEvent e) throws Exception {
        if (!acquireConnectionSlot()) {
            // Maximum number of allowed server connections reached,
            // respond with 503 service unavailable
            // and shutdown connection.
        } else {
            // Set up the connection's request pipeline.
        }
```

```
    }

    @Override public void messageReceived(ChannelHandlerContext ctx,
        MessageEvent e) throws Exception {
        if (isDone()) return;

        if (e.getMessage() instanceof HttpRequest) {
            handleHttpRequest((HttpRequest) e.getMessage());
        } else if (e.getMessage() instanceof HttpChunk) {
            handleHttpChunk((HttpChunk)e.getMessage());
        }
    }
}
```

Droplr 的服务器请求验证的关键点

如果针对当前请求有一个活动的处理器，并且它能够接受 HttpChunk 数据，那么它将继续按 HttpChunk 传递

如同本书之前所解释过的一样，你应该永远不要在 Netty 的 I/O 线程上执行任何非 CPU 限定的代码——你将会从 Netty 偷取宝贵的资源，并因此影响到服务器的吞吐量。

因此，`HttpRequest` 和 `HttpChunk` 都可以通过切换到另一个不同的线程，来将执行流程移交给请求处理器。当请求处理器不是 CPU 限定时，就会发生这样的情况，不管是因为它们访问了数据库，还是执行了不适合于本地内存或者 CPU 的逻辑。

当发生线程切换时，所有的代码块都必须要以串行的方式执行；否则，我们就会冒风险，对于一次上传来说，在处理完了序列号为 n 的 `HttpChunk` 之后，再处理序列号为 $n-1$ 的 `HttpChunk` 必然会导致文件内容的损坏。（我们可能会交错所上传的文件的字节布局。）为了处理这种情况，我创建了一个自定义的线程池执行器，其确保了所有共享了同一个通用标识符的任务都将以串行的方式被执行。

从这里开始，这些数据（请求和 `HttpChunk`）便开始了在 Netty 和 Droplr 王国之外的冒险。

我将简短地解释请求处理器是如何被构建的，以在 `RequestController`（其存在于 Netty 的领地）和这些处理器（存在于 Droplr 的领地）之间的桥梁上亮起一些光芒。谁知道呢，这也许将会帮助你架构你自己的服务器应用程序呢！

2. 请求处理器

请求处理器提供了 Droplr 的功能。它们是类似地址为`/account` 或者`/drops` 这样的 URI 背后的端点。它们是逻辑核心——服务器对于客户端请求的解释器。

请求处理器的实现也是（Netty）框架实际上成为了 Droplr 的 API 服务器的地方。

3. 父接口

每个请求处理器，不管是直接的还是通过子类继承，都是 `RequestHandler` 接口的实现。

其本质上，`RequestHandler` 接口表示了一个对于请求（`HttpRequest` 的实例）和分块（`HttpChunk` 的实例）的无状态处理器。它是一个非常简单的接口，包含了一组方法以帮助请求控制器来执行以及/或者决定如何执行它的职责，例如：

- 请求处理器是有状态的还是无状态的呢？它需要从某个原型克隆，还是原型本身就可以用来处理请求呢？

- 请求处理器是 CPU 限定的还是非 CPU 限定的呢？它可以在 Netty 的工作线程上执行，还是需要在一个单独的线程池中执行呢？
- 回滚当前的变更；
- 清理任何使用过的资源。

这个接口[①]就是 RequestController 对于相关动作的所有理解。通过它非常清晰和简洁的接口，该控制器可以和有状态的和无状态的、CPU 限定的和非 CPU 限定的（或者这些性质的组合）处理器以一种独立的并且实现无关的方式进行交互。

4. 处理器的实现

最简单的 RequestHandler 实现是 AbstractRequestHandler，它代表一个子类型的层次结构的根，在到达提供了所有 Droplr 的功能的实际处理器之前，它将变得愈发具体。最终，它会到达有状态的实现 SimpleHandler，它在一个非 I/O 工作线程中执行，因此也不是 CPU 限定的。SimpleHandler 是快速实现那些执行读取 JSON 格式的数据、访问数据库，然后写出一些 JSON 的典型任务的端点的理想选择。

5. 上传请求处理器

上传请求处理器是整个 Droplr API 服务器的关键。它是对于重塑 webserver 模块——服务器的框架化部分的设计的响应，也是到目前为止整个技术栈中最复杂、最优化的代码部分。

在上传的过程中，服务器具有双重行为：

- 在一边，它充当了正在上传文件的 API 客户端的服务器；
- 在另一边，它充当了 S3 的客户端，以推送它从 API 客户端接收的数据。

为了充当客户端，服务器使用了一个同样使用 Netty 构建的 HTTP 客户端库[②③]。这个异步的 HTTP 客户端库暴露了一组完美匹配该服务器的需求的接口。它将开始执行一个 HTTP 请求，并允许在数据变得可用时再供给给它，而这大大地降低了上传请求处理器的客户门面的复杂性。

14.1.5 性能

在服务器的初始版本完成之后，我运行了一批性能测试。结果简直就是让人兴奋不已。在不断地增加了难以置信的负载之后，我看到新的服务器的上传在峰值时相比于旧版本的 LAMP 技术栈的快了 10 ~ 12 倍（完全数量级的更快），而且它能够支撑超过 1000 倍的并发上传，总共将近 10k 的并发上传（而这一切都只是运行在一个单一的 EC2 大型实例之上）。

下面的这些因素促成了这一点。

---

① 指 RequestHandler。——译者注

② 你可以在 https://github.com/brunodecarvalho/http-client 找到这个 HTTP 客户端库。

③ 上一个脚注中提到的这个 HTTP 客户端库已经废弃，推荐 AsyncHttpClient（https://github.com/AsyncHttpClient/async-http-client）和 Akka-HTTP（https://github.com/akka/akka-http），它们都实现了相同的功能。——译者注

- 它运行在一个调优的 JVM 中。
- 它运行在一个高度调优的自定义技术栈中，是专为解决这个问题而创建的，而不是一个通用的 Web 框架。
- 该自定义的技术栈通过 Netty 使用了 NIO（基于选择器的模型）构建，这意味着不同于每个客户端一个进程的 LAMP 技术栈，它可以扩展到上万甚至是几十万的并发连接。
- 再也没有以两个单独的，先接收一个完整的文件，然后再将其上传到 S3，的步骤所带来的开销了。现在文件将直接流向 S3。
- 因为服务器现在对文件进行了流式处理，所以：
  - 它再也不会花时间在 I/O 操作上了，即将数据写入临时文件，并在稍后的第二阶段上传中读取它们；
  - 对于每个上传也将消耗更少的内存，这意味着可以进行更多的并行上传。
- 略缩图生成变成了一个异步的后处理。

14.1.6 小结——站在巨人的肩膀上

所有的这一切能够成为可能，都得益于 Netty 的难以置信的精心设计的 API，以及高性能的非阻塞的 I/O 架构。

自 2011 年 12 月推出 Droplr 2.0 以来，我们在 API 级别的宕机时间几乎为零。在几个月前，由于一次既定的全栈升级（数据库、操作系统、主要的服务器和守护进程的代码库升级），我们中断了已经连续一年半安静运行的基础设施的 100%正常运行时间，这次升级只耗费了不到 1 小时的时间。

这些服务器日复一日地坚挺着，每秒钟处理几百个（有时甚至是几千个）并发请求，而同时还保持了如此低的内存和 CPU 使有率，以至于我们都难以相信它们实际上正在真实地做着如此大量的工作：

- CPU 使用率很少超过 5%；
- 无法准确地描述内存使用率，因为进程启动时预分配了 1 GB 的内存，同时配置的 JVM 可以在必要时增长到 2 GB，而在过去的两年内这一次也没有发生过。

任何人都可以通过增加机器来解决某个特定的问题，然而 Netty 帮助了 Droplr 智能地伸缩，并且保持了相当低的服务器账单。

14.2 Firebase——实时的数据同步服务

Sara Robinson，Developer Happiness 副总裁
Greg Soltis，Cloud Architecture 副总裁

实时更新是现代应用程序中用户体验的一个组成部分。随着用户期望这样的行为，越来越多的应用程序都正在实时地向用户推送数据的变化。通过传统的 3 层架构很难实现实时的数据同步，其需要开发者管理他们自己的运维、服务器以及伸缩。通过维护到客户端的实时的、双向的通信，Firebase 提供了一种即时的直观体验，允许开发人员在几分钟之内跨越不同的客户端进行应用程序数据的同步——这一切都不需要任何的后端工作、服务器、运维或者伸缩。

实现这种能力提出了一项艰难的技术挑战，而 Netty 则是用于在 Firebase 内构建用于所有网络通信的底层框架的最佳解决方案。这个案例研究概述了 Firebase 的架构，然后审查了 Firebase 使用 Netty 以支撑它的实时数据同步服务的 3 种方式：

- 长轮询；
- HTTP 1.1 keep-alive 和流水线化；
- 控制 SSL 处理器。

14.2.1 Firebase 的架构

Firebase 允许开发者使用两层体系结构来上线运行应用程序。开发者只需要简单地导入 Firebase 库，并编写客户端代码。数据将以 JSON 格式暴露给开发者的代码，并且在本地进行缓存。该库处理了本地高速缓存和存储在 Firebase 服务器上的主副本（master copy）之间的同步。对于任何数据进行的更改都将会被实时地同步到与 Firebase 相连接的潜在的数十万个客户端上。跨多个平台的多个客户端之间的以及设备和 Firebase 之间的交互如图 14-3 所示。

Firebase 的服务器接收传入的数据更新，并将它们立即同步给所有注册了对于更改的数据感兴趣的已经连接的客户端。为了启用状态更改的实时通知，客户端将会始终保持一个到 Firebase 的活动连接。该连接的范围是：从基于单个 Netty `Channel` 的抽象到基于多个 `Channel` 的抽象，甚至是在客户端正在切换传输类型时的多个并存的抽象。

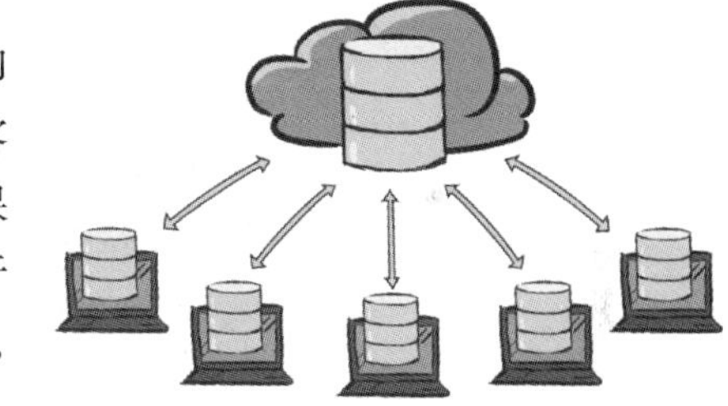

图 14-3　Firebase 的架构

因为客户端可以通过多种方式连接到 Firebase，所以保持连接代码的模块化很重要。Netty 的 `Channel` 抽象对于 Firebase 集成新的传输来说简直是梦幻般的构建块。此外，流水线和处理器[①]模式使得可以简单地把传输相关的细节隔离开来，并为应用程序代码提供一个公共的消息流抽象。同样，这也极大地简化了添加新的协议支持所需要的工作。Firebase 只通过简单地添加几个新的 `ChannelHandler` 到 `ChannelPipeline` 中，便添加了对一种二进制传输的支持。对于实现客户端和服务器之间的实时连接而言，Netty 的速度、抽象的级别以及细粒度的控制都使得它成为了一个的卓绝的框架。

14.2.2 长轮询

Firebase 同时使用了长轮询和 WebSocket 传输。长轮询传输是高度可靠的，覆盖了所有的浏览器、网络以及运营商；而基于 WebSocket 的传输，速度更快，但是由于浏览器/客户端的局限性，并不总是可用的。开始时，Firebase 将会使用长轮询进行连接，然后在 WebSocket 可用时再

① 指 `ChannelPipeline` 和 `ChannelHandler`。——译者注

升级到 WebSocket。对于少数不支持 WebSocket 的 Firebase 流量，Firebase 使用 Netty 实现了一个自定义的库来进行长轮询，并且经过调优具有非常高的性能和响应性。

Firebase 的客户端库逻辑处理双向消息流，并且会在任意一端关闭流时进行通知。虽然这在 TCP 或者 WebSocket 协议上实现起来相对简单，但是在处理长轮询传输时它仍然是一项挑战。对于长轮询的场景来说，下面两个属性必须被严格地保证：

- 保证消息的按顺序投递；
- 关闭通知。

1. 保证消息的按顺序投递

可以通过使得在某个指定的时刻有且只有一个未完成的请求，来实现长轮询的按顺序投递。因为客户端不会在它收到它的上一个请求的响应之前发出另一个请求，所以这就保证了它之前所发出的所有消息都被接收，并且可以安全地发送更多的请求了。同样，在服务器端，直到客户端收到之前的响应之前，将不会发出新的请求。因此，总是可以安全地发送缓存在两个请求之间的任何东西。然而，这将导致一个严重的缺陷。使用单一请求技术，客户端和服务器端都将花费大量的时间来对消息进行缓冲。例如，如果客户端有新的数据需要发送，但是这时已经有了一个未完成的请求，那么它在发出新请求之前，就必须得等待服务器的响应。如果这时在服务器上没有可用的数据，则可能需要很长的时间。

一个更加高性能的解决方案则是容忍更多的正在并发进行的请求。在实践中，这可以通过将单一请求的模式切换为最多两个请求的模式。这个算法包含了两个部分：

- 每当客户端有新的数据需要发送时，它都会发送一个新的请求，除非已经有了两个请求正在被处理；
- 每当服务器接收到来自客户端的请求时，如果它已经有了一个来自客户端的未完成的请求，那么即使没有数据，它也将立即回应第一个请求。

相对于单一请求的模式，这种方式提供了一个重要的改进：客户端和服务器的缓冲时间都被限定在了最多一次的网络往返时间里。

当然，这种性能的增加并不是没有代价的；它导致了代码复杂性的相应增加。该长轮询算法也不再保证消息的按顺序投递，但是一些来自 TCP 协议的理念可以保证这些消息的按顺序投递。由客户端发送的每个请求都包含一个序列号，每次请求时都将会递增。此外，每个请求都包含了关于有效负载中的消息数量的元数据。如果一个消息跨越了多个请求，那么在有效负载中所包含的消息的序号也会被包含在元数据中。

服务器维护了一个传入消息分段的环形缓冲区，在它们完成之后，如果它们之前没有不完整的消息，那么会立即对它们进行处理。下行要简单点，因为长轮询传输响应的是 HTTP `GET` 请求，而且对于有效载荷的大小没有相同的限制。在这种情况下，将包含一个对于每个响应都将会递增的序列号。只要客户端接收到了达到指定序列号的所有响应，它就可以开始处理列表中的所有消息；如果它还没有收到，那么它将缓冲该列表，直到它接收到了这些未完成的响应。

2. 关闭通知

在长轮询传输中第二个需要保证的属性是关闭通知。在这种情况下，使得服务器意识到传输已经关闭，明显要重要于使得客户端识别到传输的关闭。客户端所使用的 Firebase 库将会在连接断开时将操作放入队列以便稍后执行，而且这些被放入队列的操作可能也会对其他仍然连接着的客户端造成影响。因此，知道客户端什么时候实际上已经断开了是非常重要的。实现由服务器发起的关闭操作是相对简单的，其可以通过使用一个特殊的协议级别的关闭消息响应下一个请求来实现。

实现客户端的关闭通知是比较棘手的。虽然可以使用相同的关闭通知，但是有两种情况可能会导致这种方式失效：用户可以关闭浏览器标签页，或者网络连接也可能会消失。标签页关闭的这种情况可以通过 `iframe` 来处理，`iframe` 会在页面卸载时发送一个包含关闭消息的请求。第二种情况则可以通过服务器端超时来处理。小心谨慎地选择超时值大小很重要，因为服务器无法区分慢速的网络和断开的客户端。也就是说，对于服务器来说，无法知道一个请求是被实际推迟了一分钟，还是该客户端丢失了它的网络连接。相对于应用程序需要多快地意识到断开的客户端来说，选取一个平衡了误报所带来的成本（关闭慢速网络上的客户端的传输）的合适的超时大小是很重要的。

图 14-4 演示了 Firebase 的长轮询传输是如何处理不同类型的请求的。

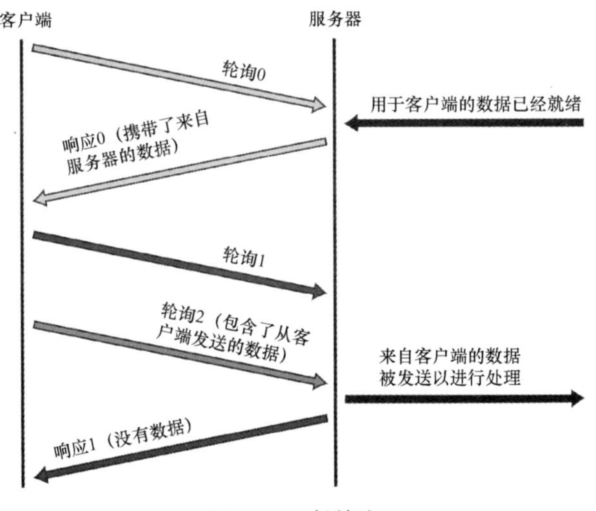

图 14-4 长轮询

在这个图中，每个长轮询请求都代表了不同类型的场景。最初，客户端向服务器发送了一个轮询（轮询 0）。一段时间之后，服务器从系统内的其他地方接收到了发送给该客户端的数据，所以它使用该数据响应了轮询 0。在该轮询返回之后，因为客户端目前没有任何未完成的请求，所以客户端又立即发送了一个新的轮询（轮询 1）。过了一小会儿，客户端需要发送数据给服务器。因为它只有一个未完成的轮询，所以它又发送了一个新的轮询（轮询 2），其中包含了需要被递交的数据。根据协议，一旦在服务器同时存在两个来自相同的客户端的轮询时，它将响应第一个轮询。在这种情况下，服务器没有任何已经就绪的数据可以用于该客户端，因此它发送回了一个空响应。客户端也维护了一个超时，并将在超时被触发时发送第二次轮询，即使它没有任何额外的数据需要发送。这将系统从由于浏览器超时缓慢的请求所导致的故障中隔离开来。

14.2.3 HTTP 1.1 keep-alive 和流水线化

通过 HTTP 1.1 keep-alive 特性，可以在同一个连接上发送多个请求到服务器。这使得 HTTP 流水线化——可以发送新的请求而不必等待来自服务器的响应，成为了可能。实现对于 HTTP 流水线化以及 keep-alive 特性的支持通常是直截了当的，但是当混入了长轮询之后，它就明显变得更加复杂起来。

如果一个长轮询请求紧跟着一个 REST（表征状态转移）请求，那么将有一些注意事项需要被考虑在内，以确保浏览器能够正确工作。一个 `Channel` 可能会混和异步消息（长轮询请求）和同步消息（REST 请求）。当一个 `Channel` 上出现了一个同步请求时，Firebase 必须按顺序同步响应该 `Channel` 中所有之前的请求。例如，如果有一个未完成的长轮询请求，那么在处理该 REST 请求之前，需要使用一个空操作对该长轮询传输进行响应。

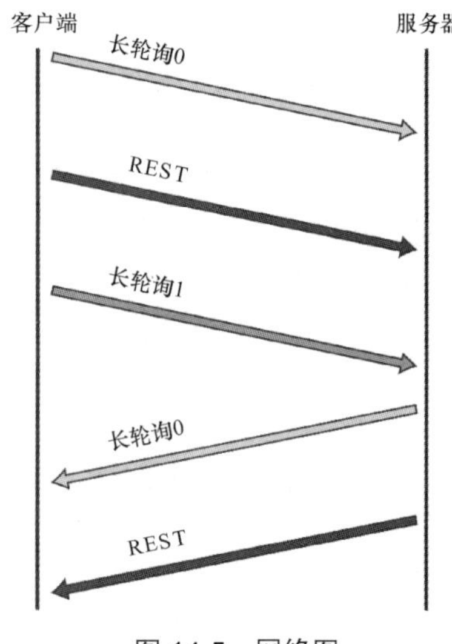

图 14-5 网络图

图 14-5 说明了 Netty 是如何让 Firebase 在一个套接字上响应多个请求的。

如果浏览器有多个打开的连接，并且正在使用长轮询，那么它将重用这些连接来处理来自这两个打开的标签页的消息。对于长轮询请求来说，这是很困难的，并且还需要妥善地管理一个 HTTP 请求队列。长轮询请求可以被中断，但是被代理的请求却不能。Netty 使服务于多种类型的请求很轻松。

- 静态的 HTML 页面——缓存的内容，可以直接返回而不需要进行处理；例子包括一个单页面的 HTTP 应用程序、robots.txt 和 crossdomain.xml。
- REST 请求——Firebase 支持传统的 `GET`、`POST`、`PUT`、`DELETE`、`PATCH` 以及 `OPTIONS` 请求。
- WebSocket——浏览器和 Firebase 服务器之间的双向连接，拥有它自己的分帧协议。
- 长轮询——这些类似于 HTTP 的 `GET` 请求，但是应用程序的处理方式有所不同。
- 被代理的请求——某些请求不能由接收它们的服务器处理。在这种情况下，Firebase 将会把这些请求代理到集群中正确的服务器。以便最终用户不必担心数据存储的具体位置。这些类似于 `REST` 请求，但是代理服务器处理它们的方式有所不同。

- 通过 SSL 的原始字节——一个简单的 TCP 套接字，运行 Firebase 自己的分帧协议，并且优化了握手过程。

Firebase 使用 Netty 来设置好它的 `ChannelPipeline` 以解析传入的请求，并随后适当地重新配置 `ChannelPipeline` 剩余的其他部分。在某些情况下，如 WebSocket 和原始字节，一旦某个特定类型的请求被分配给某个 `Channel` 之后，它就会在它的整个生命周期内保持一致。在其他情况下，如各种 HTTP 请求，该分配则必须以每个消息为基础进行赋值。同一个 `Channel` 可以处理 REST 请求、长轮询请求以及被代理的请求。

14.2.4 控制 SslHandler

Netty 的 `SslHandler` 类是 Firebase 如何使用 Netty 来对它的网络通信进行细粒度控制的一个例子。当传统的 Web 技术栈使用 Apache 或者 Nginx 之类的 HTTP 服务器来将请求传递给应用程序时，传入的 SSL 请求在被应用程序的代码接收到的时候就已经被解码了。在多租户的架构体系中，很难将部分的加密流量分配给使用了某个特定服务的应用程序的租户。这很复杂，因为事实上多个应用程序可能使用了相同的加密 `Channel` 来和 Firebase 通信（例如，用户可能在不同的标签页中打开了两个 Firebase 应用程序）。为了解决这个问题，Firebase 需要在 SSL 请求被解码之前对它们拥有足够的控制来处理它们。

Firebase 基于带宽向客户进行收费。然而，对于某个消息来说，在 SSL 解密被执行之前，要收取费用的账户通常是不知道的，因为它被包含在加密了的有效负载中。Netty 使得 Firebase 可以在 `ChannelPipeline` 中的多个位置对流量进行拦截，因此对于字节数的统计可以从字节刚被从套接字读取出来时便立即开始。在消息被解密并且被 Firebase 的服务器端逻辑处理之后，字节计数便可以被分配给对应的账户。在构建这项功能时，Netty 在协议栈的每一层上，都提供了对于处理网络通信的控制，并且也使得非常精确的计费、限流以及速率限制成为了可能，所有的这一切都对业务具有显著的影响。

Netty 使得通过少量的 Scala 代码便可以拦截所有的入站消息和出站消息并且统计字节数成为了可能，如代码清单 14-3 所示。

代码清单 14-3 设置 ChannelPipeline

```
case class NamespaceTag(namespace: String)

class NamespaceBandwidthHandler extends ChannelDuplexHandler {
    private var rxBytes: Long = 0
    private var txBytes: Long = 0
    private var nsStats: Option[NamespaceStats] = None

    override def channelRead(ctx: ChannelHandlerContext, msg: Object) {
        msg match {
            case buf: ByteBuf => {
                rxBytes += buf.readableBytes(
                                          tryFlush(ctx)
```

当消息传入时，统计它的字节数

```
            }
            case _ => { }
        }
        super.channelRead(ctx, msg)
    }

    override def write(ctx: ChannelHandlerContext, msg: Object,
            promise: ChannelPromise) {
        msg match {
            case buf: ByteBuf => {
                txBytes += buf.readableBytes()
                tryFlush(ctx)
                super.write(ctx, msg, promise)
            }
            case tag: NamespaceTag => {
               updateTag(tag.namespace, ctx)
            }
            case _ => {
                super.write(ctx, msg, promise)
            }
        }
    }

    private def tryFlush(ctx: ChannelHandlerContext) {
        nsStats match {
            case Some(stats: NamespaceStats) => {
                stats.logOutgoingBytes(txBytes.toInt)
                txBytes = 0
                stats.logIncomingBytes(rxBytes.toInt)
                rxBytes = 0
            }
            case None => {
                // no-op, we don't have a namespace
            }
        }
    }

    private def updateTag(ns: String, ctx: ChannelHandlerContext) {
        val (_, isLocalNamespace) = NamespaceOwnershipManager.getOwner(ns)
        if (isLocalNamespace) {
            nsStats = NamespaceStatsListManager.get(ns)
            tryFlush(ctx)
        } else {
            // Non-local namespace, just flush the bytes
            txBytes = 0
            rxBytes = 0
        }
    }
}
```

当有出站消息时，同样统计这些字节数

如果接收到了命名空间标签，则将这个 Channel 关联到某个账户，记住该账户，并将当前的字节计数分配给它

如果已经有了该 Channel 所属的命名空间的标签，则将字节计数分配给该账户，并重置计数器

如果该字节计数不适用于这台机器，则忽略它并重置计数器

14.2.5 Firebase 小结

在 Firebase 的实时数据同步服务的服务器端架构中，Netty 扮演了不可或缺的角色。它使得可以支持一个异构的客户端生态系统，其中包括了各种各样的浏览器，以及完全由 Firebase 控制的客户端。使用 Netty，Firebase 可以在每个服务器上每秒钟处理数以万计的消息。Netty 之所以非常了不起，有以下几个原因。

- 它很快。开发原型只需要几天时间，并且从来不是生产瓶颈。
- 它的抽象层次具有良好的定位。Netty 提供了必要的细粒度控制，并且允许在控制流的每一步进行自定义。
- 它支持在同一个端口上支撑多种协议。HTTP、WebSocket、长轮询以及独立的 TCP 协议。
- 它的 GitHub 库是一流的。精心编写的 Javadoc 使得可以无障碍地利用它进行开发。
- 它拥有一个非常活跃的社区。社区非常积极地修复问题，并且认真地考虑所有的反馈以及合并请求。此外，Netty 团队还提供了优秀的最新的示例代码。Netty 是一个优秀的、维护良好的框架，而且它已经成为了构建和伸缩 Firebase 的基础设施的基础要素。如果没有 Netty 的速度、控制、抽象以及了不起的团队，那么 Firebase 中的实时数据同步将无从谈起。

14.3 Urban Airship——构建移动服务

Erik Onnen，架构副总裁

随着智能手机的使用以前所未有的速度在全球范围内不断增长，涌现了大量的服务提供商，以协助开发者和市场人员提供令人惊叹不已的终端用户体验。不同于它们的功能手机前辈，智能手机渴求 IP 连接，并通过多个渠道（3G、4G、WiFi、WiMAX 以及蓝牙）来寻求连接。随着越来越多的这些设备通过基于 IP 的协议连接到公共网络，对于后端服务提供商来说，伸缩性、延迟以及吞吐量方面的挑战变得越来越艰巨了。

值得庆幸的是，Netty 非常适用于处理由随时在线的移动设备的惊群效应所带来的许多问题。本节将详细地介绍 Netty 在伸缩移动开发人员和市场人员平台——Urban Airship 时的几个实际应用。

14.3.1 移动消息的基础知识

虽然市场人员长期以来都使用 SMS 来作为一种触达移动设备的通道，但是最近一种被称为推送通知的功能正在迅速地成为向智能手机发送消息的首选机制。推送通知通常使用较为便宜的数据通道，每条消息的价格只是 SMS 费用的一小部分。推送通知的吞吐量通常都比 SMS 高 2 ~ 3 个数量级，所以它成为了突发新闻的理想通道。最重要的是，推送通知为用户提供了设备驱动的对推送通道的控制。如果一个用户不喜欢某个应用程序的通知消息，那么用户可以禁用该应用程序的通知，或者干脆删除该应用程序。

在一个非常高的级别上，设备和推送通知行为之间的交互类似于图 14-6 中所描述的那样。

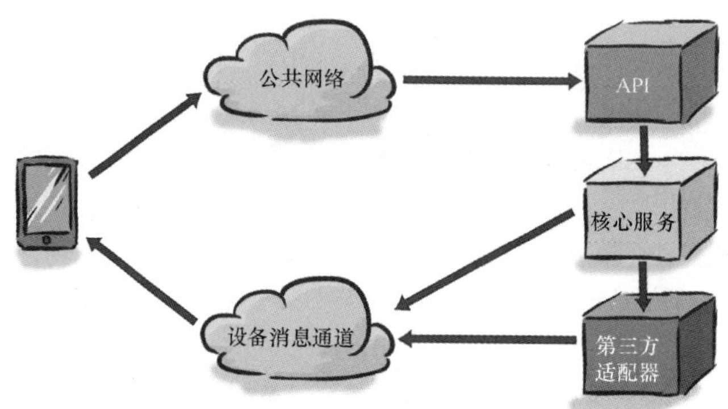

图 14-6　移动消息平台集成的高级别视图

在高级别上，当应用程序开发人员想要发送推送通知给某台设备时，开发人员必须要考虑存储有关设备及其应用程序安装的信息[①]。通常，应用程序的安装都将会执行代码以检索一个平台相关的标识符，并且将该标识符上报给一个持久化该标识符的中心化服务。稍后，应用程序安装之外的逻辑将会发起一个请求以向该设备投递一条消息。

一旦一个应用程序的安装已经将它的标识符注册到了后端服务，那么推送消息的递交就可以反过来采取两种方式。在第一种方式中，使用应用程序维护一条到后端服务的直接连接，消息可以被直接递交给应用程序本身。第二种方式更加常见，在这种方式中，应用程序将依赖第三方代表该后端服务来将消息递交给应用程序。在 Urban Airship，这两种递交推送通知的方式都有使用，而且也都大量地使用了 Netty。

14.3.2　第三方递交

在第三方推送递交的情况下，每个推送通知平台都为开发者提供了一个不同的 API，来将消息递交给应用程序安装。这些 API 有着不同的协议（基于二进制的或者基于文本的）、身份验证（OAuth、X.509 等）以及能力。对于集成它们并且达到最佳的吞吐量，每种方式都有着其各自不同的挑战。

尽管事实上每个这些提供商的根本目的都是向应用程序递交通知消息，但是它们各自又都采取了不同的方式，这对系统集成商造成了重大的影响。例如，苹果公司的 Apple 推送通知服务（APNS）定义了一个严格的二进制协议；而其他的提供商则将它们的服务构建在了某种形式的 HTTP 之上，所有的这些微妙变化都影响了如何以最佳的方式达到最大的吞吐量。值得庆幸的是，Netty 是一个灵活得令人惊奇的工具，它为消除不同协议之间的差异提供了极大的帮助。

① 某些移动操作系统允许一种被称为本地推送的推送通知，可能不会遵循这种做法。

接下来的几节将提供Urban Airship是如何使用Netty来集成两个上面所列出的服务提供商的例子。

14.3.3 使用二进制协议的例子

苹果公司的APNS是一个具有特定的网络字节序的有效载荷的二进制协议。发送一个APNS通知将涉及下面的事件序列：

（1）通过SSLv3连接将TCP套接字连接到APNS服务器，并用X.509证书进行身份认证；

（2）根据Apple定义的格式[①]，构造推送消息的二进制表示形式；

（3）将消息写出到套接字；

（4）如果你已经准备好了确定任何和已经发送的消息相关的错误代码，则从套接字中读取；

（5）如果有错误发生，则重新连接该套接字，并从步骤2继续。

作为格式化二进制消息的一部分，消息的生产者需要生成一个对于APNS系统透明的标识符。一旦消息无效（如不正确的格式、大小或者设备信息），那么该标识符将会在步骤4的错误响应消息中返回给客户端。

虽然从表面上看，该协议似乎简单明了，但是想要成功地解决所有上述问题，还是有一些微妙的细节，尤其是在JVM上。

- APNS规范规定，特定的有效载荷值需要以大端字节序进行发送（如令牌长度）。
- 在前面的操作序列中的第3步要求两个解决方案二选一。因为JVM不允许从一个已经关闭的套接字中读取数据，即使在输出缓冲区中有数据存在，所以你有两个选项。
    - ◆ 在一次写出操作之后，在该套接字上执行带有超时的阻塞读取动作。这种方式有多个缺点，具体如下。
        - ○ 阻塞等待错误消息的时间长短是不确定的。错误可能会发生在数毫秒或者数秒之内。
        - ○ 由于套接字对象无法在多个线程之间共享，所以在等待错误消息时，对套接字的写操作必须立即阻塞。这将对吞吐量造成巨大的影响。如果在一次套接字写操作中递交单个消息，那么在直到读取超时发生之前，该套接字上都不会发出更多的消息。当你要递交数千万的消息时，每个消息之间都有3秒的延迟是无法接受的。
        - ○ 依赖套接字超时是一项昂贵的操作。它将导致一个异常被抛出，以及几个不必要的系统调用。
    - ◆ 使用异步I/O。在这个模型中，读操作和写操作都不会阻塞。这使得写入者可以持续地给APNS发送消息，同时也允许操作系统在数据可供读取时通知用户代码。

Netty使得可以轻松地解决所有的这些问题，同时提供了令人惊叹的吞吐量。

首先，让我们看看Netty是如何简化使用正确的字节序打包二进制APNS消息的，如代码清

① 有关APNS的信息，参考http://docs.aws.amazon.com/sns/latest/dg/mobile-push-apns.html 和http://bit.ly/189mmpG。

单 14-4 所示。

代码清单 14-4 ApnsMessage 实现

```
public final class ApnsMessage {
    private static final byte COMMAND = (byte) 1;
    public ByteBuf toBuffer() {
        short size = (short) (1 + // Command
            4 + // Identifier
            4 + // Expiry
            2 + // DT length header
            32 + //DS length
            2 + // body length header
            body.length);

        ByteBuf buf = Unpooled.buffer(size).order(ByteOrder.BIG_ENDIAN);
        buf.writeByte(COMMAND);
        buf.writeInt(identifier);
        buf.writeInt(expiryTime);
        buf.writeShort((short) deviceToken.length);
        buf.writeBytes(deviceToken);
        buf.writeShort((short) body.length);
        buf.writeBytes(body);
        return buf;
    }
}
```

APNS 消息总是以一个字节大小的命令作为开始，因此该值被编码为常量

因为消息的大小不一，所以出于效率考虑，在 ByteBuf 创建之前将先计算它

在创建时，ByteBuf 的大小正好，并且指定了用于 APNS 的大端字节序

来自于类中其他地方维护的状态的各种值将会被写入到缓冲区中

这个类中的 deviceToken 字段（这里未展示）是一个 Java 的 byte[]

当缓冲区已经就绪时，简单地将它返回

关于该实现的一些重要说明如下。

❶ Java 数组的长度属性值始终是一个整数。但是，APNS 协议需要一个 2-`byte` 值。在这种情况下，有效负载的长度已经在其他的地方验证过了，所以在这里将其强制转换为 `short` 是安全的。注意，如果没有显式地将 `ByteBuf` 构造为大端字节序，那么在处理 `short` 和 `int` 类型的值时则可能会出现各种微妙的错误。

❷ 不同于标准的 `java.nio.ByteBuffer`，没有必要翻转[①]缓冲区，也没必要关心它的位置——Netty 的 `ByteBuf` 将会自动管理用于读取和写入的位置。

使用少量的代码，Netty 已经使得创建一个格式正确的 APNS 消息的过程变成小事一桩了。因为这个消息现在已经被打包进了一个 `ByteBuf`，所以当消息准备好发送时，便可以很容易地被直接写入连接了 APNS 的 `Channel`。

可以通过多重机制连接 APNS，但是最基本的，是需要一个使用 `SslHandler` 和解码器来填充 `ChannelPipeline` 的 `ChannelInitializer`，如代码清单 14-5 所示。

① 即调用 `ByteBuffer` 的 `flip()` 方法。——译者注

代码清单 14-5 设置 `ChannelPipeline`

```
public final class ApnsClientPipelineInitializer
    extends ChannelInitializer<Channel> {
    private final SSLEngine clientEngine;

    public ApnsClientPipelineFactory(SSLEngine engine) {
        this.clientEngine = engine;
    }

    @Override
    public void initChannel(Channel channel) throws Exception {
        final ChannelPipeline pipeline = channel.pipeline();
        final SslHandler handler = new SslHandler(clientEngine);
        handler.setEnableRenegotiation(true);
        pipeline.addLast("ssl", handler);
        pipeline.addLast("decoder", new ApnsResponseDecoder());
    }
}
```

一个 X.509 认证的请求需要一个 javax.net.ssl.SSLEngine 类的实例

构造一个 Netty 的 SslHandler

APNS 将尝试在连接后不久重新协商 SSL，需要允许重新协商

这个类扩展了 Netty 的 ByteToMessageDecoder，并且处理了 APNS 返回一个错误代码并断开连接的情况

值得注意的是，Netty 使得协商结合了异步 I/O 的 X.509 认证的连接变得多么的容易。在 Urban Airship 早期的没有使用 Netty 的原型 APNS 的代码中，协商一个异步的 X.509 认证的连接需要 80 多行代码和一个线程池，而这只仅仅是为了建立连接。Netty 隐藏了所有的复杂性，包括 SSL 握手、身份验证、最重要的将明文的字节加密为密文，以及使用 SSL 所带来的密钥的重新协商。这些 JDK 中异常无聊的、容易出错的并且缺乏文档的 API 都被隐藏在了 3 行 Netty 代码之后。

在 Urban Airship，在所有和众多的包括 APNS 以及 Google 的 GCM 的第三方推送通知服务的连接中，Netty 都扮演了重要的角色。在每种情况下，Netty 都足够灵活，允许显式地控制从更高级别的 HTTP 的连接行为到基本的套接字级别的配置（如 TCP keep-alive 以及套接字缓冲区大小）的集成如何生效。

14.3.4 直接面向设备的递交

上一节提供了 Urban Airship 如何与第三方集成以进行消息递交的内部细节。在谈及图 14-6 时，需要注意的是，将消息递交到设备有两种方式。除了通过第三方来递交消息之外，Urban Airship 还有直接作为消息递交通道的经验。在作为这种角色时，单个设备将直接连接 Urban Airship 的基础设施，绕过第三方提供商。这种方式也带来了一组截然不同的挑战。

- 由移动设备发出的套接字连接往往是短暂的。根据不同的条件，移动设备将频繁地在不同类型的网络之间进行切换。对于移动服务的后端提供商来说，设备将不断地重新连接，并将感受到短暂而又频繁的连接周期。

- *跨平台的连接性是不规则的*。从网络的角度来看，平板设备的连接性往往表现得和移动电话不一样，而对比于台式计算机，移动电话的连接性的表现又不一样。
- *移动电话向后端服务提供商更新的频率一定会增加*。移动电话越来越多地被应用于日常任务中，不仅产生了大量常规的网络流量，而且也为后端服务提供商提供了大量的分析数据。
- *电池和带宽不能被忽略*。不同于传统的桌面环境，移动电话通常使用有限的数据流量包。服务提供商必须要尊重最终用户只有有限的电池使用时间，而且他们使用昂贵的、速率有限的（蜂窝移动数据网络）带宽这一事实。滥用两者之一都通常会导致应用被卸载，这对于移动开发人员来说可能是最坏的结果了。
- *基础设施的所有方面都需要大规模的伸缩*。随着移动设备普及程度的不断增加，更多的应用程序安装量将会导致更多的到移动服务的基础设施的连接。由于移动设备的庞大规模和增长，这个列表中的每一个前面提到的元素都将变得愈加复杂。

随着时间的推移，Urban Airship 从移动设备的不断增长中学到了几点关键的经验教训：

- 移动运营商的多样性可以对移动设备的连接性造成巨大的影响；
- 许多运营商都不允许 TCP 的 keep-alive 特性，因此许多运营商都会积极地剔除空闲的 TCP 会话；
- UDP 不是一个可行的向移动设备发送消息的通道，因为许多的运营商都禁止它；
- SSLv3 所带来的开销对于短暂的连接来说是巨大的痛苦。

鉴于移动增长的挑战，以及 Urban Airship 的经验教训，Netty 对于实现一个移动消息平台来说简直就是天作之合，原因将在以下各节强调。

14.3.5　Netty 擅长管理大量的并发连接

如上一节中所提到的，Netty 使得可以轻松地在 JVM 平台上支持异步 I/O。因为 Netty 运行在 JVM 之上，并且因为 JVM 在 Linux 上将最终使用 Linux 的 epoll 方面的设施来管理套接字文件描述符中所感兴趣的事件（interest），所以 Netty 使得开发者能够轻松地接受大量打开的套接字——每一个 Linux 进程将近一百万的 TCP 连接，从而适应快速增长的移动设备的规模。有了这样的伸缩能力，服务提供商便可以在保持低成本的同时，允许大量的设备连接到物理服务器上的一个单独的进程[①]。

在受控的测试以及优化了配置选项以使用少量的内存的条件下，一个基于 Netty 的服务得以容纳略少于 100 万（约为 998 000）的连接。在这种情况下，这个限制从根本上来说是由

---

① 注意，在这种情况下物理服务器的区别。尽管虚拟化提供了许多的好处，但是领先的云计算提供商仍然未能支持到单个虚拟主机超过 200 000 ~ 300 000 的并发 TCP 连接。当连接达到或者超过这种规模时，建议使用裸机（bare metal）服务器，并且密切关注网络接口卡（Network Interface Card，NIC）提供商。

于 Linux 内核强制硬编码了每个进程限制 100 万个文件句柄。如果 JVM 本身没有持有大量的套接字以及用于 JAR 文件的文件描述符，那么该服务器可能本能够处理更多的连接，而所有的这一切都在一个 4GB 大小的堆上。利用这种效能，Urban Airship 成功地维持了超过 2000 万的到它的基础设施的持久化的 TCP 套接字连接以进行消息递交，所有的这一切都只使用了少量的服务器。

值得注意的是，虽然在实践中，一个单一的基于 Netty 的服务便能够处理将近 1 百万的入站 TCP 套接字连接，但是这样做并不一定就是务实的或者明智的。如同分布式计算中的所有陷阱一样，主机将会失败、进程将需要重新启动并且将会发生不可预期的行为。由于这些现实的问题，适当的容量规划意味着需要考虑到单个进程失败的后果。

14.3.6 Urban Airship 小结——跨越防火墙边界

我们已经演示了两个在 Urban Airship 内部网络中每天都会使用 Netty 的场景。Netty 适合这些用途，并且工作得非常出色，但在 Urban Airship 内部的许多其他的组件中也有它作为脚手架存在的身影。

1. 内部的 RPC 框架

Netty 一直都是 Urban Airship 内部的 RPC 框架的核心，其一直都在不断进化。今天，这个框架每秒钟可以处理数以十万计的请求，并且拥有相当低的延迟以及杰出的吞吐量。几乎每个由 Urban Airship 发出的 API 请求都经由了多个后端服务处理，而 Netty 正是所有这些服务的核心。

2. 负载和性能测试

Netty 在 Urban Airship 已经被用于几个不同的负载测试框架和性能测试框架。例如，在测试前面所描述的设备消息服务时，为了模拟数百万的设备连接，Netty 和一个 Redis 实例（http://redis.io/）相结合使用，以最小的客户端足迹（负载）测试了端到端的消息吞吐量。

3. 同步协议的异步客户端

对于一些内部的使用场景，Urban Airship 一直都在尝试使用 Netty 来为典型的同步协议创建异步的客户端，包括如 Apache Kafka（http://kafka.apache.org/）以及 Memcached（http://memcached.org/）这样的服务。Netty 的灵活性使得我们能够很容易地打造天然异步的客户端，并且能够在真正的异步或同步的实现之间来回地切换，而不需要更改任何的上游代码。

总而言之，Netty 一直都是 Urban Airship 服务的基石。其作者和社区都是极其出色的，并为任何需要在 JVM 上进行网络通信的应用程序，创造了一个真正意义上的一流框架。

14.4 小结

本章旨在揭示真实世界中的 Netty 的使用场景，以及它是如何帮助这些公司解决了重大的网络通信问题的。值得注意的是，在所有的场景下，Netty 都不仅是被作为一个代码框架而使用，而且还是开发和架构最佳实践的重要组成部分。

在下一章中，我们将介绍由 Facebook 和 Twitter 所贡献的案例研究，描述两个开源项目，这两个项目是从基于 Netty 的最初被开发用来满足内部需求的项目演化而来的。

第 15 章　案例研究，第二部分

本章主要内容

- Facebook 的案例研究
- Twitter 的案例研究

在本章中，我们将看到 Facebook 和 Twitter（两个最流行的社交网络）是如何使用 Netty 的。他们都利用了 Netty 灵活和通用的设计来构建框架和服务，以满足对极端伸缩性以及可扩展性的需求。

这里所呈现的案例研究都是由那些负责设计和实现所述解决方案的工程师所撰写的。

15.1　Netty 在 Facebook 的使用：Nifty 和 Swift[①]

Andrew Cox，Facebook 软件工程师

在 Facebook，我们在我们的几个后端服务中使用了 Netty（用于处理来自手机应用程序的消息通信、用于 HTTP 客户端等），但是我们增长最快的用法还是通过我们所开发的用来构建 Java 的 Thrift 服务的两个新框架：Nifty 和 Swift。

15.1.1　什么是 Thrift

Thrift 是一个用来构建服务和客户端的框架，其通过远程过程调用（RPC）来进行通信。它最初是在 Facebook 开发的[②]，用以满足我们构建能够处理客户端和服务器之间的特定类型的接口不匹配的服务的需要。这种方式十分便捷，因为服务器和它们的客户端通常不能全部同时升级。

---

① 本节所表达的观点都是本节作者的观点，并不一定反映了该作者的雇主的观点。

② 一份来自原始的 Thrift 的开发者的不旧不新的白皮书可以在 http://thrift.apache.org/static/files/thrift-20070401.pdf 找到。

Thrift 的另一个重要的特点是它可以被用于多种语言。这使得在 Facebook 的团队可以为工作选择正确的语言，而不必担心他们是否能够找到和其他的服务相互交互的客户端代码。在 Facebook，Thrift 已经成为我们的后端服务之间相互通信的主要方式之一，同时它还被用于非 RPC 的序列化任务，因为它提供了一个通用的、紧凑的存储格式，能够被多种语言读取，以便后续处理。

自从 Thrift 在 Facebook 被开发以来，它已经作为一个 Apache 项目（http://thrift.apache.org/）开源了，在那里它将继续成长以满足服务开发人员的需要，不止在 Facebook 有使用，在其他公司也有使用，如 Evernote 和 last.fm[①]，以及主要的开源项目如 Apache Cassandra 和 HBase 等。

下面是 Thrift 的主要组件：

- Thrift 的接口定义语言（IDL）——用来定义你的服务，并且编排你的服务将要发送和接收的任何自定义类型；
- 协议——用来控制将数据元素编码/解码为一个通用的二进制格式（如 Thrift 的二进制协议或者 JSON）；
- 传输——提供了一个用于读/写不同媒体（如 TCP 套接字、管道、内存缓冲区）的通用接口；
- Thrift 编译器——解析 Thrift 的 IDL 文件以生成用于服务器和客户端的存根代码，以及在 IDL 中定义的自定义类型的序列化/反序列化代码；
- 服务器实现——处理接受连接、从这些连接中读取请求、派发调用到实现了这些接口的对象，以及将响应发回给客户端；
- 客户端实现——将方法调用转换为请求，并将它们发送给服务器。

15.1.2 使用 Netty 改善 Java Thrift 的现状

Thrift 的 Apache 分发版本已经被移植到了大约 20 种不同的语言，而且还有用于其他语言的和 Thrift 相互兼容的独立框架（Twitter 的用于 Scala 的 Finagle 便是一个很好的例子）。这些语言中的一些在 Facebook 多多少少有被使用，但是在 Facebook 最常用的用来编写 Thrift 服务的还是 C++和 Java。

当我加入 Facebook 时，我们已经在使用 C++围绕着 libevent，顺利地开发可靠的、高性能的、异步的 Thrift 实现了。通过 libevent，我们得到了 OS API 之上的跨平台的异步 I/O 抽象，但是 libevent 并不会比，比如说，原始的 Java NIO，更加容易使用。因此，我们也在其上构建了抽象，如异步的消息通道，同时我们还使用了来自 Folly[②]的链式缓冲区尽可能地避免复制。这个框架还具有一个支持带有多路复用的异步调用的客户端实现，以及一个支持异步的请求处理的服务器实

① 可以在 http://thrift.apache.org 找到更多的例子。

② Folly 是 Facebook 的开源 C++公共库：https://www.facebook.com/notes/facebook-engineering/folly-the-facebook-open-source-library/10150864656793920。

现。（该服务器可以启动一个异步任务来处理请求并立即返回，随后在响应就绪时调用一个回调或者稍后设置一个 `Future`。）

同时，我们的 Java Thrift 框架却很少受到关注，而且我们的负载测试工具显示 Java 版本的性能明显落后于 C++版本。虽然已经有了构建于 NIO 之上的 Java Thrift 框架，并且异步的基于 NIO 的客户端也可用。但是该客户端不支持流水线化以及请求的多路复用，而服务器也不支持异步的请求处理。由于这些缺失的特性，在 Facebook，这里的 Java Thrift 服务开发人员遇到了那些在 C++（的 Thrift 框架）中已经解决了的问题，并且它也成为了挫败感的源泉。

我们本来可以在 NIO 之上构建一个类似的自定义框架，并在那之上构建我们新的 Java Thrift 实现，就如同我们为 C++版本的实现所做的一样。但是经验告诉我们，这需要巨大的工作量才能完成，不过碰巧，我们所需要的框架已经存在了，只等着我们去使用它：Netty。

我们很快地组装了一个服务器实现，并且将名字“Netty”和“Thrift”混在一起，为新的服务器实现提出了“Nifty”这个名字。相对于在 C++版本中达到同样的效果我们所需要做的一切，那么少的代码便可以使得 Nifty 工作，这立即就让人印象深刻。

接下来，我们使用 Nifty 构建了一个简单的用于负载测试的 Thrift 服务器，并且使用我们的负载测试工具，将它和我们现有的服务器进行了对比。结果是显而易见的：Nifty 的表现要优于其他的 NIO 服务器，而且和我们最新的 C++版本的 Thrift 服务器的结果也不差上下。使用 Netty 就是为了要提高性能！

15.1.3　Nifty 服务器的设计

Nifty（https://github.com/facebook/nifty）是一个开源的、使用 Apache 许可的、构建于 Apache Thrift 库之上的 Thrift 客户端/服务器实现。它被专门设计，以便无缝地从任何其他的 Java Thrift 服务器实现迁移过来：你可以重用相同的 Thrift IDL 文件、相同的 Thrift 代码生成器（与 Apache Thrift 库打包在一起），以及相同的服务接口实现。唯一真正需要改变的只是你的服务器的启动代码（Nifty 的设置风格与 Apache Thrift 中的传统的 Thrift 服务器实现稍微有所不同）。

1．Nifty 的编码器/解码器

默认的 Nifty 服务器能处理普通消息或者分帧消息（带有 4 字节的前缀）。它通过使用自定义的 Netty 帧解码器做到了这一点，其首先查看前几个字节，以确定如何对剩余的部分进行解码。然后，当发现了一个完整的消息时，解码器将会把消息的内容和一个指示了消息类型的字段包装在一起。服务器随后将会根据该字段来以相同的格式对响应进行编码。

Nifty 还支持接驳你自己的自定义编解码器。例如，我们的一些服务使用了自定义的编解码器来从客户端在每条消息前面所插入的头部中读取额外的信息（包含可选的元数据、客户端的能力等）。解码器也可以被方便地扩展以处理其他类型的消息传输，如 HTTP。

2. 在服务器上排序响应

Java Thrift 的初始版本使用了 OIO 套接字，并且服务器为每个活动连接都维护了一个线程。使用这种设置，在下一个响应被读取之前，每个请求都将在同一个线程中被读取、处理和应答。这保证了响应将总会以对应的请求所到达的顺序返回。

较新的异步 I/O 的服务器实现诞生了，其不需要每个连接一个线程，而且这些服务器可以处理更多的并发连接，但是客户端仍然主要使用同步 I/O，因此服务器可以期望它在发送当前响应之前，不会收到下一个请求。这个请求/执行流如图 15-1 所示。

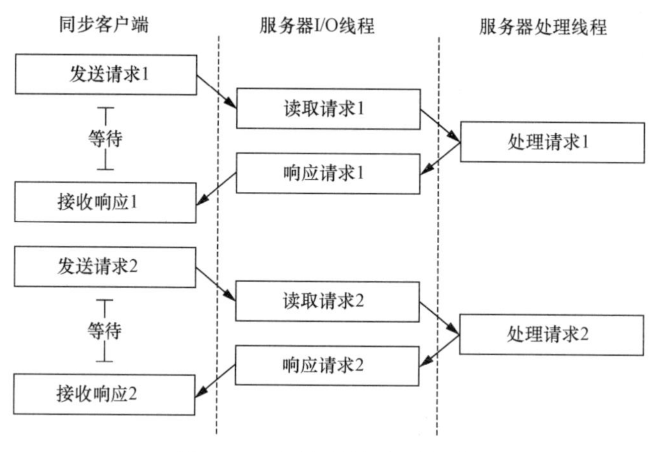

图 15-1 同步的请求/响应流

客户端最初的伪异步用法开始于一些 Thrift 用户利用的一项事实：对于一个生成的客户端方法 `foo()`来说，方法 `send_foo()`和 `recv_foo()`将会被单独暴露出来。这使得 Thrift 用户可以发送多个请求（无论是在多个客户端上，还是在同一个客户端上），然后调用相应的接收方法来开始等待并收集结果。

在这个新的场景下，服务器可能会在它完成处理第一个请求之前，从单个客户端读取多个请求。在一个理想的世界中，我们可以假设所有流水线化请求的异步 Thrift 客户端都能够处理以任意顺序到达的这些请求所对应的响应。然而，在现实生活中，虽然新的客户端可以处理这种情况，而那些旧一点的异步 Thrift 客户端可能会写出多个请求，但是必须要求按顺序接收响应。

这种问题可以通过使用 Netty 4 的 `EventExecutor` 或者 Netty 3.x 中的 `OrderedMemoryAwareThreadPoolExcecutor` 解决，其能够保证顺序地处理同一个连接上的所有传入消息，而不会强制所有这些消息都在同一个执行器线程上运行。

图 15-2 展示了流水线化的请求是如何被以正确的顺序处理的，这也就意味着对应于第一个请求的响应将会被首先返回，然后是对应于第二个请求的响应，以此类推。

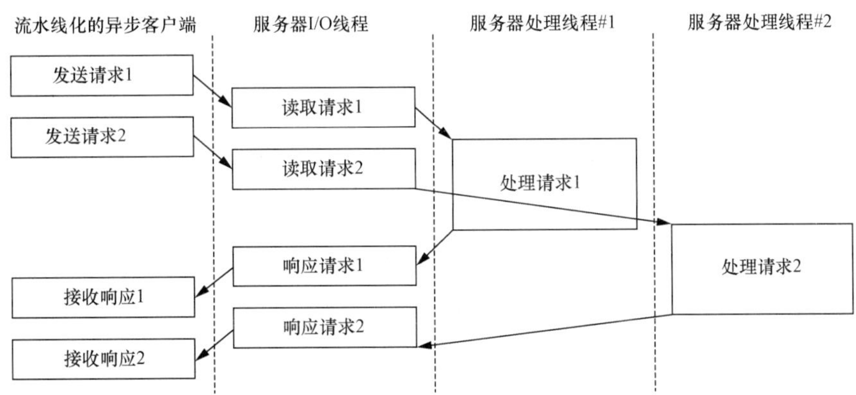

图 15-2　对于流水线化的请求的顺序化处理的请求/响应流

尽管 Nifty 有着特殊的要求：我们的目标是以客户端能够处理的最佳的响应顺序服务于每个客户端。我们希望允许用于来自于单个连接上的多个流水线化的请求的处理器能够被并行处理，但是那样我们又控制不了这些处理器完成的先后顺序。

相反，我们使用了一种涉及缓冲响应的方案；如果客户端要求保持顺序的响应，我们将会缓冲后续的响应，直到所有较早的响应也可用，然后我们将按照所要求的顺序将它们一起发送出去。见图 15-3 所示。

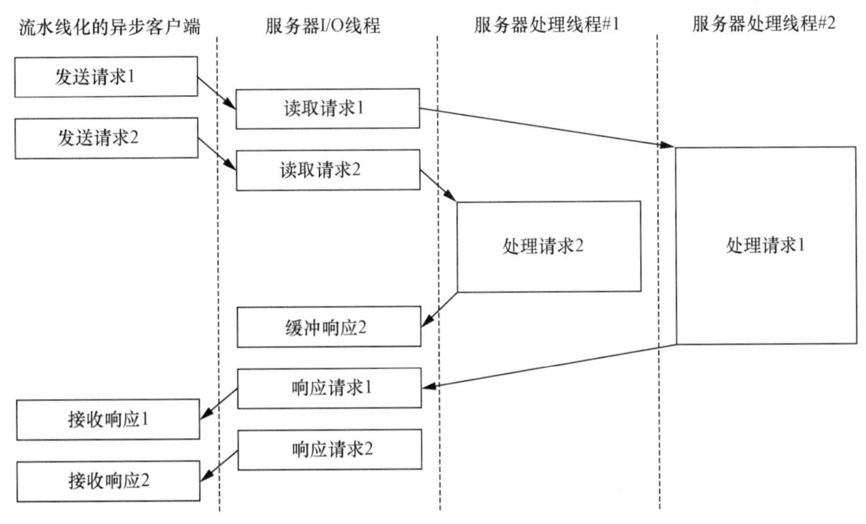

图 15-3　对于流水线化的请求的并行处理的请求/响应流

当然，Nifty 包括了实实在在支持无序响应的异步 `Channel`（可以通过 Swift 使用）。当使用能够让客户端通知服务器此客户端的能力的自定义的传输时，服务器将会免除缓冲响应的负担，并且将以请求完成的任意顺序把它们发送回去。

15.1.4 Nifty 异步客户端的设计

Nifty 的客户端开发主要集中在异步客户端上。Nifty 实际上也提供了一个针对 Thrift 的同步传输接口的 Netty 实现，但是它的使用相当受限，因为相对于 Thrift 所提供的标准的套接字传输，它并没有太多的优势。因此，用户应该尽可能地使用异步客户端。

1. 流水线化

Thrift 库拥有它自己的基于 NIO 的异步客户端实现，但是我们想要的一个特性是请求的流水线化。流水线化是一种在同一连接上发送多个请求，而不需要等待其响应的能力。如果服务器有空闲的工作线程，那么它便可以并行地处理这些请求，但是即使所有的工作线程都处于忙绿状态，流水线化仍然可以有其他方面的裨益。服务器将会花费更少的时间来等待读取数据，而客户端则可以在一个单一的 TCP 数据包里一起发送多个小请求，从而更好地利用网络带宽。

使用 Netty，流水线化水到渠成。Netty 做了所有管理各种 NIO 选择键的状态的艰涩的工作，Nifty 则可以专注于解码请求以及编码响应。

2. 多路复用

随着我们的基础设施的增长，我们开始看到在我们的服务器上建立起来了大量的连接。多路复用（为所有的连接来自于单一的来源的 Thrift 客户端共享连接）可以帮助减轻这种状况。但是在需要按序响应的客户端连接上进行多路复用会导致一个问题：该连接上的客户端可能会招致额外的延迟，因为它的响应必须要跟在对应于其他共享该连接的请求的响应之后。

基本的解决方案也相当简单：Thrift 已经在发送每个消息时都捎带了一个序列标识符，所以为了支持无序响应，我们只需要客户端 `Channel` 维护一个从序列 ID 到响应处理器的一个映射，而不是一个使用队列。

但是问题的关键在于，在标准的同步 Thrift 客户端中，协议层将负责从消息中提取序列标识符，再由协议层协议调用传输层，而不是其他的方式。

对于同步客户端来说，这种简单的流程（如图 15-4 所示）能够良好地工作，其协议层可以在传输层上等待，以实际接收响应，但是对于异步客户端来说，其控制流就变得更加复杂了。客户端调用将会被分发到 Swift 库中，其将首先要求协议层将请求编码到一个缓冲区，然后将编码请求缓冲区传递给 Nifty 的 `Channel` 以便被写出。当该 `Channel` 收到来自服务器的响应时，它将会通知 Swift 库，其将再次使用协议层以对响应缓冲区进行解码。这就是图 15-5 中所展示的流程。

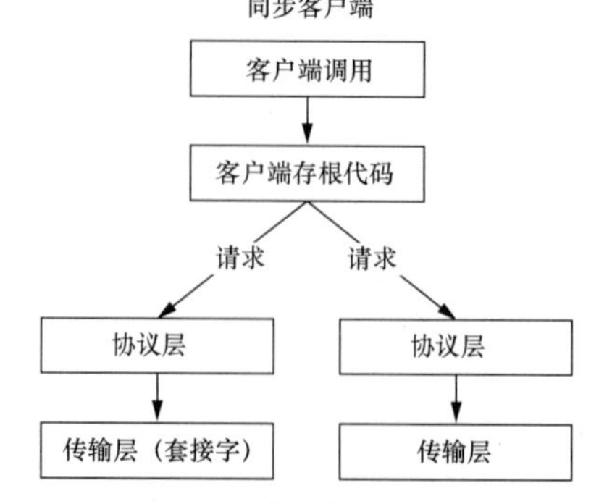

图 15-4 多路复用/传输层

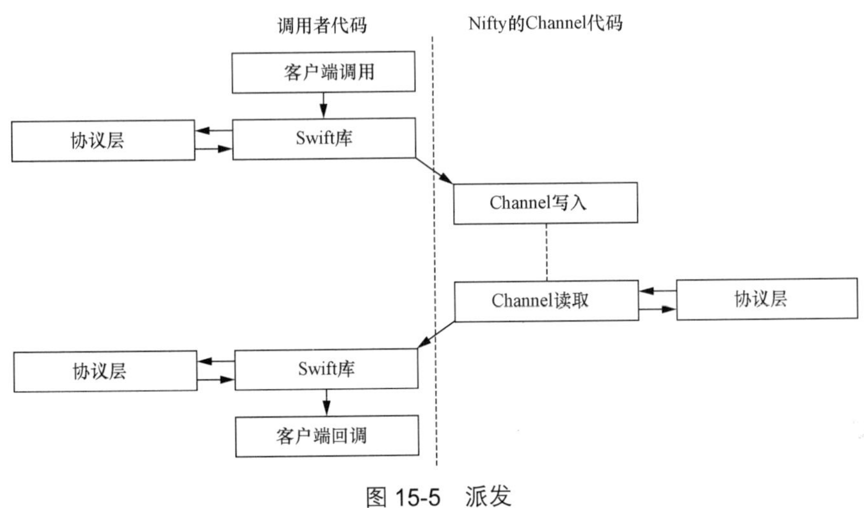

图 15-5 派发

15.1.5 Swift：一种更快的构建 Java Thrift 服务的方式

我们新的 Java Thrift 框架的另一个关键部分叫作 Swift。它使用了 Nifty 作为它的 I/O 引擎，但是其服务规范可以直接通过 Java 注解来表示，使得 Thrift 服务开发人员可以纯粹地使用 Java 进行开发。当你的服务启动时，Swift 运行时将通过组合使用反射以及解析 Swift 的注解来收集所有相关服务以及类型的信息。通过这些信息，它可以构建出和 Thrift 编译器在解析 Thrift IDL 文件时构建的模型一样的模型。然后，它将使用这个模型，并通过从字节码生成用于序列化/反序列化这些自定义类型的新类，来直接运行服务器以及客户端（而不需要任何生成的服务器或者客户端的存根代码）。

跳过常规的 Thrift 代码生成，还能使添加新功能变得更加轻松，而无需修改 IDL 编译器，所以我们的许多新功能（如异步客户端）都是首先在 Swift 中得到支持。如果你感兴趣，可以查阅 Swift 的 GitHub 页面（https://github.com/facebook/swift）上的介绍信息。

15.1.6 结果

在下面的各节中，我们将量化一些我们使用 Netty 的过程中所观察到的一些成果。

1. 性能比较

一种测量 Thrift 服务器性能的方式是对于空操作的基准测试。这种基准测试使用了长时间运行的客户端，这些客户端不间断地对发送回空响应的服务器进行 Thrift 调用。虽然这种测量方式对于大部分的实际 Thrift 服务来说，不是真实意义上的性能测试，但是它仍然很好地度量了 Thrift 服务的最大潜能，而且提高这一基准，通常也就意味着减少了该框架本身的 CPU 使用。

如表 15-1 所示，在这个基准测试下，Nifty 的性能优于所有其他基于 NIO 的 Thrift 服务器（TNonblockingServer、TThreadedSelectorServer 以及 TThreadPoolServer）的实现。它甚至轻松地击败了我们以前的 Java 服务器实现（我们内部使用的一个 Nifty 之前的服务器实现，基于原始的 NIO 以及直接缓冲区）。

表 15-1 不同实现的基准测试结果

Thrift 服务器实现	空操作请求/秒
TNonblockingServer	～68 000
TThreadedSelectorServer	188 000
TThreadPoolServer	867 000
较老的 Java 服务器（使用 NIO 和直接缓冲区）	367 000
Nifty	963 000
较老的基于 libevent 的 C++服务器	895 000
下一代基于 libevent 的 C++服务器	1 150 000

我们所测试过的唯一能够和 Nifty 相提并论的 Java 服务器是 TThreadPoolServer。这个服务器实现使用了原始的 OIO，并且在一个专门的线程上运行每个连接。这使得它在处理少量的连接时表现不错；然而，使用 OIO，当你的服务器需要处理大量的并发连接时，你将很容易遇到伸缩性问题。

Nifty 甚至击败了之前的 C++服务器实现，这是我们开始开发 Nifty 时最夺目的一点，虽然它相对于我们的下一代 C++服务器框架还有一些差距，但至少也大致相当。

2．稳定性问题的例子

在 Nifty 之前，我们在 Facebook 的许多主要的 Java 服务都使用了一个较老的、自定义的基于 NIO 的 Thrift 服务器实现，它的工作方式类似于 Nifty。该实现是一个较旧的代码库，有更多的时间成熟，但是由于它的异步 I/O 处理代码是从零开始构建的，而且因为 Nifty 是构建在 Netty 的异步 I/O 框架的坚实基础之上的，所以（相比之下）它的问题也就少了很多。

我们的一个自定义的消息队列服务是基于那个较旧的框架构建的，而它开始遭受一种套接字泄露。大量的连接都停留在了 `CLOSE_WAIT` 状态，这意味着服务器接收了客户端已经关闭了套接字的通知，但是服务器从来不通过其自身的调用来关闭套接字进行回应。这使得这些套接字都停滞在了 `CLOSE_WAIT` 状态。

问题发生得很慢；在处理这个服务的整个机器集群中，每秒可能有数以百万计的请求，但是通常在一个服务器上只有一个套接字会在一个小时之内进入这个状态。这不是一个迫在眉睫的问题，因为在那种速率下，在一个服务器需要重启前，将需要花费很长的时间，但是这也复杂化了追查原因的过程。彻底地挖掘代码也没有带来太大的帮助：最初的几个地方看起来可疑，但是最终都被排除了，而我们也并没有定位到问题所在。

最终，我们将该服务迁移到了 Nifty 之上。转换（包括在预发环境中进行测试）花了不到一天的时间，而这个问题就此消失了。使用 Nifty，我们就真的再也没见过类似的问题了。

这只是在直接使用 NIO 时可能会出现的微妙 bug 的一个例子，而且它类似于那些在我们的 C++ Thrift 框架稳定的过程中，不得不一次又一次地解决的 bug。但是我认为这是一个很好的例子，它说明了通过使用 Netty 是如何帮助我们利用它多年来收到的稳定性修复的。

3．改进 C++实现的超时处理

Netty 还通过为改进我们的 C++框架提供一些启发间接地帮助了我们。一个这样的例子是基于散列轮的计时器。我们的 C++框架使用了来自于 libevent 的超时事件来驱动客户端以及服务器的超时，但是为每个请求都添加一个单独的超时被证明是十分昂贵的，因此我们一直都在使用我们称之为超时集的东西。其思想是：一个到特定服务的客户端连接，对于由该客户端发出的每个请求，通常都具有相同的接收超时，因此对于一组共享了相同的时间间隔的超时集合，我们仅维护一个真正的计时器事件。每个新的超时都将被保证会在对于该超时集合的现存的超时被调度之后触发，因此当每个超时过期或者被取消时，我们将只会安排下一个超时。

然而，我们的用户偶尔想要为每个调用都提供单独的超时，为在相同连接上的不同的请求设置不同的超时值。在这种情况下，使用超时集合的好处就消失了，因此我们尝试了使用单独的计时器事件。在大量的超时被同时调度时，我们开始看到了性能问题。我们知道 Nifty 不会碰到这个问题，除了它不使用超时集的这个事实—— Netty 通过它的 `HashedWheelTimer`[①] 解决了该问题。因此，带着来自 Netty 的灵感，我们为我们的 C++ Thrift 框架添加了一个基于散列轮的计时器，并解决了可变的每请求（per-request）超时时间间隔所带来的性能问题。

4．未来基于 Netty 4 的改进

Nifty 目前运行在 Netty 3 上，这对我们来说已经很好了，但是我们已经有一个基于 Netty 4 的移植版本准备好了，现在第 4 版的 Netty 已经稳定下来了，我们很快就会迁移过去。我们热切地期待着 Netty 4 的 API 将会带给我们的一些益处。

一个我们计划如何更好地利用 Netty 4 的例子是实现更好地控制哪个线程将管理一个给定的连接。我们希望使用这项特性，可以使服务器的处理器方法能够从和该服务器调用所运行的 I/O 线程相同的线程开始异步的客户端调用。这是那些专门的 C++服务器（如 Thrift 请求路由器）已经能够利用的特性。

从该例子延伸开来，我们也期待着能够构建更好的客户端连接池，使得能够把现有的池化连接迁移到期望的 I/O 工作线程上，这在第 3 版的 Netty 中是不可能做到的。

---

① 有关 `HashedWheelTimer` 类的更多的信息，参见 http://netty.io/4.1/api/io/netty/util/HashedWheelTimer.html。

15.1.7　Facebook 小结

在 Netty 的帮助下，我们已经能够构建更好的 Java 服务器框架了，其几乎能够与我们最快的 C++ Thrift 服务器框架的性能相媲美。我们已经将我们现有的一些主要的 Java 服务迁移到了 Nifty，并解决了一些令人讨厌的稳定性和性能问题，同时我们还开始将一些来自 Netty，以及 Nifty 和 Swift 开发过程中的思想，反馈到提高 C++ Thrift 的各个方面中。

不仅如此，使用 Netty 是令人愉悦的，并且它已经添加了大量的新特性，例如，对于 Thrift 客户端的内置 SOCKS 支持来说，添加起来小菜一碟。

但是我们并不止步于此。我们还有大量的性能调优工作要做，以及针对将来的大量的其他方面的改进计划。如果你对使用 Java 进行 Thrift 开发感兴趣，一定要关注哦！

15.2　Netty 在 Twitter 的使用：Finagle

Jeff Smick，Twitter 软件工程师

Finagle 是 Twitter 构建在 Netty 之上的容错的、协议不可知的 RPC 框架。从提供用户信息、推特以及时间线的后端服务到处理 HTTP 请求的前端 API 端点，所有组成 Twitter 架构的核心服务都建立在 Finagle 之上。

15.2.1　Twitter 成长的烦恼

Twitter 最初是作为一个整体式的 Ruby On Rails 应用程序构建的，我们半亲切地称之为 Monorail。随着 Twitter 开始经历大规模的成长，Ruby 运行时以及 Rails 框架开始成为瓶颈。从计算机的角度来看，Ruby 对资源的利用是相对低效的。从开发的角度来看，该 Monorail 开始变得难以维护。对一个部分的代码修改将会不透明地影响到另外的部分。代码的不同方面的所属权也不清楚。无关核心业务对象的小改动也需要一次完整的部署。核心业务对象也没有暴露清晰的 API，其加剧了内部结构的脆弱性以及发生故障的可能性。

我们决定将该 Monorail 分拆为不同的服务，明确归属人并且精简 API，使迭代更快速，维护更容易。每个核心业务对象都将由一个专门的团队维护，并且由它自己的服务提供支撑。公司内部已经有了在 JVM 上进行开发的先例——几个核心的服务已经从该 Monorail 中迁移出去，并已经用 Scala 重写了。我们的运维团队也有运维 JVM 服务的背景，并且知道如何运维它们。鉴于此，我们决定使用 Java 或者 Scala 在 JVM 上构建所有的新服务。大多数的服务开发团队都决定选用 Scala 作为他们的 JVM 语言。

15.2.2　Finagle 的诞生

为了构建出这个新的架构，我们需要一个高性能的、容错的、协议不可知的、异步的 RPC 框架。

在面向服务的架构中，服务花费了它们大部分的时间来等待来自其他上游的服务的响应。使用异步的库使得服务可以并发地处理请求，并且充分地利用硬件资源。尽管 Finagle 可以直接建立在 NIO 之上，但是 Netty 已经解决了许多我们可能会遇到的问题，并且它提供了一个简洁、清晰的 API。

Twitter 构建在几种开源的协议之上，主要是 HTTP、Thrift、Memcached、MySQL 以及 Redis。我们的网络栈需要具备足够的灵活性，能够和任何的这些协议进行交流，并且具备足够的可扩展性，以便我们可以方便地添加更多的协议。Netty 并没有绑定任何特定的协议。向它添加协议就像创建适当的 `ChannelHandler` 一样简单。这种扩展性也催生了许多社区驱动的协议实现，包括 SPDY、PostgreSQL、WebSockets、IRC 以及 AWS①。

Netty 的连接管理以及协议不可知的特性为构建 Finagle 提供了绝佳的基础。但是我们也有一些其他的 Netty 不能开箱即满足的需求，因为那些需求都更高级。客户端需要连接到服务器集群，并且需要做跨服务器集群的负载均衡。所有的服务都需要暴露运行指标（请求率、延迟等），其可以为调试服务的行为提供有价值的数据。在面向服务的架构中，一个单一的请求都可能需要经过数十种服务，使得如果没有一个由 Dapper 启发的跟踪框架，调试性能问题几乎是不可能的②。Finagle 正是为了解决这些问题而构建的。

15.2.3 Finagle 是如何工作的

Finagle 的内部结构是非常模块化的。组件都是先独立编写，然后再堆叠在一起。根据所提供的配置，每个组件都可以被换入或者换出。例如，所有的跟踪器都实现了相同的接口，因此可以创建一个跟踪器用来将跟踪数据发送到本地文件、保存在内存中并暴露一个读取端点，或者将它写出到网络。

在 Finagle 栈的底部是 `Transport` 层。这个类表示了一个能够被异步读取和写入的对象流。`Transport` 被实现为 Netty 的 `ChannelHandler`，并被插入到了 `ChannelPipeline` 的尾端。来自网络的消息在被 Netty 接收之后，将经由 `ChannelPipeline`，在那里它们将被编解码器解释，并随后被发送到 Finagle 的 `Transport` 层。从那里 Finagle 将会从 `Transport` 层读取消息，并且通过它自己的栈发送消息。

对于客户端的连接，Finagle 维护了一个可以在其中进行负载均衡的传输（Transport）池。根据所提供的连接池的语义，Finagle 将从 Netty 请求一个新连接或者复用一个现有的连接。当请求新连接时，将会根据客户端的编解码器创建一个 Netty 的 `ChannelPipeline`。额外的用于统计、日志记录以及 SSL 的 `ChannelHandler` 将会被添加到该 `ChannelPipeline` 中。该连接随后

① 关于 SPDY 的更多信息参见 https://github.com/twitter/finagle/tree/master/finagle-spdy。关于 PostgreSQL 参见 https://github.com/mairbek/finagle-postgres。关于 WebSockets 参见 https://github.com/sprsquish/finagle-websocket。关于 IRC 参见 https://github.com/sprsquish/finagle-irc。关于 AWS 参见 https://github.com/sclasen/finagle-aws。

② 有关 Dapper 的信息可以在 http://research.google.com/pubs/pub36356.html 找到。该分布式的跟踪框架是 Zipkin，可以在 https://github.com/twitter/zipkin 找到。

将会被递给一个 Finagle 能够写入和读取的 ChannelTransport[①]。

在服务器端，创建了一个 Netty 服务器，然后向其提供一个管理编解码器、统计、超时以及日志记录的 ChannelPipelineFactory。位于服务器 ChannelPipeline 尾端的 ChannelHandler 是一个 Finagle 的桥接器。该桥接器将监控新的传入连接，并为每一个传入连接创建一个新的 Transport。该 Transport 将在新的 Channel 被递交给某个服务器的实现之前对其进行包装。随后从 ChannelPipeline 读取消息，并将其发送到已实现的服务器实例。

图 15-6 展示了 Finagle 的客户端和服务器之间的关系。

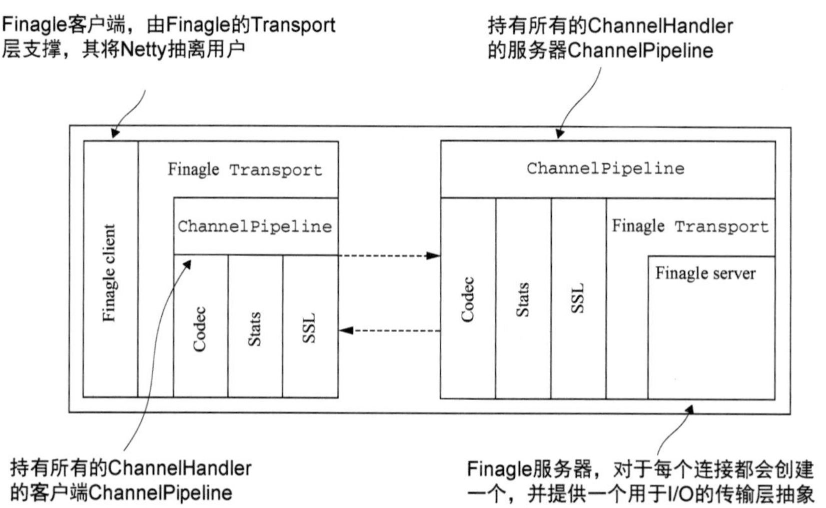

图 15-6 Netty 的使用

Netty/Finagle 桥接器

代码清单 15-1 展示了一个使用默认选项的静态的 ChannelFactory。

代码清单 15-1 设置 ChannelFactory

```
object Netty3Transporter {
    val channelFactory: ChannelFactory =
        new NioClientSocketChannelFactory(
            Executor, 1 /*# boss threads*/, WorkerPool, DefaultTimer
        ){
            // no-op; unreleasable
            override def releaseExternalResources() = ()
        }
    val defaultChannelOptions: Map[String, Object] = Map(
        "tcpNoDelay" -> java.lang.Boolean.TRUE,
        "reuseAddress" -> java.lang.Boolean.TRUE
    )
}
```

创建一个 ChannelFactory 的实例

设置用于新 Channel 的选项

① 相关的类可以在 https://github.com/twitter/finagle/blob/develop/finagle-netty4/src/main/scala/com/twitter/finagle/netty4/transport/ChannelTransport.scala 找到。——译者注

这个 ChannelFactory 桥接了 Netty 的 Channel 和 Finagle 的 Transport（为简洁起见，这里移除了统计代码）。当通过 apply 方法被调用时，这将创建一个新的 Channel 以及 Transport。当该 Channel 已经连接或者连接失败时，将会返回一个被完整填充的 Future。

代码清单 15-2 展示了将 Channel 连接到远程主机的 ChannelConnector。

代码清单 15-2 连接到远程服务器

```
private[netty3] class ChannelConnector[In, Out](
    newChannel: () => Channel,
    newTransport: Channel => Transport[In, Out]
) extends (SocketAddress => Future[Transport[In, Out]]) {
    def apply(addr: SocketAddress): Future[Transport[In, Out]] = {
        require(addr != null)
        val ch = try newChannel() catch {
            case NonFatal(exc) => return Future.exception(exc)
        }
        // Transport is now bound to the channel; this is done prior to
        // it being connected so we don't lose any messages.
        val transport = newTransport(ch)
        val connectFuture = ch.connect(addr)
        val promise = new Promise[Transport[In, Out]]
        promise setInterruptHandler { case _cause =>
            // Propagate cancellations onto the netty future.
            connectFuture.cancel()
        }
        connectFuture.addListener(new ChannelFutureListener {
            def operationComplete(f: ChannelFuture) {
                if (f.isSuccess) {
                    promise.setValue(transport)
                } else if (f.isCancelled) {
                    promise.setException(
                    WriteException(new CancelledConnectionException))
                } else {
                    promise.setException(WriteException(f.getCause))
                }
            }
        })
        promise onFailure { _ => Channels.close(ch)
        }
    }
}
```

如果 Channel 创建失败，那么异常将会被包装在 Future 中返回

使用 Channel 创建一个新的 Transport

异步连接到远程主机

创建一个新的 Promise，以便在连接尝试完成时及时收到通知

通过完全填充已经创建的 Promise 来处理 connectFuture 的完成状态

这个工厂提供了一个 ChannelPipelineFactory，它是一个 Channel 和 Transport 的工厂。该工厂是通过 apply 方法调用的。一旦被调用，就会创建一个新的 ChannelPipeline（newPipeline）。ChannelFactory 将会使用这个 ChannelPipeline 来创建新的 Channel，随后使用所提供的选项（newConfiguredChannel）对它进行配置。配置好的 Channel 将会被作为一个匿名的工厂传递给一个 ChannelConnector。该连接器将会被调用，并返回一个 Future[Transport]。

代码清单 15-3 展示了细节[①]。

代码清单 15-3 基于 Netty 3 的传输

```
case class Netty3Transporter[In, Out](
    pipelineFactory: ChannelPipelineFactory,
    newChannel: ChannelPipeline => Channel =
        Netty3Transporter.channelFactory.newChannel(_),
    newTransport: Channel => Transport[In, Out] =
        new ChannelTransport[In, Out](_),
    // various timeout/ssl options
) extends (
    (SocketAddress, StatsReceiver) => Future[Transport[In, Out]]
){
    private def newPipeline(
        addr: SocketAddress,
        statsReceiver: StatsReceiver
    )={
        val pipeline = pipelineFactory.getPipeline()
        // add stats, timeouts, and ssl handlers
        pipeline
    }
    private def newConfiguredChannel(
        addr: SocketAddress,
        statsReceiver: StatsReceiver
    )={
        val ch = newChannel(newPipeline(addr, statsReceiver))
        ch.getConfig.setOptions(channelOptions.asJava)
        ch
    }
    def apply(
        addr: SocketAddress,
        statsReceiver: StatsReceiver
    ): Future[Transport[In, Out]] = {
        val conn = new ChannelConnector[In, Out](
           () => newConfiguredChannel(addr, statsReceiver),
            newTransport, statsReceiver)
        conn(addr)
    }
}
```

创建一个 ChannelPipeline，并添加所需的 ChannelHandler

创建一个内部使用的 ChannelConnector

Finagle 服务器使用 Listener 将自身绑定到给定的地址。在这个示例中，监听器提供了一个 ChannelPipelineFactory、一个 ChannelFactory 以及各种选项（为了简洁起见，这里没包括）。我们使用一个要绑定的地址以及一个用于通信的 Transport 调用了 Listener。接着，创建并配置了一个 Netty 的 ServerBootstrap。然后，创建了一个匿名的 ServerBridge 工厂，递给 ChannelPipelineFactory，其将被递交给该引导服务器。最后，该服务器将会被绑定到给定的地址。

现在，让我们来看看基于 Netty 的 Listener 实现，如代码清单 15-4 所示。

① Finagle 的源代码位于 https://github.com/twitter/finagle。

代码清单 15-4 基于 Netty 的 `Listener` 实现

```
case class Netty3Listener[In, Out](
    pipelineFactory: ChannelPipelineFactory,
    channelFactory: ServerChannelFactory
    bootstrapOptions: Map[String, Object], ... // stats/timeouts/ssl config
) extends Listener[In, Out] {
    def newServerPipelineFactory(
        statsReceiver: StatsReceiver, newBridge: () => ChannelHandler
    ) = new ChannelPipelineFactory {                          <-- 创建一个 ChannelPipelineFactory
        def getPipeline() = {
            val pipeline = pipelineFactory.getPipeline()
            ... // add stats/timeouts/ssl
            pipeline.addLast("finagleBridge", newBridge())    <-- 将该桥接器添加到 ChannelPipeline 中
            pipeline
        }
    }
    def listen(addr: SocketAddress)(
        serveTransport: Transport[In, Out] => Unit
    ): ListeningServer =
        new ListeningServer with CloseAwaitably {
            val newBridge = () => new ServerBridge(serveTransport, ...)
            val bootstrap = new ServerBootstrap(channelFactory)
            bootstrap.setOptions(bootstrapOptions.asJava)
            bootstrap.setPipelineFactory(
                newServerPipelineFactory(scopedStatsReceiver, newBridge))
            val ch = bootstrap.bind(addr)
        }
}   }
```

当一个新的 Channel 打开时，该桥接器将会创建一个新的 `ChannelTransport` 并将其递回给 Finagle 服务器。代码清单 15-5 展示了所需的代码[①]。

代码清单 15-5 桥接 Netty 和 Finagle

```
class ServerBridge[In, Out](
    serveTransport: Transport[In, Out] => Unit,
) extends SimpleChannelHandler {
    override def channelOpen(
        ctx: ChannelHandlerContext,
        e: ChannelStateEvent
    ){
        val channel = e.getChannel
        val transport = new ChannelTransport[In, Out](channel)   <-- 创建一个 ChannelTransport，以便在一个新 Channel 被打开时桥接到 Finagle
        serveTransport(transport)
        super.channelOpen(ctx, e)
    }

    override def exceptionCaught(
```

① 完整的源代码在 https://github.com/twitter/finagle。

```
        ctx: ChannelHandlerContext,
        e: ExceptionEvent
    ) { // log exception and close channel }
}
```

15.2.4　Finagle 的抽象

Finagle 的核心概念是一个从 Request 到 Future[Response]的[1]的简单函数（函数式编程语言是这里的关键）。

```
type Service[Req, Rep] = Req => Future[Rep]
```
[2]

这种简单性释放了非常强大的组合性。Service 是一种对称的 API，同时代表了客户端以及服务器。服务器实现了该服务的接口。该服务器可以被具体地用于测试，或者 Finagle 也可以将它暴露到网络接口上。客户端将被提供一个服务实现，其要么是虚拟的，要么是某个远程服务器的具体表示。

例如，我们可以通过实现一个服务来创建一个简单的 HTTP 服务器，该服务接受 HttpReq 作为参数，返回一个代表最终响应的 Future[HttpRep]。

```
val s: Service[HttpReq, HttpRep] = new Service[HttpReq, HttpRep] {
    def apply(req: HttpReq): Future[HttpRep] =
        Future.value(HttpRep(Status.OK, req.body))
}
Http.serve(":80", s)
```

随后，客户端将被提供一个该服务的对称表示。

```
val client: Service[HttpReq, HttpRep] = Http.newService("twitter.com:80")
val f: Future[HttpRep] = client(HttpReq("/"))
f map { rep => processResponse(rep) }
```

这个例子将把该服务器暴露到所有网络接口的 80 端口上，并从 twitter.com 的 80 端口消费。

我们也可以选择不暴露该服务器，而是直接使用它。

```
server(HttpReq("/")) map { rep => processResponse(rep) }
```

在这里，客户端代码有相同的行为，只是不需要网络连接。这使得测试客户端和服务器非常简单直接。

客户端以及服务器都提供了特定于应用程序的功能。但是，也有对和应用程序无关的功能的需求。这样的例子如超时、身份验证以及统计等。Filter 为实现应用程序无关的功能提供了抽象。

过滤器接收一个请求和一个将被它组合的服务：

```
type Filter[Req, Rep] = (Req, Service[Req, Rep]) => Future[Rep]
```

---

① 这里的 Future[Response]相当于 Java 8 中的 CompletionStage<Response>。——译者注

② 虽然不完全等价，但是可以理解为 Java 8 的 public interface Service<Req, Rep> extends Function<Req, CompletionStage<Rep>>{}。——译者注

多个过滤器可以在被应用到某个服务之前链接在一起：

```
recordHandletime andThen
traceRequest andThen
collectJvmStats andThen
myService
```

这允许了清晰的逻辑抽象以及良好的关注点分离。在内部，Finagle 大量地使用了过滤器，其有助于提高模块化以及可复用性。它们已经被证明，在测试中很有价值，因为它们通过很小的模拟便可以被独立地单元测试。

过滤器可以同时修改请求和响应的数据以及类型。图 15-7 展示了一个请求，它在通过一个过滤器链之后到达了某个服务并返回。

图 15-7 请求/响应流

我们可以使用类型修改来实现身份验证。

```
val auth: Filter[HttpReq, AuthHttpReq, HttpRes, HttpRes] =
    { (req, svc) => authReq(req) flatMap { authReq => svc(authReq) } }

val authedService: Service[AuthHttpReq, HttpRes] = ...
val service: Service[HttpReq, HttpRes] =
    auth andThen authedService
```

这里我们有一个需要 `AuthHttpReq` 的服务。为了满足这个需求，创建了一个能接收 `HttpReq` 并对它进行身份验证的过滤器。随后，该过滤器将和该服务进行组合，产生一个新的可以接受 `HttpReq` 并产生 `HttpRes` 的服务。这使得我们可以从该服务隔离，单独地测试身份验证过滤器。

15.2.5 故障管理

我们假设故障总是会发生；硬件会失效、网络会变得拥塞、网络链接会断开。对于库来说，如果它们正在上面运行的或者正在与之通信的系统发生故障，那么库所拥有的极高的吞吐量以及极低的延迟都将毫无意义。为此，Finagle 是建立在有原则地管理故障的基础之上的。为了能够更好地管理故障，它牺牲了一些吞吐量以及延迟。

Finagle 可以通过隐式地使用延迟作为启发式（算法的因子）来均衡跨集群主机的负载。Finagle 客户端将在本地通过统计派发到单个主机的还未完成的请求数来追踪它所知道的每个主机上的负载。有了这些信息，Finagle 会将新的请求（隐式地）派发给具有最低负载、最低延迟的主机。

失败的请求将导致 Finagle 关闭到故障主机的连接，并将它从负载均衡器中移除。在后台，Finagle 将不断地尝试重新连接。只有在 Finagle 能够重新建立一个连接时，该主机才会被重新加入到负载均衡器中。然后，服务的所有者可以自由地关闭各个主机，而不会对下游的客户端造成负面的影响。

15.2.6 组合服务

Finagle 的服务即函数（service-as-a-function）的观点允许编写简单但富有表现力的代码。例如，一个用户发出的对于他们的主页时间线的请求涉及了大量的服务，其中的核心是身份验证服务、时间线服务以及推特服务。这些关系可以被简洁地表达。

代码清单 15-6 通过 Finagle 组合服务

```
val timelineSvc = Thrift.newIface[TimelineService](...)      <-- 为每个服务创
val tweetSvc = Thrift.newIface[TweetService](...)                建一个客户端
val authSvc = Thrift.newIface[AuthService](...)

val authFilter = Filter.mk[Req, AuthReq, Res, Res] { (req, svc) =>     <-- 创建一个新的过滤器，对
    authSvc.authenticate(req) flatMap svc(_)                               传入的请求进行身份验证
}

val apiService = Service.mk[AuthReq, Res] { req =>     <-- 创建一个服务，将已通过
    timelineSvc(req.userId) flatMap {tl =>                 身份验证的时间线请求
        val tweets = tl map tweetSvc.getById(_)            转换为一个 JSON 响应
        Future.collect(tweets) map tweetsToJson(_)
    }
}
                                                           使用该身份验证过滤器以及
Http.serve(":80", authFilter andThen apiService)   <--     我们的服务在 80 端口上启动
                                                           一个新的 HTTP 服务
```

在这里，我们为时间线服务、推特服务以及身份验证服务都创建了客户端。并且，为了对原始的请求进行身份验证，创建了一个过滤器。最后，我们实现的服务，结合了身份验证过滤器，暴露在 80 端口上。

当收到请求时，身份验证过滤器将尝试对它进行身份验证。错误都会被立即返回，不会影响核心业务。身份验证成功之后，`AuthReq` 将会被发送到 API 服务。该服务将会使用附加的 `userId` 通过时间线服务来查找该用户的时间线。然后，返回一组推特 ID，并在稍后遍历。每个 ID 都会被用来请求与之相关联的推特。最后，这组推特请求会被收集起来，转换为一个 JSON 格式的响应。

正如你所看到的，我们定义了数据流，并且将并发的问题留给了 Finagle。我们不必管理线程池，也不必担心竞态条件。这段代码既清晰又安全。

15.2.7 未来：Netty

为了改善 Netty 的各个部分，让 Finagle 以及更加广泛的社区都能够从中受益，我们一直在与 Netty 的维护者密切合作[①]。最近，Finagle 的内部结构已经升级为更加模块化的结构，为升级

① “Netty 4 at Twitter: Reduced GC Overhead”：https://blog.twitter.com/2013/netty-4-at-twitter-reduced-gc-overhead。

到 Netty 4 铺平了道路。

15.2.8 Twitter 小结

Finagle 已经取得了辉煌的成绩。我们已经想方设法大幅度地提高了我们所能够处理的流量，同时也降低了延迟以及硬件需求。例如，在将我们的 API 端点从 Ruby 技术栈迁移到 Finagle 之后，我们看到，延迟从数百毫秒下降到了数十毫秒之内，同时还将所需要的机器数量从 3 位数减少到了个位数。我们新的技术栈已经使得我们达到了新的吞吐量记录。在撰写本文时，我们所记录的每秒的推特数是 143 199[①]。这一数字对于我们的旧架构来说简直是难以想象的。

Finagle 的诞生是为了满足 Twitter 横向扩展以支持全球数以亿计的用户的需求，而在当时支撑数以百万计的用户并保证服务在线已然是一项艰巨的任务了。使用 Netty 作为基础，我们能够快速地设计和建造 Finagle，以解决我们的伸缩性难题。Finagle 和 Netty 处理了 Twitter 所遇到的每一个请求。

15.3 小结

本章深入了解了对于像 Facebook 以及 Twitter 这样的大公司是如何使用 Netty 来保证最高水准的性能以及灵活性的。

- Facebook 的 Nifty 项目展示了，如何通过提供自定义的协议编码器以及解码器，利用 Netty 来替换现有的 Thrift 实现。
- Twitter 的 Finagle 展示了，如何基于 Netty 来构建你自己的高性能框架，并通过类似于负载均衡以及故障转移这样的特性来增强它的。

我们希望这里所提供的案例研究，能够成为你打造下一代杰作的时候的信息和灵感的来源。

① "New Tweets per second record, and how!"：https://blog.twitter.com/2013/new-tweets-per-second-recordand-how。

附录　Maven 介绍

本附录提供了对 Apache Maven（http://maven.apache.org/what-is-maven.html）的基本介绍。在读过之后，你应该能够通过复用本书示例中的配置来启动你自己的项目。

Maven 是一个强大的工具，学习的回报很大。如果希望了解更多，你可以在 http://maven.apache.org 找到官方文档，在 www.sonatype.com/resources/books 找到一套极好的免费的 PDF 格式的书。

第一节将介绍 Maven 的基本概念。在第二节中，我们将使用本书示例项目中的示例来说明这些基本概念。

A.1　什么是 Maven

Maven 是一种用来管理 Java 项目的工具，但不是那种用来管理资源规划和调度的工具。相反，它处理的是管理一个具体的项目所涉及的各种任务，如编译、测试、打包、文档以及分发。

Maven 包括以下的几个部分。

- 一组用于处理依赖管理、目录结构以及构建工作流的约定。基于这些约定实现的标准化可以极大地简化开发过程。例如，一个常用的目录结构使得开发者可以更加容易地跟上不熟悉的项目的节奏。
- 一个用于项目配置的 XML Schema：项目对象模型（Project Object Model），简称 POM[①]。每一个 Maven 项目都拥有一个 POM 文件[②]，默认命名为 pom.xml，包含了 Maven 用于管理该项目的所有的配置信息。
- 一个委托外部组件来执行项目任务的插件架构。这简化了更新以及扩展 Maven 能力的过程。

---

① Maven 项目，“What is a POM？”：http://maven.apache.org/guides/introduction/introduction-tothe-pom.html。

② 在 http://maven.apache.org/ref/3.3.9/maven-model/maven.html 有关于 POM 的详细描述。

构建和测试我们的示例项目只需要用到 Maven 多种特性的一个子集。这些也是我们将在本附录中所讨论的内容，其中不包括那些在生产部署中肯定需要用到的特性。我们将会涵盖的主题包括以下内容。

- 基本概念：构件、坐标以及依赖。
- 关键元素以及 Maven 项目描述符（pom.xml）的用法。
- Maven 构建的生命周期以及插件。

A.1.1 安装和配置 Maven

可以从 http://maven.apache.org/download.cgi 下载适合于你的系统的 Maven tar.gz 或者 zip 文件。安装非常简单：将该归档内容解压到你选择的任意文件夹（我们称之为<安装目录>）中。这将创建目录<安装目录>\apache-maven-3.3.9①。

然后，

- 将环境变量 `M2_HOME` 设置为指向<安装目录>\apache-maven-3.3.9，这个环境变量将会告诉 Maven 在哪里能找到它的配置文件，`conf\settings.xml`；
- 将`%M2_HOME%\bin`（在 Linux 上是`${M2_HOME}/bin`）添加到你的执行路径，在这之后，在命令行执行 `mvn` 就能运行 Maven 了。

在编译和运行示例项目时，不需要修改默认配置。在首次执行 `mvn` 时，Maven 会为你创建本地存储库②，并从 Maven 中央存储库下载基本操作所需的大量 JAR 文件。最后，它会下载构建当前项目所需要的依赖项（包括 Netty 的 JAR 包）。关于自定义 settings.xml 的详细信息可以在 http://maven.apache.org/settings.html 找到。

A.1.2 Maven 的基本概念

在下面的章节中，我们将解释 Maven 的几个最重要的概念。熟悉这些概念将有助于你理解 POM 文件的各个主要元素。

1. 标准的目录结构

Maven 定义了一个标准的项目目录结构③。并不是每种类型的项目都需要 Maven 的所有元素，很多都可以在必要的时候在 POM 文件中重写。表 A-1 展示了一个基本的 WAR 项目，有别于 JAR 项目，它拥有 `src/main/webapp` 文件夹。当 Maven 构建该项目时，该目录（其中包含 WEB-INF 目录）的内容将会被放置在 WAR 文件的根路径上。位于该文件树根部的`${project.basedir}`

① 在本书中文版出版时，Maven 的最新版本是 3.3.9。

② 在默认情况下，这是你当前操作系统的 HOME 目录下的.m2/repository 目录。

③ 有关标准目录结构的优点，参考 http://maven.apache.org/guides/introduction/introductionto-the-standard-directory-layout.html。

是一个标准的 Maven 属性，标识了当前项目的根目录。

表 A-1 基本的项目目录结构

文件夹	描述
\${project.basedir}	项目根路径
|---\src	源代码根路径
|---\main	程序代码
|---\java	Java 源代码
|---\resources	属性文件、XML schema 等
|---\webapp	Web 应用程序资源
|---\test	测试源代码根路径
|---\java	Java 源代码，如 JUnit 测试类
|---\resources	属性文件、XML schema 等
|---\target	由构建过程所创建的文件

2. POM 大纲

代码清单 A-1 是我们的一个示例项目的 POM 文件的大纲。只显示了顶层的 schema 元素。其中的一些也是其他元素的容器。

代码清单 A-1 POM 文件的大纲

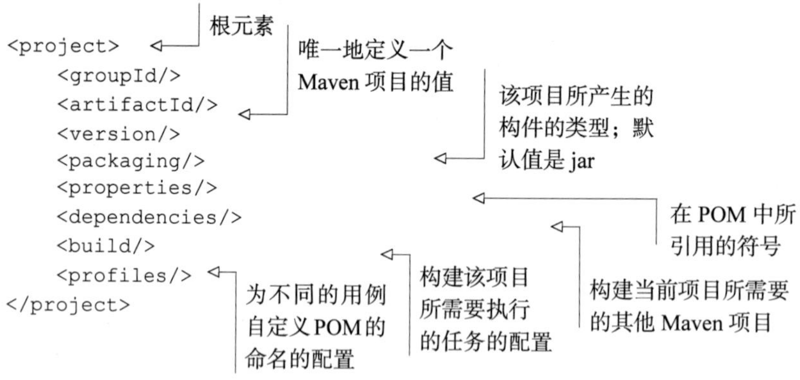

我们将在本节剩下的部分中更加详细地讨论这些元素。

3. 构件

任何可以被 Maven 的坐标系统（参见接下来的关于 GAV 坐标的讨论）唯一标识的对象都是

一个 Maven 构件。大多数情况下，构件是构建 Maven 项目所生成的文件，如 JAR。但是，只包含其他 POM（该文件本身并不产生构件）使用的定义的 POM 文件也是 Maven 构件。

Maven 构件的类型由其 POM 文件的<packaging>元素指定。最常用的值是 pom、jar、ear、war 以及 maven-plugin。

4. POM 文件的用例

可以通过以下的方式来使用 POM 文件。

- 默认的——用于构建一个构件。
- 父 POM——提供一个由子项目继承的单个配置信息源——声明这个 POM 文件作为它们的<parent>元素的值。
- 聚合器——用于构建一组声明为<modules>的项目，这些子项目位于其当前聚合器项目的文件夹中，每个都包含有它自己的 POM 文件。

作为父 POM 或者聚合器的 POM 文件的<packaging>元素的值将是 pom。注意，一个 POM 文件可能同时提供两项功能。

5. GAV 坐标

POM 定义了 5 种称为坐标的元素，用于标识 Maven 构件。首字母缩写 GAV 指的是必须始终指定的 3 个坐标<groupId>、<artifactId>以及<version>的首字母。

下面的坐标是按照它们在坐标表达式中出现的顺序列出的。

（1）<groupId>是项目或者项目组的全局的唯一标识符。这通常是 Java 源代码中使用的全限定的 Java 包名。例如，io.netty、com.google。

（2）<artifactId>用于标识和某个<groupId>相关的不同的构件。例如，netty-all、netty-handler。

（3）<type>是指和项目相关的主要构件的类型（对应于构件的 POM 文件中的<packaging>值）。它的默认值是 jar。例如，pom、war、ear。

（4）<version>标识了构件的版本。例如，1.1、2.0-SNAPSHOT[①]、4.1.9.Final。

（5）<classifier>用于区分属于相同的 POM 但是却被以不同的方式构建的构件。例如，javadoc、sources、jdk16、jdk17。

一个完整的坐标表达式具有如下格式：

```
artifactId:groupId:packaging:version:classifier
```

下面的 GAV 坐标标识了包含所有 Netty 组件的 JAR：

```
io.netty:netty-all:4.1.9.Final
```

POM 文件必须声明它所管理的构件的坐标。一个具有如下坐标的项目：

---

① 有关 SNAPSHOT 构件的更多信息参见本节后面关于“快照和发布”的讨论。

```
<groupId>io.netty</groupId>
<artifactId>netty-all</artifactId>
<version>4.1.9.Final</version>
<packaging>jar</packaging>
```

将会产生一个具有以下格式的名称的构件：

```
<artifactId>-<version>.<packaging>
```

在这种情况下，它将产生这个构件：

```
netty-all-4.1.9.Final.jar
```

6．依赖

项目的依赖是指编译和执行它所需要的外部构件。在大多数情况下，你的项目的依赖项也会有它自己的依赖。我们称这些依赖为你的项目的*传递依赖*。一个复杂的项目可能会有一个深层级的依赖树；Maven 提供了各种用于帮助理解和管理它的工具。[①]

Maven 的`<dependency>`[②]声明在 POM 的`<dependencies>`元素中：

```
<dependencies>
    <dependency>
        <groupId/>
        <artifactId/>
        <version/>
        <type/>
        <scope/>
        <systemPath/>
    </dependency>
    ...
</dependencies>
```

在`<dependency>`声明中，GAV 坐标总是必不可少的[③]。`type` 以及 `scope` 元素对于那些值不分别是默认值 `jar` 和 `compile` 的依赖来说也是必需的。

下面的代码示例是从我们示例项目的顶级 POM 中摘录的。注意第一个条目，它声明了对我们先前提到的 Netty JAR 的依赖。

```
<dependencies>
    <dependency>
        <groupId>io.netty<groupId>
        <artifactId>netty-all</artifactId>
         <version>4.1.9.Final</version>
    </dependency>
    <dependency>
        <groupId>nia</groupId>
```

① 例如，在拥有 POM 文件的项目目录中，在命令行执行“mvn dependency:tree”。

② 管理依赖项：http://maven.apache.org/guides/introduction/introduction-to-dependencymechanism.html。

③ 参见后面的“依赖管理”小节。

```
        <artifactId>util</artifactId>
        <version>1.0-SNAPSHOT</version>
    </dependency>
    <dependency>
        <groupId>com.google.protobuf</groupId>
        <artifactId>protobuf-java</artifactId>
        <version>2.5.0</version>
    </dependency>
    <dependency>
        <groupId>org.eclipse.jetty.npn</groupId>
        <artifactId>npn-api</artifactId>=
        <version>1.1.0.v20120525</version>
    </dependency>
    <dependency>
        <groupId>junit</groupId>
        <artifactId>junit</artifactId>
        <version>4.11</version>
        <scope>test</scope>
    </dependency>
</dependencies>
```

<scope>元素可以具有以下值。

- compile——编译和执行需要的（默认值）。
- runtime——只有执行需要。
- optional——不被引用了这个项目所产生的构件的其他项目，视为传递依赖。
- provided——不会被包含在由这个 POM 产生的 WAR 文件的 WEB_INF/lib 目录中。
- test——只有编译和测试的执行需要。
- import——这将在后面的“依赖管理”一节进行讨论。

<systemPath>元素用来指定文件系统中的绝对位置。

Maven 用来管理项目依赖的方式，包括了一个用来存储和获取这些依赖的存储库协议，已经彻底地改变了在项目之间共享 JAR 文件的方式，从而有效地消除了项目的中每个开发人员都维护一个私有 lib 目录时经常会出现的问题。

7. 依赖管理

POM 的<dependencyManagement>元素包含可以被其他项目使用的<dependency>声明。这样的 POM 的子项目将会自动继承这些声明。其他项目可以通过使用<scope>元素的 import 值来导入它们（将在稍后讨论）。

引用了<dependencyManagement>元素的项目可以使用它所声明的依赖，而不需要指定它们的<version>坐标。如果<dependencyManagement>中的<version>在稍后有所改变，则它将被所有引用它的 POM 拾起。

在下面的示例中，所使用的 Netty 版本是在 POM 的<properties>部分中定义，在<dependencyManagement>中引用的。

```
<properties>
    <netty.version>4.1.9</netty.version>
    ...
    ...
</properties>
<dependencyManagement>
    <dependencies>
        <dependency>
            <groupId>io.netty</groupId>
            <artifactId>netty-all</artifactId>
            <version>${netty.version}</version>
        </dependency>
    </dependencies>
    ...
</dependencyManagement>
```

对于这种使用场景，依赖的<scope>元素有一个特殊的 import 值：它将把外部 POM（没有被声明为<parent>）的<dependencyManagement>元素的内容导入到当前 POM 的<dependencyManagement>元素中。

8. 构建的生命周期

Maven 构建的生命周期是一个明确定义的用于构建和分发构件的过程。有 3 个内置的构建生命周期：clean、default 和 site。我们将只讨论其中的前两个，分别用于清理和分发项目。

一个构建的生命周期由一系列的阶段所组成。下面是默认的构建生命周期的各个阶段的一个部分清单。

- validate——检查项目是否正确，所有必需的信息是否已经就绪。
- process-sources——处理源代码，如过滤任何值。
- compile——编译项目的源代码。
- process-test-resources——复制并处理资源到测试目标目录中。
- test-compile——将测试源代码编译到测试目标目录中。
- test——使用合适的单元测试框架测试编译的源代码。
- package——将编译的代码打包为它的可分发格式，如 JAR。
- integration-test——处理并将软件包部署到一个可以运行集成测试的环境中。
- verify——运行任何的检查以验证软件包是否有效，并且符合质量标准。
- install——将软件包安装到本地存储库中，在那里其他本地构建项目可以将它引用为依赖。
- deploy——将最终的构件上传到远程存储库，以与其他开发人员和项目共享。

执行这些阶段中的一个阶段将会调用所有前面的阶段。例如：

```
mvn package
```

将会执行 validate、compile 以及 test，并随后将该构件组装到该项目的目标目录中。

执行

```
mvn clean install
```

将会首先移除所有先前的构建所创建的结果。然后，它将会运行所有到该阶段的默认阶段，并且包括将该构件放置到你的本地存储库的文件系统中。

虽然我们的示例项目可以通过这些简单的命令来构建，但是任何使用 Maven 的重要工作都需要详细了解构建生命周期的各个阶段。①

9. 插件

虽然 Maven 协调了所有构建生命周期阶段的执行，但是它并没有直接实现它们，相反，它将它们委托给了插件②，这些插件是 maven-plugin 类型的构件（打包为 JAR 文件）。Apache Maven 项目为标准构建生命周期所定义的所有任务都提供了插件，更多的是由第三方生产的，用于处理各种自定义的任务。

插件可能拥有多个内部步骤，或者目标，其也可以被单独调用。例如，在一个 JAR 项目中，默认的构建生命周期由 maven-jar-plugin 处理，其将构建的各个阶段映射到了它自己的以及其他插件的目标中，如表 A-2 所示。

表 A-2 阶段、插件以及目标

阶 段	插件：目标
process-resources	resources:resources
compile	compiler:compiler
process-test-resources	resources:testResources
test-compile	compiler:testCompile
test	surefire:test
package	jar:jar
install	install:install
deploy	deploy:deploy

在我们的示例项目中，我们使用了下面的第三方插件来从命令行执行我们的项目。注意插件的声明，它被打包为 JAR 包，使用了和<dependency>的 GAV 坐标相同的 GAV 坐标。

```
<plugin>
    <groupId>org.codehaus.mojo</groupId>
    <artifactId>exec-maven-plugin</artifactId>
```

① “Introduction to the Build Lifecycle”：http://maven.apache.org/guides/introduction/introduction-to-thelifecycle.html。

② “Available Plugins”：http://maven.apache.org/plugins/index.html。

```
    <version>1.2.1</version>
</plugin>
```

10. 插件管理

如同<dependencyManagement>，<pluginManagement>声明了其他 POM 可以使用的信息，如代码清单 A-2 所示。但是这只适用于子 POM，因为对于插件来说，没有导入声明。和依赖一样，<version>坐标是继承的。

代码清单 A-2 pluginManagement

```
<build>
    <pluginManagement>
        <plugins>
            <plugin>
                <artifactId>maven-compiler-plugin</artifactId>
                <version>3.2</version>
                <configuration>
                    <source>1.7</source>
                    <target>1.7</target>
                </configuration>
            </plugin>
            <plugin>
                <groupId>org.codehaus.mojo</groupId>
                <artifactId>exec-maven-plugin</artifactId>
                <version>1.2.1</version>
            </plugin>
        </plugins>
    </pluginManagement>
</build>
```

代码清单 A-3 展示了代码清单 A-2 中的 POM 片段的子 POM 是如何使用其父 POM 的<pluginManagement>配置的，它只引用了其构建所需的插件。子 POM 还可以重写它需要自定义的任何插件配置。

关于 Maven 插件

在声明由 Maven 项目生成的插件时，可以省略 groupId（org.apache.maven.plugins），如代码清单 A-2 中的 maven-compiler-plugin 的声明中所示。此外，保留了以“maven”开头的 artifactId，仅供 Maven 项目使用。例如，第三方可以提供一个 artifactId 为 exec-maven-plugin 的插件，但是不能为 maven-exec-plugin。

POM 定义了一个大多数插件都需要遵从的插件配置格式。

更多的信息参见 Maven 的“插件配置指南”（http://maven.apache.org/guides/mini/guide-configuring-plugins.html）。这将帮助你设置你想要在自己的项目中使用的任何插件。

代码清单 A-3 插件继承

```
<build>
    <plugins>
        <plugin>
            <artifactId>maven-compiler-plugin</artifactId>
        </plugin>
        <plugin>
            <groupId>org.codehaus.mojo</groupId>
            <artifactId>exec-maven-plugin</artifactId>
        </plugin>
    </plugins>
</build>
```

11. 配置文件

配置文件（在<profiles>中定义）是一组自定义的 POM 元素，可以通过自动或者手动启用（激活）来改变 POM 的行为。例如，你可以定义一个配置文件，它将根据 JDK 版本、操作系统或者目标部署环境（如开发、测试或者生产环境）来设置构建参数。

可以通过命令行的-P 标志来显式地引用配置文件。下面的例子将激活一个将 POM 自定义为使用 JDK1.6 的配置文件。

```
mvn -P jdk16 clean install
```

12. 存储库

Maven 的构件存储库[①]可能是远程的，也可能是本地的。

- 远程存储库是一个 Maven 从其下载 POM 文件中所引用的依赖的服务。如果你有上传权限，那么这些依赖中可能也会包含由你自己的项目所产生的构件。大量开放源代码的 Maven 项目（包含 Netty）都将它们的构件发布到可以公开访问的 Maven 存储库。
- 本地存储库是一个本地的目录，其包含从远程存储库下载的构件，以及你在本地机器上构建并安装的构件。它通常放在你的主目录下，如：

```
C:\Users\maw\.m2\repository
```

Maven 存储库的物理目录结构使用 GAV 坐标，如同 Java 编译器使用包名一样。例如，在 Maven 下载了下面的依赖之后：

```
<dependency>
    <groupId>io.netty</groupId>
    <artifactId>netty-all</artifactId>
    <version>4.1.9.Final</version>
</dependency>
```

① 参考 http://maven.apache.org/guides/introduction/introduction-to-repositories.html。

将会在本地存储库中找到以下内容：

```
.m2\repository
|---\io
    |---\netty
        |---\netty-all
            |---\4.1.9.Final
                    netty-all-4.1.9.Final.jar
                    netty-all-4.1.9.Final.jar.sha1
                    netty-all-4.1.9.Final.pom
                    netty-all-4.1.9.Final.pom.sha1
                    _maven.repositories
```

13．快照和发布

远程存储库通常会为正在开发的构件，以及那些稳定发布或者生产发布的构件，定义不同的区域。这些区域被分别称为快照存储库和发布存储库。

一个<version>值由-SNAPSHOT 结尾的构件将被认为是还没有发布的。这种构件可以重复地使用相同的<version>值被上传到存储库。每次它都会被分配一个唯一的时间戳。当项目检索构件时，下载的是最新实例。

一个<version>值不具有-SNAPSHOT 后缀的构件将会被认为是一个发布版本。通常，存储库策略只允某一特定的发布版本上传一次。

当构建一个具有 SNAPSHOT 依赖的项目时，Maven 将检查本地存储库中是否有对应的副本。如果没有，它将尝试从指定的远程存储库中检索，在这种情况下，它将接收到具有最新时间戳的构件。如果本地的确有这个构件，并且当前构建也是这一天中的第一个，那么 Maven 将默认尝试更新该本地副本。这个行为可以通过使用 Maven 配置文件（settings.xml）中的配置或者命令行标志来进行配置。

A.2 POM 示例

在这一节中，我们将通过介绍一些 POM 示例来说明我们在前一节中所讨论的主题。

A.2.1 一个项目的 POM

代码清单 A-4 展示了一个 POM，其为一个简单的 Netty 项目创建了一个 JAR 文件。

代码清单 A-4 独立的 pom.xml

```
<?xml version="1.0" encoding="ISO-8859-15"?>
<project xmlns="http://maven.apache.org/POM/4.0.0"
    xmlns:xsi="http://www.w3.org/2001/XMLSchema-instance"
    xsi:schemaLocation="http://maven.apache.org/POM/4.0.0
    http://maven.apache.org/maven-v4_0_0.xsd">
```

```
    <modelVersion>4.0.0</modelVersion>

    <groupId>com.example</groupId>
    <artifactId>myproject</artifactId>
    <version>1.0-SNAPSHOT</version>

    <packaging>jar</packaging>

    <name>My Jar Project</name>

    <dependencies>
        <dependency>
            <groupId>io.netty</groupId>
            <artifactId>netty-all</artifactId>
            <version>4.1.9.Final</version>
        </dependency>
    </dependencies>

    <build>
        <plugins>
            <plugin>
                <groupId>org.apache.maven.plugins</groupId>
                <artifactId>maven-compiler-plugin</artifactId>
                <version>3.2</version>
                <configuration>
                    <source>1.7</source>
                    <target>1.7</target>
                </configuration>
            </plugin>
        </plugins>
    </build>
</project>
```

该项目的GAV坐标

该项目产生的构件将是一个JAR文件（默认值）

这个POM只声明了Netty JAR作为依赖；一个典型的Maven项目会有许多依赖

<build>部分声明了用于执行构建任务的插件。我们只自定义了编译器插件，对于其他的插件，我们接受默认值

这个 POM 创建的构件将是一个 JAR 文件，其中包含从项目的 Java 源代码编译而来的类。在编译的过程中，被声明为依赖的 Netty JAR 将会被添加到 CLASSPATH 中。

下面是使用这个 POM 时会用到的基本 Maven 命令。

- 在项目的构建目录（“target”）中创建 JAR 文件：

```
mvn package
```

- 将该 JAR 文件存储到本地存储库中：

```
mvn install
```

- 将该 JAR 文件发布到全局存储库中（如果已经定义了一个）：

```
mvn deploy
```

A.2.2 POM 的继承和聚合

正如我们之前所提到的，有几种使用 POM 的方式。在这里，我们将讨论它作为父 POM 或者聚合器的用法。

1. POM 继承

POM 文件可能包含子项目要继承（并可能重写）的信息。

2. POM 聚合

聚合器 POM 会构建一个或者多个子项目，这些子项目驻留在该 POM 所在目录的子目录中。子项目，或者<modules>标签，是由它们的目录名标识的：

```
<modules>
    <module>Server</module>
    <module>Client</module>
</modules>
```

当构建子项目时，Maven 将创建一个 *reactor*，它将计算存在于它们之间的任何依赖，以确定它们必须遵照的构建顺序。注意，聚合器 POM 不一定是它声明为模块的项目的父 POM。（每个子项目都可以声明一个不同 POM 作为它的<parent>元素的值。）

用于第 2 章的 Echo 客户端/服务器项目的 POM 既是一个父 POM，也是一个聚合器[1]。示例代码根目录下的 chapter2 目录，包含了代码清单 A-5 中所展示的内容。

代码清单 A-5 chapter2 目录树

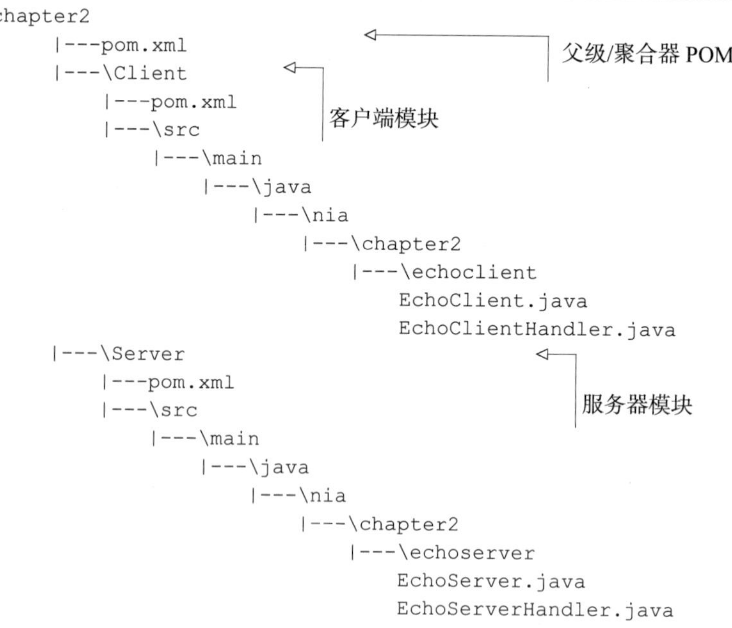

---

[1] 它也是它的上级目录中的 nia-samples-parent POM 的一个子 POM，继承了其<dependencyManagement>元素的值，并传递给了它自己的子项目。

代码清单 A-6 所示的根级 POM 的打包类型是<pom>，这表示它本身并不产生构件。相反，它会为将它声明为<parent>的项目提供配置信息，如该 Client 和 Server 项目。它也是一个聚合器，这意味着你可以通过在 chapter2 目录中运行 mvn install 来构建它的<modules>中所定义的模块。

代码清单 A-6　父级和聚合器 POM：echo-parent

```
<project>
    <modelVersion>4.0.0</modelVersion>

    <parent>
        <groupId>nia</groupId>
        <artifactId>nia-samples-parent</artifactId>
        <version>1.0-SNAPSHOT</version>
    </parent>

    <artifactId>chapter2</artifactId>
    <packaging>pom</packaging>
    <name>2. Echo Client and Server</name>

    <modules>
        <module>Client</module>
        <module>Server</module>
    </modules>

    <properties>
        <echo-server.hostname>localhost</echo-server.hostname>
        <echo-server.port>9999</echo-server.port>
    </properties>

    <dependencies>
        <dependency>
            <groupId>io.netty</groupId>
            <artifactId>netty-all</artifactId>
        </dependency>
    </dependencies>

    <build>
        <plugins>
            <plugin>
                <artifactId>maven-compiler-plugin</artifactId>
            </plugin>
            <plugin>
                <artifactId>maven-failsafe-plugin</artifactId>
            </plugin>
            <plugin>
                <artifactId>maven-surefire-plugin</artifactId>
            </plugin>
            <plugin>
                <groupId>org.codehaus.mojo</groupId>
                <artifactId>exec-maven-plugin</artifactId>
            </plugin>
```

<parent>声明了 samples-parent POM 作为这个 POM 的父 POM

<modules>声明了父 POM 下的目录，其中包含将由这个 POM 来构建的 Maven 项目

<property>值可以通过在命令行上使用 Java 系统属性（-D）进行重写。属性由子项目继承

父 POM 的<dependencies>元素由子项目继承

父 POM 的<plugins>元素由子项目继承

```
        </plugins>
    </build>
</project>
```

得益于 Maven 对于继承的支持，该 Server 和 Client 项目的 POM 并没有太多的事情要做。代码清单 A-7 展示了该 Server 项目的 POM。（该 Client 项目的 POM 几乎是完全相同的。）

代码清单 A-7 Echo-服务器项目的 POM

```
<project>
    <parent>
        <groupId>nia</groupId>
        <artifactId>chapter2</artifactId>
        <version>1.0-SNAPSHOT</version>
    </parent>

    <artifactId>echo-server</artifactId>

    <build>
        <plugins>
            <plugin>
                <groupId>org.codehaus.mojo</groupId>
                <artifactId>exec-maven-plugin</artifactId>
                <executions>
                    <execution>
                        <id>run-server</id>
                        <goals>
                            <goal>java</goal>
                        </goals>
                    </execution>
                </executions>
                <configuration>
                    <mainClass>nia.echo.EchoServer</mainClass>
                    <arguments>
                        <argument>${echo-server.port}</argument>
                    </arguments>
                </configuration>
            </plugin>
        </plugins>
    </build>
</project>
```

<parent>声明了父 POM

<artifactId>必须声明，因为对于该子项目来说它是唯一的。<groupId>和<version>，如果没有被定义则从父 POM 继承

exec-maven-plugin 插件可以执行 Maven 命令行的任意命令；在这里，我们用它来运行 Echo 服务器

这个 POM 非常简短，因为它从它的父 POM 和祖父 POM（甚至还有一个曾祖父级别的 POM 存在——Maven Super POM）那里继承了非常多的信息。注意，例如，`${echo-server.port}` 属性的使用，其继承自父 POM。

Maven 执行的 POM，在组装了所有的继承信息并应用了所有的活动配置文件之后，被称为“有效 POM”。要查看它，请在任何 POM 文件所在的目录中执行下面的 Maven 命令：

```
mvn help:effective-pom
```

A.3 Maven 命令行

mvn 命令的语法如下：

```
mvn [options] [<goal(s)>] [<phase(s)>]
```

有关其用法的详细信息，以及有关我们在这个附录中所讨论的许多主题的更多信息，参见 Sonatype 的《Maven: The Complete Reference》，这是一个很好的资源。[①]

表 A-3 展示了 mvn 的命令行选项，这些选项可以通过执行。

```
mvn -help
```

来显示。

表 A-3 mvn 的命令行参数

选　　项	描　　述
-am,--also-make	如果指定了项目列表，还会构建列表所需的项目
-amd,--also-make-dependents	如果指定了项目列表，还会构建依赖于列表中的项目的项目
-B,--batch-mode	在非交互（批处理）模式下运行
-b,--builder <arg>	要使用的构建策略的 id
-C,--strict-checksums	如果校验和不匹配，则让这次构建失败
-c,--lax-checksums	如果校验和不匹配，则发出警告
-cpu,--check-plugin-updates	无效，只是为了保持向后的兼容性
-D,--define <arg>	定义一个系统属性
-e,--errors	生成执行错误的信息
-emp,--encrypt-master-password <arg>	加密主安全密码
-ep,--encrypt-password <arg>	加密服务器密码
-f,--file <arg>	强制使用备用的 POM 文件（或者包含 pom.xml 的目录）
-fae,--fail-at-end	只在最后让构建失败，允许所有不受影响的构建继续进行
-ff,--fail-fast	在反应化的构建中，首次失败便停止构建
-fn,--fail-never	不管项目的结果如何，都决不让构建失败
-gs,--global-settings <arg>	全局设置文件的备用路径
-h,--help	显示帮助信息
-l,--log-file <arg>	所有构建输出的日志文件的位置

① 参见 http://books.sonatype.com/mvnref-book/pdf/mvnref-pdf.pdf。

续表

选 项	描 述
-llr,--legacy-local-repository	使用 Maven2 的遗留本地存储库（Legacy Local Repository）行为；也就是说，不使用_remote.repositories。也可以通过使用-Dmaven.legacyLocalRepo=true.激活
-N,--non-recursive	不递归到子项目中
-npr,--no-plugin-registry	无效，只是为了保持向后的兼容性
-npu,--no-plugin-updates	无效，只是为了保持向后的兼容性
-nsu,--no-snapshot-updates	取消快照更新
-o,--offline	脱机工作
-P,--activate-profiles <arg>	等待被激活的由逗号分隔的配置文件列表
-pl,--projects <arg>	构建由逗号分隔的指定的 reactor 项目，而不是所有项目。 项目可以通过[groupId]:artifactId 或者它的相对路径来指定
-q,--quiet	静默输出，只显示错误
-rf,--resume-from <arg>	从指定的项目恢复 reactor
-s,--settings <arg>	用户配置文件的备用路径
-T,--threads <arg>	线程数目，如 2.0C，其中 C 是乘上的 CPU 核心数
-t,--toolchains <arg>	用户工具链文件的备用路径
-U,--update-snapshots	强制检查缺少的发布，并更新远程存储库上的快照
-up,--update-plugins	无效，只是为了保持向后的兼容性
-V,--show-version	显示版本信息而不停止构建
-v,--version	显示版本信息
--debug	生成执行调试输出

A.4 小结

在本附录中，我们介绍了 Apache Maven，涵盖了它的基本概念和主要的用例。我们通过本书示例项目中的例子说明了这一切。

我们目标是帮助你更好地理解这些项目的构建方式，并为独立开发提供了一个起点。

欢迎来到异步社区！

异步社区的来历

异步社区（www.epubit.com.cn）是人民邮电出版社旗下 IT 专业图书旗舰社区，于 2015 年 8 月上线运营。

异步社区依托于人民邮电出版社 20 余年的 IT 专业优质出版资源和编辑策划团队，打造传统出版与电子出版和自出版结合、纸质书与电子书结合、传统印刷与 POD 按需印刷结合的出版平台，提供最新技术资讯，为作者和读者打造交流互动的平台。

社区里都有什么？

购买图书

我们出版的图书涵盖主流 IT 技术，在编程语言、Web 技术、数据科学等领域有众多经典畅销图书。社区现已上线图书 1000 余种，电子书 400 多种，部分新书实现纸书、电子书同步出版。我们还会定期发布新书书讯。

下载资源

社区内提供随书附赠的资源，如书中的案例或程序源代码。

另外，社区还提供了大量的免费电子书，只要注册成为社区用户就可以免费下载。

与作译者互动

很多图书的作译者已经入驻社区，您可以关注他们，咨询技术问题；可以阅读不断更新的技术文章，听作译者和编辑畅聊好书背后有趣的故事；还可以参与社区的作者访谈栏目，向您关注的作者提出采访题目。

灵活优惠的购书

您可以方便地下单购买纸质图书或电子图书，纸质图书直接从人民邮电出版社书库发货，电子书提供多种阅读格式。

对于重磅新书，社区提供预售和新书首发服务，用户可以第一时间买到心仪的新书。

用户账户中的积分可以用于购书优惠。100 积分 =1 元，购买图书时，在 0 使用积分 里填入可使用的积分数值，即可扣减相应金额。